LE POULAILLER

MONOGRAPHIE

DES

POULES INDIGÈNES ET EXOTIQUES

AMÉNAGEMENTS

CROISEMENTS, ÉLÈVE, HYGIÈNE, MALADIES, ETC.

TEXTE ET DESSINS

PAR

CH. JACQUE

GRAVURES SUR BOIS PAR ADRIEN LAVIEILLE

DEUXIÈME ÉDITION

PARIS

LIBRAIRIE AGRICOLE DE LA MAISON RUSTIQUE

26, RUE JACOB, 26

LE

POULAILLER

Typographie Firmin-Didot. — Mesnil (Eure).

LE
POULAILLER

MONOGRAPHIE

DES

POULES INDIGÈNES ET EXOTIQUES

AMÉNAGEMENTS

CROISEMENTS, ÉLEVAGE, HYGIÈNE, MALADIES, ETC.

TEXTE ET DESSINS

PAR

CH. JACQUE

GRAVURES SUR BOIS PAR ADRIEN LAVIEILLE

QUATRIÈME ÉDITION

PARIS

LIBRAIRIE AGRICOLE DE LA MAISON RUSTIQUE

26, RUE JACOB, 26

INTRODUCTION

Lorsqu'il m'arriva, un beau jour, de m'éprendre d'une
véritable passion pour les poules, je recherchai avec avidité, comme tous les commençants, les ouvrages qui traitent de la basse-cour.

Au lieu des renseignements clairs et précis que je
croyais y trouver, je n'ai rencontré que confusion et con-
tradictions. C'est alors que l'idée m'est venue de faire un
petit livre où les novices pourraient puiser ces renseignements que les marchands et les vieux amateurs ne donnent ordinairement qu'à regret.

Il aurait fallu dix ans d'étude et de travail pour faire un
ouvrage complet; mais, comme cet ouvrage serait arrivé
beaucoup trop tard, j'ai dû m'en tenir au possible, et je
publie mon livre aujourd'hui tel qu'il est, mais en garan-
tissant comme certaines toutes les notions qu'on y trouvera.

J'ai joint au texte, chaque fois que j'ai pu le faire, un
croquis explicatif; mais le procédé rebelle de la gravure

sur bois et le format du livre ne m'ont permis de donner pour les types que les dessins absolument nécessaires. Dans tous les autres cas, j'ai dû me borner à des descriptions claires et détaillées, accompagnées de dessins des parties qui servent à caractériser chaque race.

J'espère que ce petit ouvrage évitera à bien des personnes, et principalement à celles qui habitent la campagne, des pertes d'argent et de temps auxquelles ne peuvent se soustraire ceux qui n'ont rien pour les guider dans l'établissement des parcs et des poulaillers, ainsi que dans le choix des races et des sujets.

Mon livre s'adresse à tout le monde : aux éleveurs et aux amateurs, ainsi qu'aux dames qui habitent la campagne ou qui y passent la saison d'été.

Nos Françaises sauront bientôt ne pas s'ennuyer; j'en connais déjà qui sont les femmes les plus occupées du monde, et qui ne pourraient plus vivre sans cette charmante occupation, qui consiste à soigner et à diriger une petite basse-cour. Quelle est la famille un peu aisée qui n'aura pas bientôt une vache bretonne, des poules, des canards, des oies, des dindes, un petit porc yorkshire, etc.?

Les amateurs de poules s'étaient jusqu'à présent bornés à l'élevage des races curieuses dites de volière ou d'agrément. Aujourd'hui ce goût s'est développé en France comme en Angleterre, et tel est l'engouement qui se manifeste pour les animaux de basse-cour, qu'ils seront bientôt améliorés partout où leur quantité et leur qualité sont absolument en désaccord avec les besoins.

L'une des circonstances qui ont le plus favorisé l'heureux entraînement qui gagne le public est la passion toute nouvelle pour la vie des champs; passion utile, puisqu'elle donne le calme et la santé, ces deux biens inappréciables.

On voit maintenant les environs des grandes villes en-vahis par de nombreuses maisons de campagne de toutes classes.

Une foule de gens, dans leurs moments de loisirs, s'occupent de questions d'agriculture, ainsi que de l'ac-climatation des plantes et des animaux utiles, et font des essais en rapport avec leurs ressources et leurs connais-sances. Mais une véritable mode à laquelle personne ne se soustrait, c'est l'élevage des poules. Celle-là est si amu-sante, le plaisir est si direct, l'œuf que l'enfant est allé chercher dans le poulailler est si frais, la poule qui l'a pondu est si privée et vient si gentiment prendre aux marches de la porte la mie de pain que la maîtresse du logis lui offre dans sa main ; le coq est si beau, si ma-jestueux, si prévenant pour ses poules ; et, à côté de l'énorme coq Brahma, ce Bantam argenté est si délicieu-sement coquet, ses formes sont si ravissantes, son air est si comique quand il prétend défendre sa microscopique moitié, son plumage est si riche, si distingué ; enfin les soins à donner à l'installation de ces charmantes bêtes font passer le temps si rapidement, qu'on ne pense plus à s'ennuyer de vivre.

La gaieté, le mouvement, sont venus animer la cour naguère déserte ; on envoie des œufs précieux à ses amis, on étudie la question des races, on fait des essais, des croisements ; enfin on s'amuse et l'on est utile.

Les poules présentent cette particularité, qu'elles ont une grande importance dans la consommation, en même temps qu'elles forment un des ornements les plus gais, les plus vivants des habitations.

Plusieurs livres ont été faits pour indiquer la manière d'élever les poules et pour en décrire les races et les variétés ; mais ces livres sont généralement compliqués et diffus, et c'est un véritable labeur que de les digérer. Ils s'occupent de questions sans intérêt, étalent trop de latin, ne parlent pas assez des poules d'aujourd'hui, et s'étendent avec une complaisance malheureuse sur les poules du temps de Strabon, d'Hérodote, etc., etc

Le principal défaut de ces livres est de traiter rarement la question au point de vue pratique, de se lancer dans de vaines spéculations, d'affirmer des faits sans les avoir préalablement expérimentés, et surtout de si mal décrire les caractères distinctifs des races, qu'on peut très-bien appliquer à l'une l'histoire naturelle de l'autre.

J'ai voulu édifier les personnes qui désirent élever des poules, soit en petit, soit en grand, en faisant connaitre d'une façon positive les différentes races et leurs qualités particulières, en montrant tout ce qu'on peut faire à i'aide de croisements judicieux, en décrivant les procédés les moins coûteux pour établir les constructions, et surtout en indiquant les moyens d'éviter les pertes de temps qu'entraîne l'inexpérience.

CH. JACQUE.

LE
POULAILLER

PREMIÈRE PARTIE
AMÉNAGEMENTS. — ÉLEVAGE

CHAPITRE PREMIER
Parcs. — Parquets. — Clôtures.

Lorsque nous voulons élever des poules dans le but d'en tirer race, il faut d'abord savoir comment nous les logerons. Une fois renseignés sur ce point et nos poules bien établies, nous les suivrons pendant la ponte et l'incubation; nous assisterons à l'éclosion des poussins et nous procéderons à leur éducation.

Étant données des poules d'une espèce quelconque dont on veut obtenir des œufs pour en tirer race, il faut les loger convenablement pour leur santé et pour leur production.

Le hasard les place de tant de façons différentes chez leurs différents possesseurs, que nous sommes obligé, pour faire connaître les conditions que doivent présenter leurs habitations, de nous borner à décrire les deux ou trois sortes d'aménagements qui leur sont destinés, laissant aux amateurs et aux fermiers à faire les modifications applicables aux emplacements dont ils disposent.

Pour les poules de race, qu'on ne peut laisser libres, à cause des croisements à craindre, ces sortes d'organisations consistent dans le *parcage*, soit sur une assez grande étendue, soit sur un espace de terrain assez resserré, soit sur un espace très-restreint.

Un terrain plus ou moins spacieux pour les ébats des animaux, un entourage pour les isoler, une habitation ou poulailler, des pondoirs, un perchoir, une augette, un hangar et un vase pour boire, sont les éléments dont se compose un *parc* ou *parquet*.

Pour faire un parc très-convenable, le terrain devrait avoir de vingt-cinq à cent mètres carrés de superficie, et plus s'il est possible. La nature du sol est de la plus haute importance : il doit être sablonneux, sec, meuble, perméable, ne gardant pas l'eau et ne *gâchant* jamais. Dans les cas contraires, on doit y remédier par le drainage, la direction inclinée ou tout autre moyen ; l'emplacement doit être planté d'un ou plusieurs arbres à fruits ou d'acacias, afin de procurer une ombre épaisse; on doit surtout y rencontrer de petits massifs de groseilliers, sous lesquels les poules vont chercher la fraîcheur pendant les chaleurs intolérables de l'été. Cette verdure contribue à la gaieté du parc, et fournit aux animaux quelques fruits acides qu'ils mangent toujours avec avidité. Comme de simples boutures de groseilliers seraient trop tourmentées par les poules, on peut se servir de touffes de groseilliers usés qu'on déplante et replante en mottes pendant l'hiver, et dont on rabat de moitié les pousses nouvelles après avoir supprimé les branches trop vieilles, en ayant soin de protéger le pied de ces arbustes par des planches enfoncées en partie dans la terre, de façon à former une espèce de caisse factice que les poules ne peuvent déchausser

L'entourage doit, autant que possible, être abrité des vents du nord par un mur ou une barrière quelconque, sinon le côté de l'entourage qui est à cette exposition doit être complète- ment clos, et un peu plus élevé que le reste. Plusieurs moyens sont employés pour confectionner cet entourage. Je vais en décrire deux, dont l'un est très-simple et très-pittoresque, mais on ne peut l'exécuter que pendant l'hiver; l'autre est moins joli, mais on peut l'appliquer en tout temps.

Un espace de quatre cents mètres étant donné, on veut y établir huit parcs; on trace les emplacements de façon que les parcs ne donnent pas l'un dans l'autre, c'est-à-dire qu'ils ne se commandent pas; s'il n'y a pas un mur à l'exposition de l'est, ou tout au moins qui reçoive les premiers rayons du soleil levant, il faut en construire un, soit en terre et pierrailles, comme je le décrirai plus loin, soit en planches communes, soit en maçonnerie, etc., etc., afin d'y adosser les cabanes. Le mur doit avoir 2m.66 au moins de hauteur.

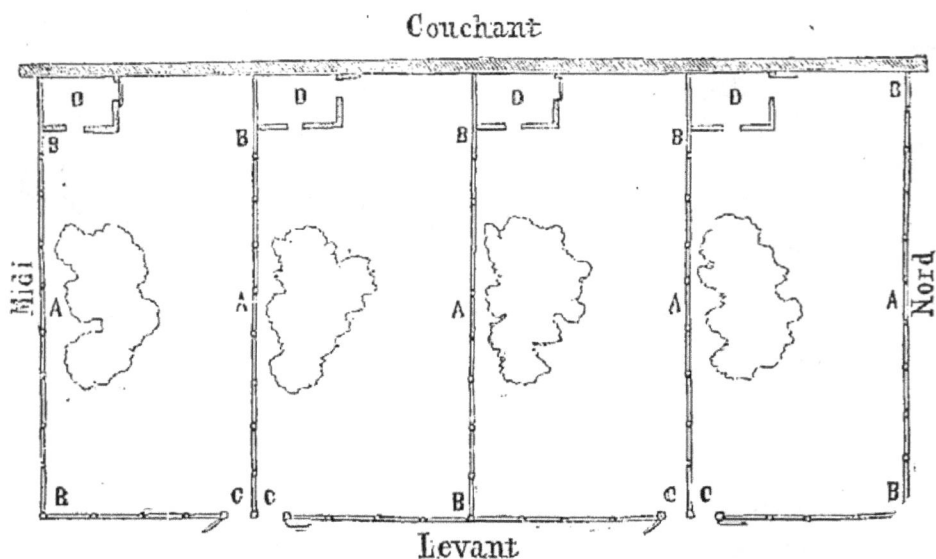

Grav. 1. — Plan d'un parc à poules.

Le petit plan (grav. 1) que nous donnons indique la manière

dont on peut diviser l'espace dont on dispose et la place qu'occupent les cabanes, les portes, etc.

Les cloisons et entourages doivent avoir 2 mètres de haut.
Si l'on veut les exécuter suivant la première des deux façons
que je dois indiquer, il faut se procurer un émondage, frais
abattu, de peupliers carolins ou autres, de saules, ou de tout
autre bois reprenant de boutures. On fait une tranchée de $0^m.25$
pour y placer la base des clôtures et séparations, et des trous
de $0^m.50$ au moins sont pratiqués à la bêche, dans les tranchées, à tous les angles B des clôtures et séparations A pour
recevoir des pieux de $2^m.50$, laissant 2 mètres hors terre; ces
pieux sont pris dans les plus grosses branches, et forts au
moins comme le bras. Des trous, de mètre en mètre, sont
également pratiqués le long des tranchées pour recevoir des
pieux un peu moins forts.

On place ensuite en avant des parcs, sur la clôture de face,
et aux places indiquées dans le plan, les huisseries C, qui contiennent les portes d'entrée, et que l'on met par deux pour
leur assurer plus de solidité (grav. 2).

On maçonne au mortier de chaux la prolongation des montants placés dans le sol, et l'on affermit par de la terre les
pieux déjà placés; alors, avec toutes les branches de moyenne
et de petite grosseur, longues de $2^m.25$ environ, on fait un
treillage qui, placé au fond des tranchées que l'on remplit ensuite de terre, et relié par des perchettes avec de l'osier aux
pieux déjà plantés, devient impénétrable. Il faut environ quatre
traverses pour consolider ce treillage; les deux inférieures
servent à garnir le bas, à la hauteur de $0^m.80$, de genêts ou
de paille de seigle, ou de bourrées, etc., afin que les animaux
ne se voient pas d'un parc à l'autre, parce que le moindre trou
leur suffit pour se livrer les combats les plus dangereux.

Toutes ces garnitures ont de plus l'avantage de préserver
les animaux des courants d'air souvent nuisibles.

Si tous ces bois ont été placés tout frais en terre, on les voit
verdir au printemps, et former des clôtures impérissables, qui

deviennent de plus en plus solides. On les élague alors chaque
année, au fur et à mesure qu'elles deviennent trop touffues et
trop élevées ; le bas finit par former, à la longue, un mur impénétrable. Pour que la réussite soit complète, il faut que tout
ait été planté très frais coupé, et sans qu'il gèle ; le meilleur
moment est peut-être le mois de mars.

Grav. 2. — Porte d'entrée d'un parc à poules.

Le dessin à vol d'oiseau (grav. 3) représente les parcs tout
établis.

Les portes doivent être en volige légère, pleines ou à claire-
voie ; mais, dans ce dernier cas, avec des couvre-joints au
moins jusqu'à moitié. D indique, au plan, la place des poulaillers.

Les loquets doivent être sûrs, afin qu'une erreur ou un acci-

Grav. 3. — Vue à vol d'oiseau des parcs à poule.

dent ne permette pas la sortie des animaux, sortie qui peut amener ou des combats ou des croisements intempestifs. Nous donnerons les figures de plusieurs loquets, que nous croyons simples et solides.

L'autre moyen d'entourage dont j'ai à parler se fait à peu de frais et rapidement. Il est composé de panneaux formés de planches les plus brutes, qu'on enlève aux arbres abattus pour

Grav. 4. — Panneaux construits avec des planches dites *croûtes*.

les équarrir ; ces planches portent ordinairement le nom de *croûtes*. Voici la manière de faire et d'employer ces panneaux (grav. 4).

Des croûtes sont placées à terre à plat, et fixées par deux autres croûtes fortement clouées, en forme de *traverses*, de façon à partager le panneau en trois parties égales et à laisser libres ses extrémités.

Étant donnés des panneaux de 3 mètres de long, fabriqués comme je viens de le dire, des pieux choisis dans les plus grosses croûtes seront fixés profondément en terre, à 3 mètres les uns des autres, de sorte que chaque extrémité de panneau vienne naturellement s'adapter et se réunir à une autre sur les pieux plantés. Il faut placer les panneaux au moins à 0^m.25 en terre, afin qu'en grattant les animaux ne puissent se rejoindre : c'est alors qu'on place et qu'on cloue les couvre-joints qui doivent remplir les jours inférieurs. Il y a encore un moyen, qui est de faire une tranchée régulière de 0^m.33 de profondeur, d'y placer aussi régulièrement que possible et debout, le long de la terre coupée à pic par la bêche, des croûtes de 2 mètres de haut, écartées de 0^m.10 environ, de rejeter la terre dans la tranchée et de piétiner fortement cette terre pour consolider les croûtes. On cloue ensuite à 0^m.33 du haut des croûtes une traverse légère pour les maintenir, et l'on ajoute au bas, plat contre plat, d'autres croûtes d'un mètre qu'on a soin d'enfoncer un peu en terre en dégageant leur pied, et qui servent de couvre-joints. C'est peut-être le procédé le moins dispendieux.

Dans les contrées où il se trouve des peupliers, les croûtes, rendues sur place, coûtent de dix à douze francs les 200 mètres ; ce sont des planches irrégulières, souvent pourvues de leur écorce, mais d'une grande solidité et d'un bon usage.

Les autres entourages se font par tous les moyens ordinaires, murs, treillages, etc.

On peut mettre du houblon ou toute autre plante grimpante pour égayer les parois ; on peut aussi piquer, dans la saison convenable, au pied des clôtures, des branches de bois reprenant de boutures, comme le saule, le marsault, le peuplier, etc. On peut même, et c'est le moyen que j'emploie généralement, entourer les parcs d'une clôture de planches quelconques, croûtes ou autres, n'ayant qu'un mètre de hauteur à partir du sol, dont les séparations sont closes par des couvre-joints, et établir au-dessus un treillage simple de 0^m.66 de haut, dont les bouts inférieurs sont cloués sur la clôture en planche, et les bouts supérieurs fixés par une traverse, comme cela se pratique dans tous les treillages ordinaires.

CHAPITRE II

Poulaillers des parquets. — Constructions. — Fermetures. Hangars.

On a vu que tous les matériaux employés jusqu'ici dans l'établissement des parcs sont de nature grossière. Il doit en être ainsi dans la construction des poulaillers, des hangars, etc., chaque fois que la chose est possible. Tout prend alors un aspect rustique bien mieux approprié à sa destination, bien plus gai que des constructions trop régulières ; et les frais sont de beaucoup réduits.

Les poulaillers doivent être appliqués contre le mur exposé au levant, et construits le plus simplement et au meilleur marché possible. Au midi, la chaleur serait insupportable et protégerait d'ailleurs la pullulation des mites, insectes qui jouent chez les volailles un rôle encore plus horrible que celui des punaises dans certaines habitations des hommes. Nous parlerons plus tard de cet effrayant parasite, qui a sur la conscience des hécatombes de poules, et nous indiquerons les meilleurs moyens de s'en débarrasser. L'exposition au nord est trop fraîche et donne de l'humidité ; au couchant, le soleil viendrait inutilement le soir. Quoique les poulaillers des parcs soient destinés à ne contenir que peu de poules, ils doivent être assez grands pour être bien aérés ; on peut les construire soit en planches, soit en maçonnerie, soit en terre et pierraille ; les parois intérieures doivent toujours être unies, afin d'éviter les

cavités qui recèlent les mites. Ces précautions, toujours bonnes
à prendre, sont indispensables lorsqu'on a des animaux d'une
grande valeur à préserver.

On établit d'abord une charpente légère en bois grossier.
De simples assemblages à *mi-bois* sont plus que suffisants, les
tenons et mortaises étant tout au plus utiles dans l'huisserie de
la porte. La charpente est composée de quatre montants fichés
en terre; un des deux montants appliqués aux murs forme un

Grav. 5. — Mode de construction d'un poulailler.

des côtés de l'huisserie, et reçoit les trois charnières de la
porte. Ces deux montants **A** (grav. 5) sont fixés en haut chacun
par une patte scellée dans le mur. Ils ont 2^m.35 hors terre; les
deux autres montants fichés en terre, à 1^m.50 du mur **B**, n'ont
que 1^m.35 hors terre, afin d'établir une grande pente pour l'é-
coulement des eaux. Deux traverses **C** sont fixées par de longs
clous sur les montants **A** et **B**, et deux planches **D**, clouées à
chaque bout, maintiennent le tout. On place l'huisserie de la

porte, et les trois côtés sont remplis par des croûtes placées en travers et clouées sur les faces extérieures des montants. On n'oubliera pas de donner à ces murailles 25 centimètres de fondations, et de faire à la porte un seuil également enfoncé de 25 centimètres, afin d'empêcher le passage des animaux nuisibles. On latte avec écartement ces croûtes, en dehors et en dedans, on recouvre d'enduits lisses en plâtre à l'intérieur, et en mortier de chaux à l'extérieur.

On fait la toiture en planches grossières, recouvertes de larges couvre-joints en croûtes.

Des ouvertures grillées, dont la maille doit être de 2 centimètres, sont ménagées, l'une dans la face tournée au soleil levant, aussi haut que possible, l'autre dans la partie haute de la porte, afin d'avoir toujours un bon courant d'air, et on y fixe, soit par des charnières, soit par des coulisseaux, des châssis vitrés qui servent à boucher ces ouvertures pendant les grands froids, et qui laissent suffisamment pénétrer le jour. La porte doit avoir au moins 1^m.80 de haut et 60 centimètres de large.

Les toits peuvent être construits en chaume de paille ou de roseaux, couverture champêtre, chaude pour l'hiver et fraîche pour l'été.

Il est bien entendu qu'on peut construire les poulaillers de bien des façons; mais voici une manière excellente et peu coûteuse, qui convient également pour faire les murs d'adossement ou toute autre muraille (grav. 6). Cette construction, extrêmement économique et très-saine, peut servir encore à établir de petits bâtiments d'habitation.

On pratique, sur l'emplacement des murs qu'on doit construire et entre les pièces de charpente, une tranchée de 25 à 40 centimètres de profondeur, et d'une largeur égale à l'épaisseur du mur désiré. On pique dans cette tranchée, de 50 en 50 centimètres, de fortes croûtes A dressées à la hache sur les côtés, la largeur étant en travers et représentant à peu près l'épaisseur de la muraille projetée. On comble la tranchée de pierrailles de toutes grosseurs, liées par un mortier de terre argileuse; et, une fois les croûtes fixées, on cloue, du côté intérieur, des croûtes minces B, de celles qui sont levées sur les chevrons, et qui, rendues, coûtent cinq francs les 100 toises. Ce côté garni de ces croûtes placées à distance double de leur largeur, on passe de l'autre côté, et l'on cloue deux ou trois autres croûtes, en commençant par le bas. Alors on remplit l'espace existant entre ces croûtes C et celles B du bas de la

Grav. 6. — Construction d'un mur de poulailler.

face intérieure, de pierrailles jetées au hasard par couches et reliées par de la terre argileuse.

Lorsque cette partie est faite, on cloue de nouvelles croûtes au-dessus; on remplit encore, et ainsi de suite, jusqu'à ce qu'on soit en haut.

Une fois les murs ainsi construits, on cloue en travers toutes sortes de bouts de bois ou de lattes grossières, et l'on applique des deux côtés un bon enduit de mortier de chaux. On conçoit facilement que ces murs légers ont besoin de peu de fondations ; on peut leur donner les dimensions que l'on désire, en proportionnant la force de la charpente à la hauteur des murs, et la largeur des croûtes servant de montants à l'épaisseur qu'ils doivent avoir. Ces murs, je le répète, sont très-sains, très-économiques, et excellents pour toutes sortes de bâtiments. Les couvertures doivent être légères, en planches ou en chaume de roseaux.

J'ai fait construire de cette façon un bâtiment de 8 mètres de long sur 5 de large et 3 de haut; il m'est revenu à 400 fr. On sait qu'un bâtiment de cette dimension, en pierre, en coûterait 4,000.

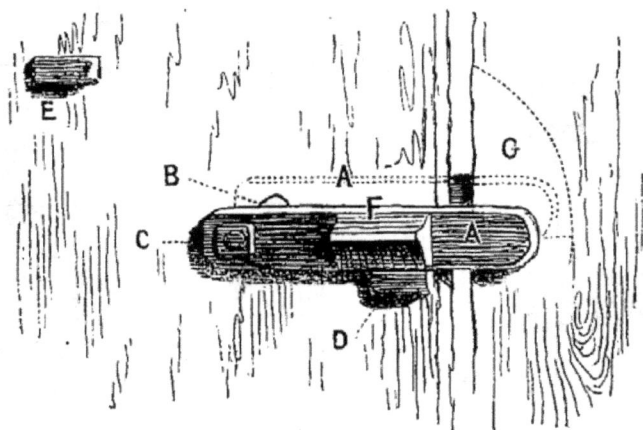

Grav. 7 — Loquet de porte de poulailler.

J'ai dit que je donnerais la figure d'un loquet, que j'appellerai *loquet de sûreté ;* il est fort simple et presque primitif. Il exige, il est vrai, qu'à chaque fois qu'on entre ou qu'on sort on le lève et l'abaisse ; il n'a pas la faculté de retomber seul par l'effet de son propre poids; mais il n'a pas l'inconvénient d'être souvent détraqué, de laisser ouverte la porte que l'on a cru fermer, de façon à donner entrée, après votre départ, aux animaux nuisibles dans les cabanes ou à laisser passer les poules qui cherchent à s'évader des parcs. Deux bandes de fer ou de fonte A (grav. 7) de 0m 15 à 0m.20 de long, l'une d'un côté, l'autre de l'autre côté de la porte, sont tenues par un boulon rond très-épais B, qui traverse la porte, est rivé d'un bout à l'une d'elles, et serré à l'autre dans un trou carré par un écrou C. Un petit bout de bois D est cloué sur la porte même, de chaque côté, à l'endroit où il doit reposer, et non sur le montant qui reçoit la porte; un autre bout de bois E reçoit le loquet lorsqu'on le lève, afin qu'il ne fasse pas le tour. Un renflement quelconque F sert à le saisir facilement.

Si la partie du montant qui se trouve en face du loquet est de la même épaisseur que la porte, le loquet joue, et la porte ne peut être ouverte que par une force intelligente.

Si le montant, ce qui arrive souvent, est plus épais que la porte, il faut y pratiquer, au bec-d'âne, un trou quart-circulaire G, pour donner passage à la pièce intérieure du loquet.

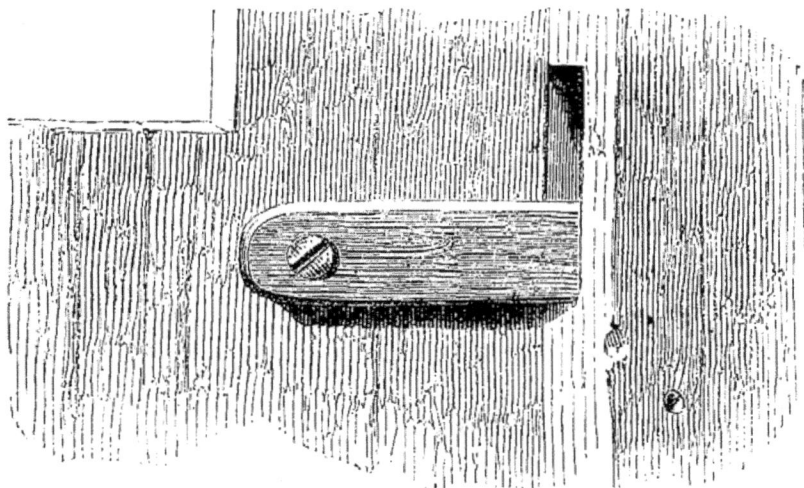

Grav. 8. — Loquet à trou dans sa haie ou mortaise.

Il y a encore une fermeture plus simple et aussi sûre, c'est celle que j'emploie chaque fois que rien ne s'y oppose. Elle consiste à pratiquer dans la porte, assez haut pour qu'un enfant n'y puisse atteindre, un trou par où l'on puisse passer le bras, afin de lever un loquet placé en dedans; ce loquet est tout bonnement un bout de bois fixé dans la porte avec une vis, de façon qu'en s'abaissant il puisse, quand la porte est fermée, entrer dans une baie pratiquée au bec-d'âne sur l'épaisseur du ¬oteau d'huisserie (grav. 8); ou, si la porte est de niveau avec

Grav. 9. — Loquet à trou dans sa gâche en bois

l'huisserie, dans une gâche fabriquée de trois petites pièces grossières de bois (grav. 9).

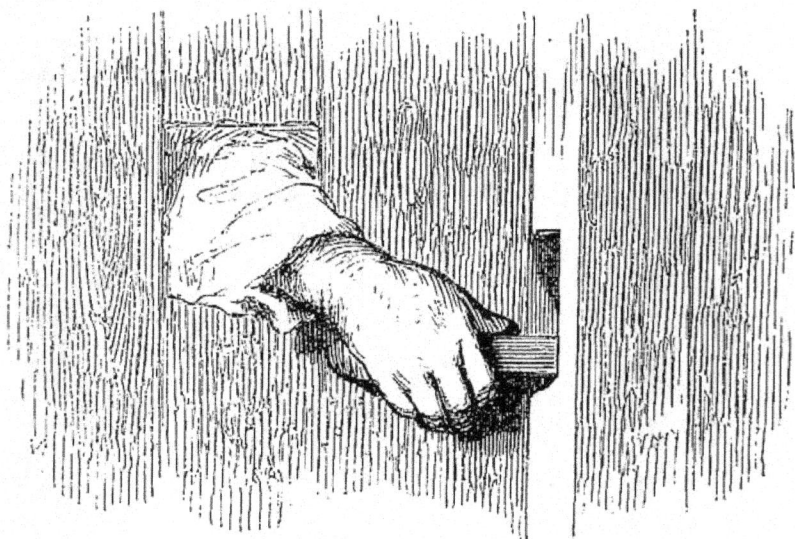

Grav. 10. — Main ouvrant le loquet.

On peut voir sur le croquis (grav. 10) combien il est aisé de faire manœuvrer cette serrure, qu'on fait tout aussi facilement

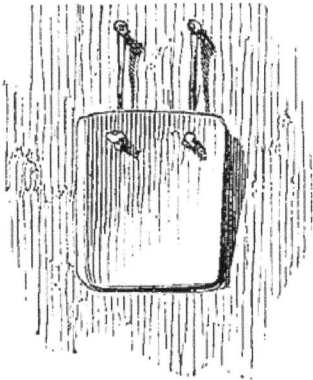

Grav. 11. — Planchette du loquet
à trou.

mouvoir quand on se trouve à l'intérieur du parc et qu'on veut s'y enfermer.

Lorsqu'on redoute que des animaux de toute petite race s'évadent par cet endroit, on place tout simplement en dedans du parc et pendue devant le trou avec deux ficelles, une petite planchette battante (grav. 11).

Un hangar rustique est aussi fort nécessaire dans un parquet (gra-

Grav 12 — Hangar rustique.

vure 12). On le placera où l'on voudra; mais il vaut mieux le disposer près du poulailler, à la même exposition, avec une rallonge étroite qui le relie au poulailler. Cette rallonge ménage aux poules, pendant les pluies, un passage du poulailler au hangar, maintient la porte sèche, et ne gêne pas les personnes qui entrent dans le poulailler.

Le hangar sert à donner aux animaux un refuge contre la neige, la pluie, etc. Le terrain doit en être élevé, et, en hiver, il est bon de le couvrir d'une bonne couche de fumier, où les poules trouvent une douce chaleur pour leur corps et leurs pattes, ainsi qu'une distraction dans la recherche des vermisseaux et autres substances qu'elles y peuvent découvrir. Le fumier doit être souvent retourné, et tous les mois il faut en mettre de nouveau.

CHAPITRE III

Ustensiles — Augettes, juchoirs, pondoirs, abreuvoirs.

AUGETTE.

Je donne la figure d'une augette si simple, qu'il suffit de quatre bouts de planchettes pour la fabriquer : rien ne peut la

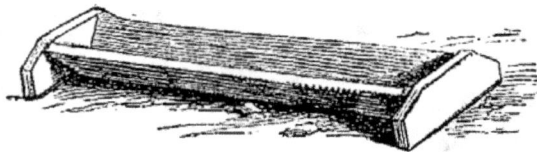

Grav. 13. — Augette découverte.

faire basculer (grav. 13). Deux planchettes longues de 0^m.40 à 0^m.50, larges de 0^m.10, dont l'une est plus étroite que l'autre

de l'équivalent de son épaisseur, sont clouées ensemble dans
leur largeur; la plus étroite sur la plus large, de manière à
former avec elle un angle droit.

Deux autres planchettes, dont les proportions sont indiquées
au dessin de la coupe (grav. 14), sont clouées sur les bouts des
premières avec des pointes fines et longues. Les angles supérieurs de ces deux planchettes, formant les extrémités, ainsi
que toutes les arêtes de la mangeoire, sont fortement abattus,
afin que les animaux ne puissent s'y blesser dans leur précipi-
tation maladroite.

Grav. 14. — Coupe de l'augette découverte.

Voici une forme d'augette presque aussi simple que celle que
je viens de décrire; certains éleveurs la préfèrent : elle a

Grav. 15. — Augette couverte.

l'avantage d'abriter la nourriture contre la pluie et la neige, et
de la préserver des piétinements des volailles (grav. 15).

JUCHOIR MOBILE A PIEDS.

On peut employer deux sortes de juchoirs, mais toujours
mobiles, afin de pouvoir plus facilement en dénicher les mites.

Le premier ressemble un peu à un banc (grav. 16), et ne tient par aucun endroit au poulailler. Il est fait de sept morceaux de bois rustiquement taillés, mais blanchis au rabot; les trous et les joints sont mastiqués, et le tout est peint d'une épaisse couche de couleur, afin qu'aucune retraite ne puisse recéler les mites. Tout est cloué sans tenons ni mortaises, et l'on donne la longueur qu'on désire. Le dessus, qui est le juchoir proprement dit, est très-épais pour n'être pas flexible; il est large

Grav. 16. — Juchoir mobile à pieds.

d'au moins 10 à 12 centimètres et complétement plat. Cette condition est indispensable pour toutes les volailles, mais principalement pour les grosses, dont le poids détermine une grande dépression du sternum lorsque le perchoir est étroit ou arrondi.

Le dessin suffit pour faire juger comment les pièces du juchoir sont agencées. Toutes les arêtes sont abattues, et les cornes des pieds sont enlevées en pente, afin que les poules n'aillent pas s'y percher. La hauteur du juchoir ne doit pas dépasser 40 centimètres, surtout pour les grosses poules, dont on perd un grand nombre des suites de chutes amenées dans leurs querelles ou dans leurs frayeurs, quand les perchoirs sont trop élevés.

Parmi les avantages de ce perchoir mobile, il faut compter ceux de pouvoir être facilement doublé, si on a momentanément plus de poules qu'à l'ordinaire dans un poulailler, de pouvoir être retiré pour les nettoyages, de pouvoir être mis à la place qu'on aura reconnue préférable, etc.

JUCHOIR MOBILE A TASSEAUX.

Le second perchoir est une simple barre de bois plate, épaisse, large de 10 à 12 centîmètres, à arêtes abattues, de la longueur du poulailler, dont les bouts sont bien équarris, qu'on place dans deux petits tasseaux scellés ou vissés dans les murs, l'un d'un côté, l'autre de l'autre côté du poulailler.

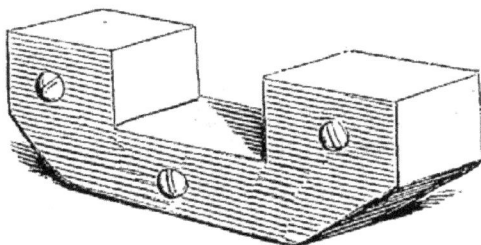

Grav. 17. — Tasseau d'un juchoir mobile à tasseaux

Le tasseau (grav. 17) qui reçoit le bout du juchoir est fait en bois dur, et les interstices qui le séparent du mur, qu les trous qui se trouvent sur lui-même, sont mastiqués avec soin, et le tout est peint d'une épaisse couche de couleur, afin de boucher toutes les retraites des mites.

Ce perchoir, qui est fort simple, se retire et se replace facilement; mais il faut toujours le replacer au même endroit. Il faut qu'il ne ballotte pas, afin que les poules y trouvent une position assurée et tranquille pour le sommeil; on doit le disposer à 40 centimètres du sol.

PONDOIR.

Le pondoir a subi mille transformations depuis qu'il y a des

poulaillers; mais le seul simple, bon marché, commode à placer, où la poule se trouve le plus à l'aise, est le pondoir en osier. On le trouve à peu près chez tous les vanniers, dans tous les pays; et d'ailleurs la figure que j'en donne mettra tous ceux qui manient l'osier à même d'en faire de semblables. Il est construit en forme (grav. 18) d'une demi-coque d'œuf coupée par un bout, dont les deux seuls angles sont retenus par une tringle de bois qui sert à l'accrocher au mur, au moyen de deux clous à crochet à tête ronde, afin que les poules ne puissent s'y blesser.

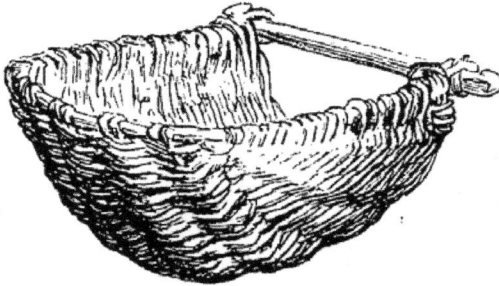

Grav. 18. — Pondoir

Voici les proportions du pondoir : largeur, 30 centimètres; longueur d'avant en arrière, 35 centimètres; profondeur, 20 centimètres. On ménage à chaque bout du morceau de bois qui supporte le pondoir un petit renflement pour que les anneaux de l'osier ne s'échappent pas. Ce support a 38 centimètres de longueur.

Il faut que les clous à crochet soient serrés suffisamment pour que le panier reste immobile, mais pas assez pour qu'on ne puisse le retirer, afin de le passer de temps en temps à l'eau bouillante pour détruire la vermine qui pourrait s'y mettre. On doit y placer une petite couche de paille brisée, renouvelée toutes les semaines. Les clous doivent être placés tout au plus à 40 centimètres du sol.

ABREUVOIRS.

Les abreuvoirs sont importants, parce qu'il faut que les poules ne manquent jamais d'eau. Il y a un abreuvoir siphoïde en zinc, où l'eau reste propre, parce qu'elle vient remplacer, au fur et à mesure qu'elle est bue, l'eau qui est dans le petit récipient demi-circulaire soudé au bas de l'abreuvoir (grav. 19). Ceux qui ne peuvent ou ne veulent pas se procurer de ces abreuvoirs doivent en avoir en terre cuite, de forme carrée ou ronde, mais à bords plats (grav. 20 et 21).

Grav. 19. — Abreuvoir siphoïde.

Quels que soient les abreuvoirs qu'on adopte, ils doivent toujours être placés à l'ombre et entretenus d'eau fraîche. D'habitude, on met de l'eau deux fois par jour en été, et une fois le matin dans les temps frais. On rentre, l'hiver, les pots dans le poulailler, quand il fait grand froid, pour qu'ils ne soient pas cassés par la gelée. Ils doivent toujours être placés, ainsi que les mangeoires, dans des endroits où les animaux ne passent pas

Grav. 20. — Abreuvoir en terre cuite de forme carrée.

Grav. 21. — Abreuvoir en terre cuite de forme ronde.

continuellement, parce qu'ils piétineraient dans l'eau, se mouilleraient les pattes à chaque instant et rendraient le terrain environnant gâcheux.

CHAPITRE IV

Composition des parquets. — Hygiène des parquets. — Récolte des œufs à couver.

NOMBRE D'ANIMAUX POUR UN PARC.

Le nombre des animaux destinés à *racer*[1] doit être borné pour chaque parc à cinq ou six au plus, deux coqs ne pouvant vivre ensemble dans un endroit restreint.

Il est généralement reçu qu'un coq suffit à neuf ou dix poules, ce qui est une erreur, surtout à l'égard des bêtes de forte race. Outre que le coq s'épuise rapidement dans la distribution de ses caresses à un trop grand nombre de femelles et que les œufs sont menacés de stérilité avant la fin de la saison des couvées, il arrive souvent un accident bien plus grave : c'est que, même quand le coq est dans toute sa vigueur et qu'on lui donne beaucoup de poules, ces dernières sont plus ou moins disposées à recevoir son approche, de façon que le coq, étant plusieurs fois rebuté par certaines d'entre elles, finit par se déshabituer de leur faire sa cour, ayant d'autres poules souvent empressées à provoquer ses tendresses.

Il résulte de là qu'une partie des soins est inutilement sacrifiée à des couvées dont la plupart des œufs se trouvent clairs, que l'on entretient et soigne mal à propos un trop grand nombre de couveuses; et il arrive souvent que les plus belles poules, celles dont on désirerait le plus obtenir des produits, sont celles dont les pontes restent stériles.

Ces raisons devront suffire, quand j'ajouterai qu'ayant répété

---

[1] Le mot *racer* est généralement employé par les éleveurs. Il signifie faire reproduire des animaux de race. Il n'a pas encore été adopté par l'Académie.

huit fois l'expérience, j'ai obtenu, avec la moitié du nombre habituel de pondeuses données à un coq, un nombre souvent plus considérable d'éclosions. Ajoutez encore que je gardais seulement les poules les plus parfaites, certain que le coq, borné à ce petit nombre et changeant ses prières en violences, finirait par déterminer le désir chez les poules insoumises, qui cherchaient bientôt, en effet, à partager avec les autres les caresses de leur seigneur.

Quatre poules suffisent donc pour un coq, et l'on y trouve l'avantage d'avoir de belles couvées complètes, d'entretenir peu de couveuses, ce qui est important quand on fait beaucoup d'élèves, et de ne pas gaspiller le temps, la place et la nourriture. Il vaudrait donc mieux, si l'on voulait obtenir beaucoup d'œufs pour couver, avoir, pour une espèce, deux parcs avec chacun un coq et quatre poules, qu'un plus grand parc contenant un coq et huit à dix poules. Cela ménage encore la ressource de réunir les plus beaux sujets si l'on y était forcé par la mort de l'un des deux mâles.

HYGIÈNE DES PARCS.

Les soins hygiéniques sont de la plus haute importance, surtout pour des animaux qui ne sortent jamais du parc.

Nous avons dit et nous répétons que, soit par sa nature, soit par les dispositions qu'on lui donne, le terrain doit être extrêmement sain.

Une des conditions de santé des poules étant de manger continuellement de l'herbe, il est bon de semer, avant de les y placer, un gazon très-serré. Quand le parc est grand et que le gazon est bien poussé, les poules ne le détruisent jamais, et les fientes qu'elles déposent, étant décomposées par les pluies, ne peuvent pas s'y amasser.

On laisse toujours une place nue exposée au soleil, où l'on dépose du sable fin, sur lequel elles vont se poudrer.

Lorsque le parc est petit, il faut l'assainir en retournant, tous les mois, le terrain au crochet, surtout pendant l'été, parce que les fientes y déterminent bientôt des exhalaisons malsaines. Il est bon, en le retournant, d'y semer des graines comme de l'orge, de l'avoine, du blé, etc. Les poules s'amusent à gratter la terre, et trouvent les graines germées, dont elles sont alors très-friandes. Si l'on veut, on en sème dans un coin qu'on préserve par une claie jusqu'à ce qu'elles soient parfaitement levées; alors on ôte la claie, qu'on reporte dans un autre coin nouvellement semé, qu'on découvre encore quand l'herbe y est poussée; et on recommence indéfiniment l'opération. De cette façon les animaux ont toujours un petit champ à tondre.

L'intérieur du poulailler doit être nettoyé chaque matin; on doit avoir soin d'en entretenir le sol plus élevé que les terrasses du dehors. De temps en temps, tous les trois mois par exemple, on enlève le dessus et on le remplace par du sable sec, afin d'avoir toujours un sol bien sain. On peut aussi le désinfecter par quelques aspersions de sulfate de fer dissous dans l'eau. L'hiver, il est bon de mettre un peu de paille, que l'on change souvent. L'intérieur des parcs doit être de temps à autre débarrassé de pailles, plumes, détritus de toute nature qui salissent et enlaidissent le gazon.

L'eau sera mise à l'ombre pendant l'été, afin que le soleil ne la rende pas insipide.

Les ouvertures des poulaillers restent libres jour et nuit, afin de laisser continuellement pénétrer le grand air. On ferme une des ouvertures quand les nuits sont très-fraîches, et l'on bouche les deux quand il gèle. Il faut avoir soin, dans les froids *très-rudes*, de ne pas laisser sortir les bêtes pendant le jour, à moins que ce ne soit pour peu de temps, afin de leur faire prendre de l'exercice et de renouveler l'air de leur tation.

PONTE ET RÉCOLTE DES

Il faut toujours mettre deu

parc, malgré le petit nombre de poules, parce que plusieurs sont quelquefois prêtes à pondre dans le même temps.

On doit visiter plusieurs fois par jour les pondoirs à l'époque des pontes réservées aux couvées, et cela à des heures régulières, afin de ne pas l'oublier. Cette précaution est indispensable, car, si un œuf était couvert plusieurs heures par les poules qui se succèdent dans le même pondoir, le développement de l'embryon aurait lieu, et l'œuf serait perdu. C'est par l'omission de cette mesure qu'on a cru beaucoup d'œufs clairs ou trop anciens.

Les œufs doivent être récoltés dans une boîte à moitié pleine de son, placée dans un panier à fond plat, afin d'éviter les chocs. On écrit au crayon sur chaque œuf le nom de l'espèce et la date de la ponte, afin de les mettre à leur tour sous la couveuse et d'empêcher une confusion inévitable sans ces précautions.

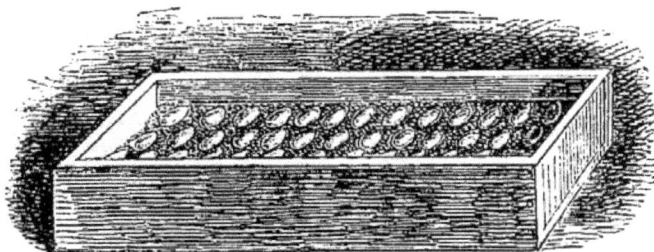

Grav. 22. — Boîte à œufs

Il ne faut pas laisser les œufs à l'air, parce que l'évaporation des substances aqueuses a lieu très-rapidement. Aussi est-il bon de les mettre dans des boîtes plates (grav. 22), posés sur une couche de son sec, séparés les uns des autres et recouverts d'une autre couche assez épaisse.

Les boîtes doivent être serrées dans un endroit sain, ni trop froid, ni trop humide.

Déterminer le temps qu'on peut garder les œufs n'est pas chose aisée ; mais il est toujours bon de les garder le moins possible. J'en ai mis à couver qui étaient âgés de deux mois, qui avaient voyagé dans de mauvaises conditions, et cependant quelques-uns étaient encore bons ; mais il ne faut pas s'y fier. Quinze à vingt jours sont déjà un délai passablement long. Des œufs mis sous la couveuse lorsqu'ils sont frais pondus éclosent souvent en dix-neuf jours, ceux de huit à quinze jours mettent vingt et un jours à éclore, les œufs très-vieux vont quelquefois jusqu'à vingt-trois jours, et amènent souvent des poulets chétifs. Cependant il vaut toujours mieux attendre que de les mettre inconsidérément sous des couveuses d'une qualité équivoque.

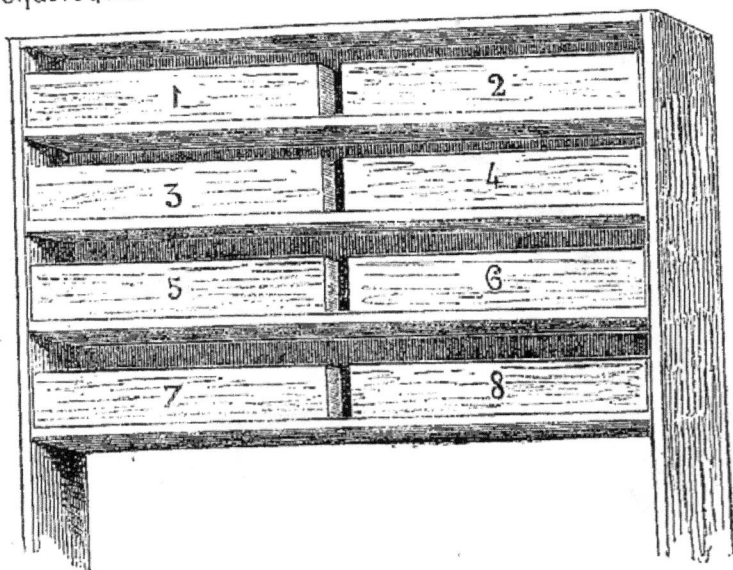

Grav. 23. — Casier pour les boîtes à œufs.

Si l'on doit produire beaucoup d'élèves, on fait construire une espèce de casier pour y placer les boîtes (grav. 23).

Voici une lettre que M. Dareste a bien voulu m'adresser au

sujet de la conservation des œufs propres à l'incubation, et dont on veut retarder le développement.

MONSIEUR,

Vous me faites l'honneur de me consulter au sujet d'une lettre que j'ai écrite à la Société d'acclimatation, relativement aux moyens d'empêcher ou de retarder le développement des œufs. Le procédé dont j'ai parlé dans ma lettre n'est point de moi; il appartient à Réaumur, qui l'a fait connaître dans un Mémoire lu à l'Académie des sciences, puis dans son ouvrage sur l'art de faire éclore les poulets. C'est dans ces deux ouvrages que vous trouverez les indications que vous me demandez.

Le travail que j'ai fait connaître à la Société avait été entrepris par moi dans un but purement scientifique; mais, ayant eu occasion d'expérimenter pour mon travail divers procédés mis en usage proposés pour la conservation des œufs, j'ai cru devoir faire connaître à la Société ce que j'avais observé. Mon Mémoire n'est pas encore publié, et diverses circonstances en retardent la publication. Mais voici ce que j'ai observé. J'ai verni des œufs, comme Réaumur l'avait indiqué d'abord, et je les ai mis en incubation. A ma grande surprise, les poulets ont commencé à se développer; seulement leur développement s'est arrêté de très-bonne heure, et les embryons n'ont pas tardé à périr. Ce résultat est d'autant plus intéressant, qu'il est en contradiction formelle avec ce que disait Réaumur, Je me suis assuré, par des expériences nombreuses et variées, que ce résultat est dû à ce que les vernis ne sont point imperméables à l'air. L'accès de l'air n'est pas complétement intercepté par le vernis, il n'est que diminué dans une proportion considérable.

J'ai voulu alors expérimenter le second procédé de Réaumur, qui consiste dans l'application de l'huile. Je me suis assuré que l'huile ferme presque entièrement la coquille à l'accès de l'air; et conséquemment je n'ai jamais vu le poulet se développer lorsque je mettais en incubation des œufs à coquille huilée. Je ne puis donc mettre en doute que l'huile ne soit préférable au vernis pour retarder le développement des œufs.

Maintenant je dois ajouter que l'état avancé de la saison ne m'a pas permis de continuer ces études, et qu'il y a dans l'emploi de l'huile un inconvénient que je voudrais supprimer. Je compte faire à ce sujet des expériences; mais je ne pourrai probablement pas les commencer avant quelques semaines. Cet inconvénient consiste dans l'enlèvement de l'huile. Il faut évidemment enlever l'huile pour mettre les œufs en incubation et obtenir des poulets. Réaumur ne donne à cet égard que des indications théoriques. Je dois soumettre cette question à une étude expérimentale, et j'en ferai connaître les résultats à la Société.

Jusqu'à présent je ne propose aucun procédé; je me suis contenté de faire connaître quelques détails concernant le mode d'action des procédés proposés par Réaumur.

Quant au mode d'application de l'huile, j'ai suivi exactement les indications de Réaumur. Je me suis servi tantôt d'huile d'olive, et tantôt d'huile à brûler ordinaire ; j'ai reconnu, comme Réaumur, que la couche d'huile qui protége les œufs peut être d'une minceur extrême. Il suffit, en effet, de bien frotter la coquille avec un doigt enduit d'huile, en ne laissant aucune place intacte ; puis on essuie la coquille avec un papier. jusqu'à ce qu'elle ne tache plus. La très-petite épaisseur d'huile suffit alors pour une protection efficace. Quant à l'époque de l'application, il est évident qu'elle doit se faire à une époque aussi près que possible de la ponte, parce qu'alors la chambre à air n'a pas commencé à se former ; mais cependant j'ai réussi à retarder le développement sur des œufs pondus depuis un jour ou deux.

Je n'ai pas encore expérimenté la durée du procédé ; c'est un sujet que je me propose dans mes expériences de cette année ; mais il est évident que cette question est subordonnée à celle de l'enlèvement facile de l'huile, question qui n'est point encore résolue.

Je regrette vivement, monsieur, de ne pouvoir vous donner des renseignements plus complets, et que l'inexactitude du Bulletin ait donné á mes expériences une portée que je ne leur avais point attribuée. Toutefois l'intérêt que cette communication a excité dans la Société, et dont votre lettre est une preuve, m'engage vivement à continuer mes expériences, afin d'éclairer complétement la question. Aussitôt que j'aurai obtenu des résultats définitifs, je me ferai un plaisir de vous les commu niquer.

Veuillez recevoir, monsieur, l'assurance de ma haute considération.

C. DARESTE.

On sait que, sur les œufs anciennement pondus et transportés par la suite, il en peut éclore quelques-uns ; mais beaucoup manquent, et en voici les raisons :

Qu'un œuf soit couvé ou non, il s'établit, par évaporation, au bout de très-peu de jours, à l'intérieur et à l'une des extrémités, un vide qu'on nomme chambre à air. Ce vide augmente incessamment, et au bout d'une quinzaine il est considérable. On comprend alors que le ballottage devient une cause de désorganisation inévitable, qui disparaît lorsque l'œuf est expédié *frais* pondu, puisqu'il est alors tout à fait plein. En effet, qu'on remplisse d'huile et d'eau une bouteille, en n'y laissant subsister aucun vide, il sera difficile d'y déterminer, même par une secousse violente, un mouvement appréciable des liquides, qui ne pourront alors se mêler; au lieu que, si la bouteille n'est qu'au trois quarts pleine, on obtiendra, sans beaucoup d'efforts, le mélange immédiat de l'huile et de l'eau par l'entre-choquement de toutes leurs parties. On voit l'importance de la condition *sine quâ non* du transport des œufs immédiatement après la ponte, et l'on voit aussi qu'il n'y a aucun danger à les transporter quand cette condition est religieusement remplie.

Les œufs vers le bout desquels se rencontrent des aspérités, des nodosités, enfin une protubérance circulaire, ne sont pas propres à l'incubation quand ces anomalies sont trop apparentes, parce qu'elles décèlent ordinairement des défauts de santé ou de conformation dans la poule, et que, quoique pouvant être fécondés tout comme les autres œufs, ils affectent souvent des formes qui gênent les poussins, soit dans l'éclosion, soit dans leur formation. En général, il faut préférer les œufs bien faits, et n'employer les autres que lorsqu'ils viennent d'une poule très-rare et qu'on ne peut les remplacer. Dans tous les autres cas, on doit sacrifier la poule qui pond des œufs défectueux.

Il se présente aussi des poules qui font des œufs dits hardés, œufs qui quelquefois n'ont pas de coquille ou dont la coquille offre peu ou point de solidité; il faut couper le cou à ces poules, à moins qu'on ne tienne absolument à élever de leurs produits. Dans ce cas, il y a un moyen de solidifier la coquille de ces œufs : c'est de faire avaler aux poules, tous les deux jours, une boulette grosse comme le pouce, composée d'oseille hachée, dont on relie les parties avec un peu de beurre.

Les œufs renfermant deux jaunes ne sont pas non plu propres à l'incubation, parce que ce cas est anomal, et que ces œufs sont rarement fécondés, quoiqu'ils puissent l'être, comme j'en ai donné un exemple. On doit craindre que les deux poulets qui peuvent en résulter se gênent mutuellement et fassent de pauvres sujets.

Il faut donc prendre le parti de se défaire des poules qui pondent de ces œufs.

CHAPITRE V

Poulaillers pour les maisons bourgeoises ou les fermes.

Les dispositions intérieures et extérieures d'un poulailler sont loin d'être indifférentes, si l'on tient à mettre les poules dans de bonnes conditions hygiéniques.

Ce petit bâtiment doit, autant que possible, être exposé au levant et jamais au midi. Dans tous les cas, il faut avoir soin de l'abriter du côté du midi par des arbres touffus, comme des acacias. Si ces arbres, qui poussent très-rapidement, viennent à obstruer les rayons du soleil levant, il est facile de les émonder de façon à ne laisser très-épaisses que les parties utiles. On peut aussi couvrir le poulailler en chaume, ce qui le préserve à coup sûr d'un excès de froid et de chaleur; un homme doit pouvoir circuler facilement debout à l'intérieur.

Il faut laisser, dans la partie la plus élevée de l'un des murs, une ouverture large et basse, à grillage très-serré, qu'on clôt plus ou moins, suivant que l'état de la température l'exige (grav. 24).

Un volet B, plus grand que l'ouverture pour qu'il puisse bien la recouvrir, et composé d'une simple planche fixée par deux ou trois charnières, se lève ou s'abaisse au degré qu'on juge convenable.

Lorsque le temps est froid et qu'on veut laisser encore de l'air, le volet se relève presque entièrement, de façon que le courant ne redescende pas sur les poules huchées toujours dans le bas, comme on verra; dans les grands froids il est complétement clos.

L'ouverture doit, autant que possible, être pratiquée de façon à ne pas recevoir le vent du nord, à moins qu'on ne puisse en avoir deux; dans ce cas, c'est celle du nord qu'on laisserait ouverte pendant les grandes chaleurs.

A moins de cas exceptionnels, le volet doit être abaissé, jour et nuit, pendant toute la saison d'été, et en hiver tant que la température n'est pas rude. On verra, dans le petit plan

Grav. 24. — Ouverture d'aération.

(grav. 25) que la porte A doit être placée au milieu du mur d'entrée, de façon à laisser libres les parties de droite et de gauche. La partie gauche ou droite est employée à mettre deux, trois, ou quatre perchoirs mobiles à tasseaux B, suivant le nombre de poules qu'on tient à entretenir.

Ces perchoirs doivent être tous à la même hauteur, et jamais disposés en échelle, comme on le fait souvent dans les grandes fermes, car les volailles ont la rage de vouloir toujours monter au plus haut échelon, et chaque soir amène des rixes où les faibles et les moins chanceux sont précipités souvent d'une façon dangereuse. Je sais que cette manière permet de loger un plus grand nombre de volailles; mais j'y ai reconnu tant d'inconvénients, que jamais je ne la conseillerai. Celle que j'indique a le précieux avantage d'éviter les chutes, de permettre un examen minutieux dans la recherche des mites, de rendre les nettoyages de l'aire faciles, etc., etc.; et d'ailleurs je ne serai jamais d'avis que l'on mette plus de trente à cinquante bêtes adultes dans le même poulailler; si l'on en veut entretenir davantage, il vaut mieux avoir plusieurs logements moyens qu'un très-grand, et les placer aussi loin que possible les uns des autres, afin que les poules prennent l'habitude de rentrer chacune dans leur demeure.

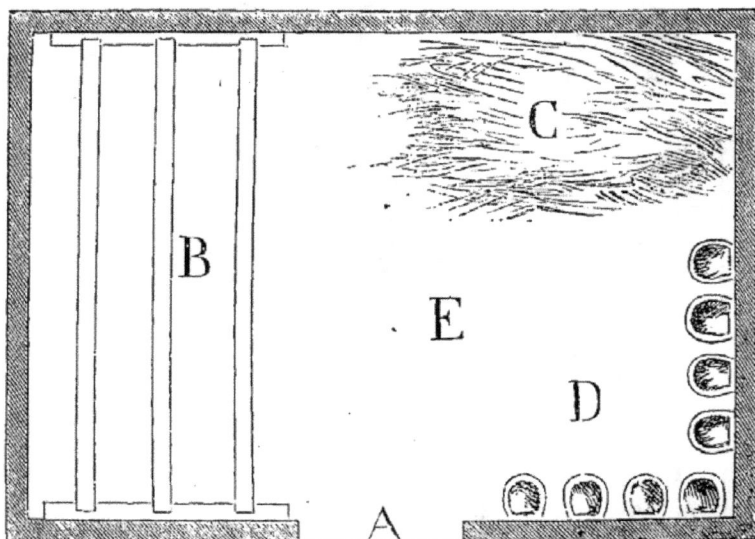

Grav. 25. — Plan d'un poulailler pour une maison bourgeoise.

Dans la partie opposée aux perchoirs, la place du fond C est réservée pour y étendre de la paille fraîche souvent renouvelée, où les poules qui n'aiment pas à percher vont dormir la nuit et faire la sieste le jour, dans les temps froids. Il s'en trouve même qui, ne voulant pas pondre dans les pondoirs, se font un nid par terre dans cette paille et préfèrent y déposer leurs œufs.

S'il y avait des poules dont l'habitude fût de se coucher sous les perchoirs, il faudrait les prendre le soir (si la chose ne causait pas trop de trouble parmi les bêtes perchées), et les mettre sur un perchoir ou dans le coin à la paille. Si ces bêtes persistaient, et qu'on les remarquât souvent salies par les fientes des percheuses, on devrait les détruire.

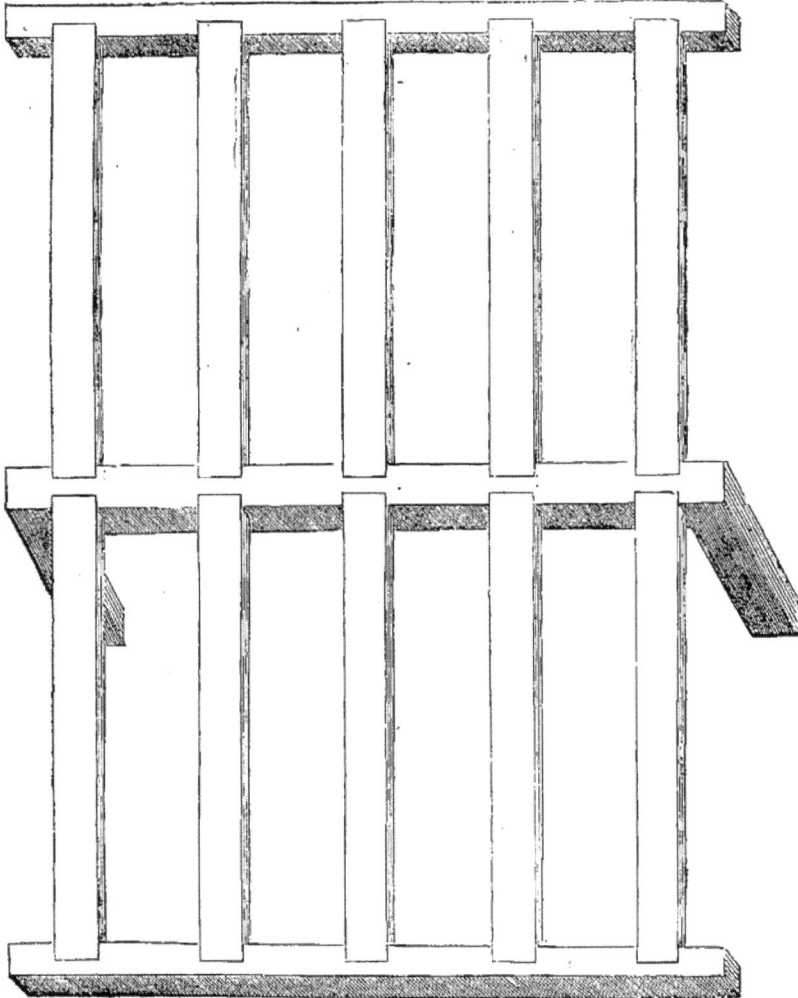

Grav. 26. — Grand juchoir à tasseaux pour les fermes.

. Tout le coin D est garni de pondoirs accrochés à la même hauteur que les perchoirs; la place E reste libre pour les ébats des poules pendant les neiges ou les pluies, et pour faciliter la récolte des œufs.

Je ne saurais dire autre chose pour les poulaillers des fermes, si ce n'est qu'on ne doit pas en augmenter considérablement les proportions pour y loger un plus grand nombre de bêtes, car cette agglomération est dangereuse, surtout dans les épidémies que cet agrandissement même est susceptible de déterminer.

Dans le cas où l'on serait résolu à loger cent ou deux cents bêtes ensemble, il est facile d'augmenter le nombre des perchoirs, en établissant un bâti bien joint, bien mastiqué et bien peint, avec des encoches à quart bois qui recevraient les perchoirs, dont le nombre sera proportionné au nombre des volailles (grav. 26).

Il faut tâcher, en tout cas, que le plus de pièces possible soient mobiles, et toutes si l'on peut.

Il faut bien calculer les distances des perchoirs, et ne les jamais placer trop près du mur du fond, afin que les animaux soient bien dégagés, bien à l'aise, et qu'ils ne se déforment pas.

Tous les murs doivent être parfaitement enduits, sans trous ni interstices. Le bitume est ce qu'il y a de mieux pour la confection de l'aire.

Chaque semaine, tout, sans exception, est visité, lavé, gratté, nettoyé, surtout pendant l'été; mais un balayage convenable est exécuté chaque jour. Comme dans les autres poulaillers, il est bon de donner, une fois par an, une bonne couche à l'eau de chaux.

CHAPITRE VI

Incubation. — Couvoir. — Paniers à couveuses. — Mues pour les repas des couveuses.

INCUBATION.

Les couvées de printemps, celles qui ont lieu dans le temps et dans l'ordre fixés par la nature, doivent se faire dans les mois de mars, avril, mai et juin. Les couvées plus précoces ou plus tardives exigent des dispositions particulières. Nous ne nous occupons maintenant que des couvées ordinaires.

COUVOIR

Il faut, avant de mettre les poules à couver, avoir tout en ordre, afin que rien ne cloche au beau moment. Je dis : au beau moment, car rien n'est plus divertissant, plus intéressant, que de suivre les progrès des couvées et d'assister aux éclosions.

Si l'on doit élever un certain nombre de poulets, il est nécessaire de s'assurer d'une chambre de dimension convenable, c'est-à-dire à peu près en rapport avec le nombre d'élèves qu'on veut faire (grav. 27).

Un cabinet suffit pour quelques couvées, mais il faut, pour faire éclore trois à quatre cents poulets, une petite chambre d'au moins 4 mètres de côtés, dans une situation saine et à l'abri de toute exagération de température.

On a soin d'écarter, autant que possible, de cet endroit les causes de bruits effrayants pour les couveuses, et l'on clôt presque tout, afin de n'y laisser pénétrer que peu de jour. On

ne doit y entrer qu'avec une certaine précaution et ne pas
crier; les domestiques qui y auraient affaire ne doivent pas y
pénétrer en sabots.

Grav. 27. — Intérieur d'un couvoir.

On dispose autour de la chambre des planches, grossières si
l'on veut, mais plates, de la largeur de 0m.45, que l'on fixe sur
des tréteaux solides, de 0m.30 de hauteur. Ces planches, destinées à recevoir les paniers à couveuses, peuvent être dou-
blées, c'est-à-dire qu'on peut en mettre de supérieures pour
recevoir une seconde rangée de paniers, afin de ménager l'espace; mais je désapprouve ce moyen, car, outre qu'il faut une
personne très-grande pour saisir facilement les poules dans les
paniers les plus élevés et les y remettre, on a encore l'incon
vénient d'être fort gêné dans les soins à apporter aux couveuses des planches inférieures, et de nombreux accidents
peuvent en résulter.

On range sur ces planches, à quelques centimètres les uns

des autres, les paniers à couver, dont nous donnerons plus loin les proportions et la forme.

Au milieu de la chambre est placée une table assez basse, autour de laquelle on peut circuler, et qui sert à mettre les boîtes à œufs, etc.

On a soin de placer, dans un tiroir de la table, un encrier, des plumes et des fragments de papier un peu fort, de forme oblongue, troués par une extrémité, et de 10 à 12 centimètres de long, ainsi que des bouts de ficelle ou de fil fort, une paire de petits ciseaux, un couteau et quelques chiffons.

Dans un panier sous la table sont des torchons très-communs pour essuyer les pattes des poules dans quelques circonstances. Uu autre panier assez grand contient toujours de la paille de nature flexible, bien brisée à l'avance, pour remplacer, dans de nombreuses occasions, la paille des paniers occupés par les couveuses.

PANIER A COUVEUSES.

Il y a plusieurs moyens de livrer les œufs à une poule. On les met quelquefois dans un panier bas dont elle peut sortir et où elle peut rentrer à volonté, et l'on a soin de placer près d'elle de quoi manger et boire. Cette méthode présente beaucoup d'inconvénients. Les principaux sont que beaucoup de poules se laisseraient périr de faim plutôt que de quitter leurs œufs, et que, si l'on mettait dans un même couvoir beaucoup de poules qui ne se connussent pas ou ne se reconnussent plus, ce qui arrive au bout de très-peu de jours, il y aurait infailliblement des batailles, et les espérances de l'éleveur se changeraient souvent en omelettes. On est donc forcé de se servir de paniers fermés, où les poules peuvent d'ailleurs bien plus facilement être mises à l'essai, et d'où elles ne peuvent s'apercevoir les unes les autres.

On a essayé de différents paniers; le meilleur, sans contredit, est celui dont nous donnons le dessin (grav. 28) ; c'est le panier qui tient le moins de place, oblige la poule à rester dans un même sens et occasionne le moins d'accidents. Sa longueur est de 0ᵐ.38 sur 0ᵐ.30 de large, par en haut de 0ᵐ.30 sur 0ᵐ.24 au fond; sa profondeur est de 0ᵐ.26. Toutes ces dimensions sont prises intérieurement. Il peut être fait en osier grossier, et les poules de presque toutes grandeurs peuvent y être mises.

Grav 28. — Panier à couveuses.

On couvre le fond intérieur d'une couche de paille un peu rompue et tassée de 0ᵐ.04 environ d'épaisseur. Par-dessus cette première couche, on en place une autre bien brisée, bien amollie, qu'on tourne un peu en rond, afin de lui donner la forme d'un nid ovale légèrement creusé. Chaque panier est accompagné d'un morceau de vieille étoffe de laine de la largeur du couvercle. Cette étoffe sert à couvrir ce panier quand la couveuse y est, et, quand elle prend ses repas, à couvrir les œufs.

Il faut avoir à l'avance une douzaine de ces paniers tout préparés.

Si l'on n'a pas absolument besoin de ménager la place, il est préférable d'employer des paniers ronds fabriqués comme les paniers carrés, profonds de 0m.33, plus larges en haut qu'en bas, et d'un diamètre assez grand à leur partie moyenne pour qu'une poule puisse y être couchée à l'aise. Les paniers ronds tiennent beaucoup plus de place, mais la couveuse peut s'y retourner plus facilement, ce qui occasionne bien moins d'accidents.

MUE POUR LES REPAS DES COUVEUSES.

Comme on donne régulièrement à manger aux poules, il est nécessaire de préparer un endroit convenable pour leurs repas·

Près du couvoir, dans une cour close, près d'un mur exposé au levant, sur une surface plate, un peu élevée afin d'être saine, on place la mue pour les repas (fig. 29) : c'est une longue cage coupée d'autant de séparations qu'on veut y mettre de poules à la fois.

Grav. 29. — Mue pour les repas des couveuses.

Plus il y a de cases, plus l'opération est rapide, comme on le verra lorsque nous parlerons des soins à apporter aux couveuses. Pour que le repas ne se prolonge pas indéfiniment, il faut, si l'on doit faire beaucoup de couvées, avoir une mue composée de douze compartiments. Il est très-utile de placer au-dessus un petit toit ou hangar avec une gouttière en bois qui conduise à distance les eaux de pluie.

Le derrière de la mue, les côtés et les séparations sont en bois plein; les portes supérieures sont pleines aussi, attachées par des charnières, et s'ouvrent sur le mur. Il n'y a pas de fond, afin que les pattes des poules portent à terre; le devant est clos par des barreaux distancés de $0^m.06$, afin que les poules puissent passer le cou. Les séparations sont prolongées en dehors, en avant, par une planchette de $0^m.06$ de large, qui empêche les couveuses de se voir quand elles sortent la tête; en face de chaque case sont placés deux vases plats en fer-blanc, zinc ou terre cuite, pour recevoir le boire et le manger. Chaque case occupe intérieurement une place de $0^m.40$ en tout sens.

Il est très-utile d'avoir dans une caisse, placée non loin de la mue, du sable sec pour renouveler de temps en temps le sol, et donner aux couveuses la facilité de se poudrer, ce qu'elles ne manquent pas de faire.

Grav. 30. — Pelle pour nettoyer la mue pour les repas des couveuses.

Une pelle à main pour prendre le sable, une petite pelle recourbée à manche très-court (grav. 30) pour ramasser les fientes, un panier pour les mettre, et un balai de bouleau pour nettoyer après les repas, doivent être placés à proximité.

Un enfant intelligent et vif doit servir d'aide.

3.

CHAPITRE VII

Couvées — Repas des couveuses, — Boîte à transporter les poussins. — Éclosion.

COUVÉES

De quelque espèce qu'elle soit, la poule prête à couver décèle sa disposition par un petit cri répété, qu'on peut assez bien rendre avec les syllabes *cloc-cloc*. Elle reste plus longtemps au nid pour donner les derniers œufs de sa ponte, se hérisse quand on l'approche, et finit par garder obstinément le nid.

Quand la rage de couver est très-décidée, il faut que la poule soit bien sauvage pour ne pas se laisser prendre dans le pondoir, qu'elle défend, dans ce cas, à coups de bec : elle est bonne alors à mettre à l'essai. On la prend et on la porte au couvoir ; on place au fond du premier panier trois ou quatre œufs nuls, sur lesquels on écrit à l'encre *œuf d'essai*, et que l'on garde pour ce service. Quand la poule est farouche, on ferme tout, afin qu'elle se trouve à peu près dans l'obscurité. On la place sur ses œufs, la tête tournée vers soi ; on ferme le panier, et le morceau d'étoffe est placé sur le couvercle. Si la poule est douce, elle prend le nid sans qu'il soit besoin de la mettre dans l'obscurité. En tous cas, il ne faut jamais qu'un demi-jour dans le couvoir.

On laisse la poule mise ainsi à l'essai jusqu'au lendemain dans une solitude complète. Le jour suivant, à huit ou neuf heures du matin, mais toujours à heure fixe, après être entré dans le couvoir, on ferme à peu près tout, et le couvercle du panier est levé avec précaution : si la poule est douce, elle reste en se hérissant; si elle est sauvage, elle essaye de fuir; mais on glisse adroitement les mains en maintenant le couvercle; on la saisit, on la porte à la mue, et, son repas achevé, elle est replacée dans son panier de la même façon que la veille.

Au bout de quelques jours, la plus farouche se laisse prendre sur ses œufs, qu'elle ne pense plus qu'à défendre. En peu de temps, on doit s'apercevoir si l'on s'est trompé, et remettre, en ce cas, la poule dans son parc.

Les œufs que la poule doit définitivement couver ne lui sont jamais donnés avant qu'elle se soit montrée dans une bonne disposition complète. Un peu d'habitude met, au reste, bien vite au courant la personne chargée de cette occupation.

Quand on n'a qu'une seule poule en état, il faut bien se garder, à moins d'un cas tout particulier, de lui donner les œufs qu'elle doit faire éclore. Il faut attendre qu'il y ait au moins trois ou quatre couveuses bien assurées, et, quand il s'en présente beaucoup, il faut en avoir six, mais pas plus à la fois. Alors, quand on est bien sûr de ses poules, un même jour on retire, pendant le repas, tous les œufs d'essai, on regarde si la paille est bien arrangée, et l'on place dans chaque panier les œufs destinés à chaque poule.

Les carrés de papier, pris dans le tiroir, servent d'étiquettes sur lesquelles on inscrit le nombre des œufs, les noms d'espèces et la date de la mise à couver. L'étiquette est attachée par une ficelle au panier sur le côté qui fait face. Il suffit de mettre sur le papier l'inscription suivante :

13 ŒUFS. — *COCHINCHINE NOIRE*,
Du 18 avril sous la Poule.

Avec cela il est toujours facile de surveiller les éclosions et de se tenir prêt à tout.

Les poules sont alors mises en ordre, chacune dans son panier, et il n'y a plus rien à faire jusqu'au lendemain à la même heure. Les couveuses ne doivent jamais être dérangées dans la ournée. On peut donner un coup d'œil par hasard, mais il ne faut que dans les cas absolument forcés aller les regarder dans leurs paniers.

On continue à mettre toujours les poules par séries de six au plus, en laissant deux ou trois jours d'intervalle. Toutes ces précautions sont prises pour des motifs que nous ferons connaître plus tard.

REPAS DES COUVEUSES.

Nous supposerons qu'on soit en pleine couvaison, et que vingt-quatre couveuses fonctionnent. Une demi-heure avant de sortir les poules, la mue aux repas est visitée, quoique nettoyée de la veille. On met, pour chaque couveuse, à boire dans une augette et à manger dans une autre. Le manger consiste en blé et avoine mêlés, ou en orge et sarrasin, ou enfin en toutes espèces de graines avec lesquelles on nourrit habituellement les poules dans chaque pays ; on ajoute un peu de verdure, salade, mouron ou tête de navets, etc., tons les deux ou trois jours.

Quand tout est bien en ordre, on entre dans le couvoir, on ouvre le premier panier, on saisit la poule et on la passe à l'enfant, qui la porte à la première case de la mue ; puis on place le morceau de laine sur les œufs.

Après avoir refermé le couvercle du premier panier, on passe au second ; la seconde poule est prise et remise à l'enfant, qui est revenu. L'enfant la porte à la seconde case, et ainsi de suite jusqu'à ce que toutes les cases soient occupées.

Il faut surveiller les poules, dont quelques-unes sont si ahuries qu'elles ne bougent pas d'où on les a posées, et ne mangeraient pas si on ne les secouait un peu, au moins les premiers jours. Il arrive même que certaines ne mangent pas à travers les barreaux, mais ce cas est rare ; on leur jette alors du grain par terre, à l'intérieur. Pendant le repas, on visite les paniers pour voir si les poules n'auraient pas fienté, accident qui arrive quelquefois dans les premiers jours, ou si un œuf n'aurait pas été cassé par une couveuse maladroite. Dans ce cas, on retire les œufs, qu'on met dans une boîte bien close; on enlève les saletés, et, s'il le faut, on refait le nid complétement, après quoi on replace les œufs. On visite la place du panier pour voir si le contenu de l'œuf cassé a passé à travers la paille, auquel cas la place est nettoyée.

Quand la première poule est restée quinze à vingt-cinq minutes, suivant que le temps est froid ou chaud (considération à ne pas oublier pour les œufs), elle est prise par l'enfant, qui la rapporte et la remet à la personne chargée des couvées. La poule est placée sous le bras, la tête en arrière, mais jamais en bas. On visite les pattes, et, s'il s'y était attaché de la fiente, elles seraient nettoyées avec un torchon grossier.

Pendant que la poule est visitée et replacée, l'enfant en rapporte une autre, pour laquelle on a les mêmes soins, et toutes sont ainsi remises les unes après les autres.

Quand tout est en place, l'enfant enlève de la mue, avec sa petite pelle recourbée, les fientes, qu'il jette dans le panier; il remet à manger, et l'opération recommence pour là seconde série.

Lorsque tout est fini, la mue est changée de place, les fientes ramassées, les augettes nettoyées et renversées dans un endroit où elles soient en sûreté. On balaye la place et les environs, toutefois en entretenant le terrain de la mue très-plat, et sans enlever le sable, que l'on renouvelle seulement de temps en temps. Tout est serré, accroché, et tout est dit jusqu'au lendemain matin.

Il ne faut pas s'effrayer des œufs cassés, à moins que cet accident n'arrive trop fréquemment à une même poule. Cette poule serait alors bannie du couvoir et remplacée par une autre; aussi faut-il toujours garder une ou deux poules avec des œufs d'essai, afin d'avoir des couveuses de rechange. Une poule peut aussi mourir sur ses œufs; s'ils sont précieux, fussent-ils restés plusieurs heures à découvert, et même une journée, on doit les remettre à une couveuse de rechange; à moins qu'il ne fasse très-froid, ils ont toute chance d'être encore bons.

Nous avons laissé nos couveuses en action, et nous supposons que la première série y est déjà depuis dix jours ; c'est alors qu'il faut se préparer au mirage des œufs.

On pratique dans un volet de la fenêtre, ou bien dans la porte, une fente large d'environ $0^m.03$ et haute d'à peu près $0^m.15$. L'orifice extérieur de cette fente est bouché par un fragment de vitre cloué ou collé sur le bois; ce fragment de vitre est placé pour intercepter l'air froid. L'endroit que l'on choisit ne doit pas être exposé au soleil, parce que l'œuf qu'on veut **mirer**, recevant directement les rayons solaires, deviendrait trop transparent.

Le onzième jour au matin, aussitôt que les poules que peut contenir la mue y sont placées pour prendre leur repas, on se prépare à mirer les œufs de la première série de couveuses, opération qui doit être faite lestement.

On commence par s'enfermer dans le couvoir; la fente pratiquée pour le mirage donne, au bout d'une minute, assez de clarté pour exécuter sans danger tous les mouvements nécessaires. Une corbeille au fond de laquelle on place une étoffe moelleuse et chaude, comme du molleton, par exemple, est posée à terre non loin de la fente à mirer, dans un endroit bien choisi.

L'enfant porte près de là le panier de la première couveuse, saisit deux œufs avec soin et les passe à la personne qui doit mirer. Cette personne en prend un dans la paume de la main droite ou gauche, suivant sa commodité, et du bout des doigts de la même main elle prend l'autre par le petit bout, comme s'il était placé dans un coquetier; elle pose son autre main par le bord inférieur sur le bout supérieur de l'œuf et l'approche de la fente (grav. 31) ; un peu d'exercice apprend bientôt si l'œuf est fécondé ou clair, ou si l'embryon est vivant ou mort.

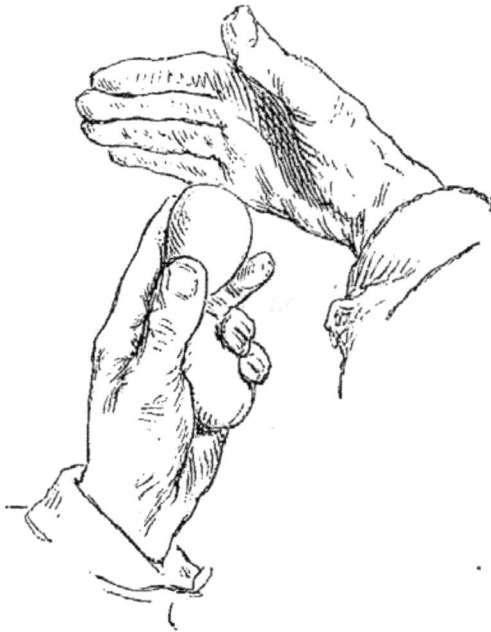

Grav. 31. — Mirage des œufs.

Si l'œuf est fécondé et l'embryon vivant, l'œuf est opaque, à l'exception d'un petit emplacement très-distinct qu'on nomme la chambre à air (grav. 32); s'il est clair, il est tout à fait transparent; si l'embryon est mort dans les premiers jours, l'œuf est plus ou moins trouble. Tous les œufs bons sont remis à l'enfant, qui les prend, les pose dans la corbeille, et en passe d'autres. Les mauvais sont placés dans un panier *ad hoc*. Ceux qui n'ont pas été fécondés sont gardés de préférence pour faire

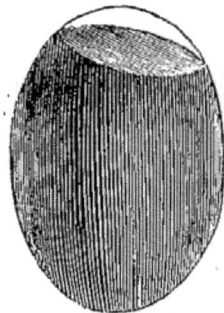

Grav. 32. — Chambre à air de l'œuf couvé.

des œufs d'essai, parce qu'ils ne se gâtent point. Ils sont alors mis à part, et l'on écrit dessus, à l'encre : *Œuf d'essai*. Ils doivent remplacer tous les œufs d'essai fécondés qui peuvent, en se cassant, infecter le couvoir.

Quand tous les œufs d'un panier sont mirés, ce qui doit être l'affaire d'un instant, on les y replace; on passe au suivant et et ainsi de suite.

En supposant que le nombre d'œufs est de treize pour chaque poule, que la première série est de six couveuses, et qu'il y a d'œufs mauvais 3 à la première, 1 à la seconde, 2 à la troisième, point à la quatrième, 4 à la cinquième et 3 à la sixième, on se trouve avoir 13 œufs manquant, et, par le fait, il n'y a plus que cinq couvées. Aussi prend-on les œufs du dernier panier de cette série de couveuses, et les répartit-on entre les cinq premiers. Chaque panier est recomplété, la couveuse dépourvue est remise dans son panier, où l'on place quelques œufs d'essai pour la tromper, puis renvoyée à la suite de toutes les couveuses, où elle attend une nouvelle série.

Les poules qui mangeaient pendant que l'opération se faisait rapidement sont rapportées à leurs paniers, et quand une nouvelle série de couveuses est arrivée à son onzième jour, on fait comme pour la première, et ainsi de suite.

On aura soin d'écrire sur les paniers des couveuses remises à l'essai : *Deuxième couvée*, afin de ne pas recommencer indéfiniment pour la même.

Quand on retire des couveuses qui sont de trop, comme il vient d'être dit, ou des paniers vides et devenus inutiles à la suite des éclosions, on repousse toujours les paniers suivants pendant le repas des couveuses, afin que les premiers poulets à éclore se trouvent toujours en tête.

Les soins sont continués aux couveuses jusqu'aux éclosions, mais toujours avec l'attention très-scrupuleuse de ne rien déranger aux œufs et de laisser la poule les arranger à sa manière. Il n'y a qu'un cas où il soit permis de s'en occuper, c'est quand on voit que, la paille du nid s'étant mal placée, et tombant plus d'un côté que de l'autre, des œufs s'écartent de la poule. Alors on remédie à ce dérangement.

On doit aussi, chaque fois qu'on visite des œufs, même au bout de quinze ou vingt jours seulement de l'établissement du couvoir, surveiller les paniers, la paille, les planches et tous les endroits où les mites pourraient s'établir, et les déloger, comme nous l'expliquerons plus tard.

BOITE A TRANSPORTER LES POUSSINS.

Le vingtième jour, veille de l'éclosion, on tient prête une boîte à transport pour les poulets (grav. 35).

Grav. 35. — Boite pour transporter les poussins.

Cette boîte, en forme de panier, doit avoir environ 0^m.35 de long sur 0^m.25 de large, et 0^m.20 de profondeur. La partie supérieure est percée de deux ouvertures à travers lesquelles on peut passer le bras, et qui sont fermées chacune par une petite porte grillagée à bascule. C'est par ces portes qu'on introduit les poussins. Une des extrémités de la boîte est à jour, et se ferme par un panneau mobile qui glisse de haut en bas entre des coulisseaux, et se retire tout à fait quand on veut donner passage aux poussins.

Cette boîte-panier, la corbeille pour le mirage et autres objets analogues peuvent être placés sur une planche fixée dans l'intérieur du couvoir.

ÉCLOSION.

Le jour de l'éclosion il faut montrer une grande résolution et une grande présence d'esprit. Il faut arriver au couvoir avec calme, et surtout à la même heure que d'habitude. La grande affaire est de ne pas aller voir, ni la veille au soir, ni le jour même avant l'heure, si les poussins sont éclos. On a beau entendre ces petits cris réjouissants qui décèlent de nouveaux petits êtres vivants, il faut réfréner sa curiosité et ne pas aller déranger la poule. Je m'étends là-dessus, parce qu'on est toujours tenté, surtout dans les premiers temps qu'on s'occupe d'élevage, d'aller soulever la poule, de prendre et remettre incessamment les poussins, de regarder les œufs, etc. Il faut être bien persuadé que la plupart des nombreux accidents qui surviennent dans les éclosions n'ont pas d'autres causes qu'une curiosité et des soins intempestifs.

Quand donc l'heure a sonné, on prend la première poule, en ayant soin de lui ouvrir préalablement les ailes, attendu qu'il arrive qu'elle y place des poussins et souvent même des œufs. On l'enlève doucement, et l'on aperçoit une partie des petits poussins éclos avec leurs coquilles ouvertes près d'eux. La poule est immédiatement envoyée à la mue aux repas. On fait ainsi pour toutes les suivantes, après avoir eu soin de remettre les morceaux de laine sur les œufs et les poussins.

Quand toutes les poules sont enlevées, on soulève le morceau de laine du premier panier, on retire toutes les coquilles, et surtout celles dans lesquelles des œufs s'engagent quelquefois. On fait ainsi à chaque panier. Et que les poussins soient éclos tous ou en partie, on les lâche et l'on replace chaque poule après son repas.

Je suppose que dans un panier il y ait cinq ou six poussins, on les retire, et les met pour un instant dans la corbeille à mirer. On place doucement la poule sur les œufs qui restent, et on glisse de suite par-devant elle, et seulement à l'entrée, les petits qu'on avait retirés et qui savent bien se replacer eux-mêmes. Sans cette précaution, il y aurait un grand nombre de poussins écrasés.

J'ai dit que, quand même tous les poussins seraient éclos, il fallait les laisser, car ils n'ont encore nul besoin de prendre de nourriture et ils peuvent très-bien s'en passer pendant vingt-quatre heures. La grande chaleur que leur communique à cet instant la couveuse leur est d'ailleurs indispensable pour achever en quelque sorte l'acte de l'incubation. En outre, au moment de l'éclosion, tout ce qui reste dans l'œuf de substances nutritives entre spontanément dans les viscéres du poussin, qui se passerait très-bien d'autre nourriture pendant deux jours sans grand inconvénient.

Le lendemain, la poule est enlevée avec les mêmes précautions que la veille. Pendant le repas, tous les poussins éclos du premier panier sont placés dans le panier à transport. S'il n'y en a que huit, il est fort ennuyeux de donner une si chétive famille à conduire à une poule. Alors on prend bravement des poussins du second panier et du troisième, s'il le faut, pour compléter le nombre quinze environ.

Il est facile de voir maintenant qu'il avait été utile de mettre six poules à couver à la fois. Une seule ne fournirait jamais une famille assez considérable, deux ou trois donneraient une répartition difficile, et cependant il faut se contenter de ce nombre quand les couveuses sont encore rares; si, d'un autre côté, on en mettait plus de six pour le même jour, la répartition deviendrait fort embarrassante pendant le travail du repas. Aussi ferai-je remarquer, à cette occasion, qu'il sera bien de ne mettre à manger à la fois, un jour d'éclosion, que les poules qui vont avoir des poussins, parce que, si diligent qu'on soit, avant que tous les changements, transports, etc., soient exécutés, les autres couveuses auraient trop à attendre pour être remises sur leurs œufs.

Quand on a formé une famille, on prend la poule qui en a fait le plus éclore parmi les poussins de la famille, ou tout au moins la mieux portante, celle qui a le plus de chaleur, et l'on va porter la mère et les enfants au terrain d'élevage, emplacement dont nous donnerons plus loin la description.

Au reste, on compte ce qu'on a de poussins éclos en tout, et on les répartit le plus convenablement possible, de façon que les couveuses aient chacune une famille, ni trop ni trop peu nombreuse. Le nombre quinze environ, énoncé plus haut, m'a toujours paru le plus convenable.

A l'exception de cas très-rares, cas où il est bien avéré qu'un accident très-simple empêche un poulet de se débarrasser de sa coquille, ou parce qu'un fragment de cette coquille est collé après lui, ou par quelques autres circonstances que l'usage apprend vite à connaître, à l'exception de ces cas, dis-je, on ne doit jamais, jamais, mais jamais aider un poulet à sortir de l'œuf. Celui qui n'a pas la force d'opérer par lui-même un acte aussi naturel doit périr fatalement, attendu qu'on ne sait pas du tout la cause de sa difficulté à sortir; et, pour un poulet qu'on aiderait à propos, on en ferait périr vingt qui n'auraient eu besoin d'aucun secours. Un poussin met une heure à éclore, un autre met deux jours, laissons donc agir la nature sans nous mêler de ces petits accouchements, auxquels du reste une poule s'entend beaucoup mieux que nous.

Voici comment le petit être qui s'est développé dans l'œuf s'y prend pour en sortir. Son bec, placé vers le centre de l'œuf et près de la coquille, est armé à son extrémité d'une petite pointe cornée et aiguë qu'il fait manœuvrer de façon à user petit à petit une même place qu'il finit par percer. Le trou fait, il donne des poussées qui font lever un petit éclat; ce résultat obtenu, le poussin fait un léger mouvement de rotation sur lui-même, lève un nouvel éclat, et **il** continue toujours en tournant, jusqu'à ce que la coquille tombe de droite et de gauche en deux parties égales, et le tour est fait.

Il ne faut pas être étonné de la longueur de l'opération, et ne jamais vouloir devancer le résultat naturel, parce que l'on ouvre presque toujours l'œuf avant que le poulet ait achevé sa formation, et il y a presque autant de poussins perdus que de poussins aidés à sortir de l'œuf. Je le répète, il vaut mieux laisser périr le petit poulet à la peine, si telle est sa destinée.

Quand les poulets éclos sont répartis et portés au terrain d'élevage, il reste des œufs percés ou même intacts, on les réunit et on les remet tous, suivant leur nombre, sous une ou plusieurs des couveuses qui restent; on en retrouve ordinairement d'éclos le lendemain matin, et, s'il n'y en a pas assez pour constituer une famille, on les glisse le soir aux poules déjà pourvues, qui les acceptent avec amour[1].

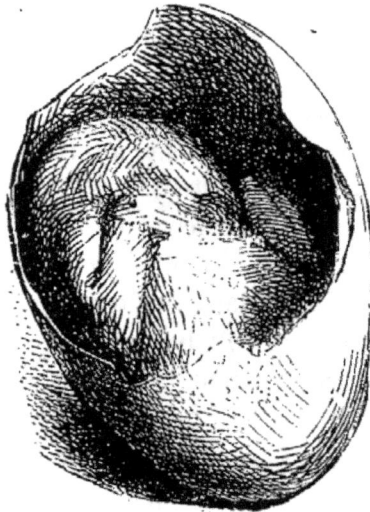

Grav. 34. — Poussin resté dans un œuf à deux jaunes.

Quoiqu'il soit toujours très-rare de voir deux poulets dans un même œuf, le cas arrive cependant; je n'en fais ici mention qu'au point de vue de la curiosité, et parce que j'ai entendu

---

[1] Si l on veut être sûr, avant de jeter les œufs dont il n'est pas sorti de poulet, que tout ce qui pouvait éclore est éclos, on prend ces œufs et on les met dans l'eau tiède, ceux qui contiennent des poulets encore vivants surnagent et s'agitent; on peut encore les remettre sous une poule et espérer des éclosions. Les œufs inféconds coulent au fond et ne remuent pas.

plusieurs fois contester le fait. Je donne le dessin d'un œuf de brahma-pootra couvé chez moi. L'œuf était énorme et contenait deux jaunes; un poulet est sorti vivant et a vécu, l'autre est resté dans l'œuf, mais mort, quoique parfaitement formé. Le dessin (grav. 54) est fait d'après nature, le poulet mort est encore placé dans la partie de l'œuf qu'il occupait.

CHAPITRE VIII

Terrain d'élevage. — Boîtes à élevage.

TERRAIN D'ÉLEVAGE.

Le terrain peut être de toutes dimensions, suivant le nombre des animaux qu'on se propose d'y élever; mais plus il est vaste et mieux il vaut. Il doit être entouré ou de murs, ou de planches, ou de haies dont le bas surtout doit être parfaitement clos, afin qu'un poussin, quelque jeune qu'il soit, ne puisse s'échapper, et pour que les animaux du dehors, comme les chiens, poules, coqs, oies, canards, etc., éprouvent une résistance suffisante pour les empêcher de franchir cet obstacle.

Les renards, les rats, les fouines, ne sont point à craindre, si l'on a soin d'entretenir un ou deux petits chiens de bonne garde, et si l'on se sert de la boîte à élevage que je décrirai plus loin.

Il est toujours bon que l'emplacement soit de nature sablonneuse, sinon il faut le mettre un peu en pente ou le drainer, à moins qu'il ne soit *bien garni de gazon et très-vaste*.

Le plus mauvais terrain est suffisant, d'autant plus qu'il est bonifié à la longue par le séjour des poules.

Dans presque toutes les fermes, les châteaux, les grandes organisations enfin, il y a un verger enclos, c'est là dedans que e voudrais voir établir les boites à élevage, parce que les quatre principales conditions s'y trouvent toujours réunies : l'espace qui est indispensable, l'ombre portée par les arbres dans les grandes chaleurs, l'herbe qui croît en abondance, les insectes de toutes sortes qui s'y abattent et fournissent la partie la plus succulente de la nourriture, en même temps que leur recherche procure aux poulets un exercice toujours utile à leur développement.

Si l'on ne possède pas un verger et qu'on soit forcé d'établir exprès un terrain d'élevage, il faut y faire aussitôt des plantations de branches de saule, peuplier, groseillier, etc., pour former des bosquets touffus où les poulets puissent trouver de l'ombre quand ils en éprouvent le besoin. Il serait préférable de planter dans le terrain toutes sortes d'arbres enracinés et déjà grands, serrés et en bosquets, d'espèces qui se développent rapidement, comme les acacias, les saules, les osiers, les sureaux, etc., le tout complétement ébranché afin de donner dès la première année des rejets puissants qui forment bientôt un ombrage épais.

Si de grands bois se trouvent tout plantés, il faut se garder de les détruire, car c'est une promenade pour les élèves, qui y trouvent en outre une multitude d'insectes sous les feuilles mortes.

On doit aussi laisser un grand emplacement libre semé de gazon, et, si l'on peut, de place en place, planter des choux, des topinambours, des pommes de terre, des colzas, semer du millet, des navets, de la laitue, etc., etc. Une de ces plantes suffit quelquefois pour mettre à l'ombre une couvée éclose depuis quelques jours, et rien n'est plus joli que de voir ces charmants petits animaux s'ébattre en famille sous un large chou où ils trouvent la fraîcheur, tandis que, près de là, quelques-uns d'entre eux sont couchés l'aile ouverte au soleil.

Lorsque les poulets sont petits, ils ne gênent pas le dévelop-

pement des plantes, mais plus tard, quand ils ont grandi
comme elles, ils commencent à les attaquer; c'est alors
qu'elles remplissent le but qu'on s'est proposé, celui de ne jamais laisser les poulets manquer d'une verdure fraîche et abon
dante.

Pendant qu'ils mangent ces plantes, on les voit à chaque instant faire une tournée dans les gazons, qu'ils tondent brin à
brin; et souvent le matin, à leur sortie, ils négligent la nourriture qu'on leur jette pour se gaver d'abord d'herbe, reviennent
manger et retournent aussitôt au gazon. Je le répéte, les grands
avantages des pelouses et de toutes sortes d'herbages sont de
fournir deux des parties les plus importantes de la nourriture,
la verdure et les insectes.

Presque tous ces avantages ne subsisteraient pas longtemps,
si les mères étaient libres de parcourir le terrain, car leur
habitude de tout retourner se change en fureur lorsqu'elles
ont des poussins. L'espérance d'avoir un ver à leur offrir leur
ferait percer le globe, et il arriverait, ce qui arrive presque toujours dans les fermes, qu'un grand nombre de poussins se
trouvent sacrifiés par les mères étrangères, qui n'oublient jamais d'assommer tous ceux qui passent près d'elles, s'ils ne
leur appartiennent pas, tandis que d'autres périssent écrasés
dans les combats des poules, qui croient toujours de leur honneur de défendre leur famille, même quand on ne l'attaque
pas; aussi chaque poule doit-elle être rigoureusement séques-
trée dans une boîte à élevage, qui doit renfermer également
les poussins pendant la nuit, et même pendant le jour, lorsque
le temps est froid ou pluvieux.

Le terrain à élevage a, en outre, l'avantage inappréciable de
préserver les jeunes de presque tous les accidents qui arrivent
continuellement au milieu de l'outillage des fermes, sous les
chevaux, les vaches, les moutons; ils y sont préservés de la
chute des tas de paille, de bois, etc., etc., et de la poursuite
des chiens, chats, canards, oies et tous autres animaux nuisibles.

Il est rare de voir deux terrains affecter les mêmes dispositions : c'est à l'éleveur de profiter iugénieusement des accidents qui se présentent dans l'emplacement dont il peut disposer. Ce n'est donc que comme idée générale que j'ai reprè-
senté à peu près l'endroit où j'élève mes poussins (grav. 35).

Les boîtes exposées au levant, et distancées de 6 à 8 mètres,
sont adossées à un petit bois A, qui les met à l'abri des ardeurs
du soleil, vers dix heures du matin, et dans lequel les poulets
se promènent à l'ombre et cherchent les insectes qui se cachent
sous les feuilles mortes. Un long chemin C est réservé devant
les boîtes pour le service des nettoyages, distributions et transports. Une pelouse D, aussi large que possible, règne tout du
long, et de l'autre côté de la pelouse se trouvent les plantations
et semis E, parmi lesquels sont des arbres fruitiers. L'expérience m'a démontré qu'il fallait qu'il y eût beaucoup d'om-
brages obtenus par des bouquets de bois touffus et placés çà
et là, à de petites distances, afin que les herbages ne se dessèchent pas et que la croissance des élèves ne soit pas arrêtée,
ce qui arrive à ce point, quand les chaleurs sont considérables,
qu'ils semblent ne presque pas changer de volume pendant des
mois entiers, accident qui ne survient jamais pour ceux qui
peuvent vivre dans les bois.

Il est un cas où le terrain à élevage peut, sans inconvénient,
être étroit, c'est lorsqu'il est entouré d'immenses prairies ou
bois, qu'on a le droit de laisser parcourir aux élèves; parce
qu'alors, pour chaque boîte qu'on aura soin de contenir dans
un petit endroit réservé, on peut pratiquer une sortie par où
les poulets et la mère même peuvent sans inconvénient passer
à toute heure, soit pour aller au gagnage, soit pour revenir
s'abriter, comme aussi l'on peut disposer ensemble dans un
parc toutes les boîtes, en face desquelles on pratique des
sorties.

Je dois insister ici et faire encore remarquer que, dans toutes
les propriétés dont les jardins sont clos, et dout les terres en-
vironnantes sont en prairies et en bois, on établirait avec le

4

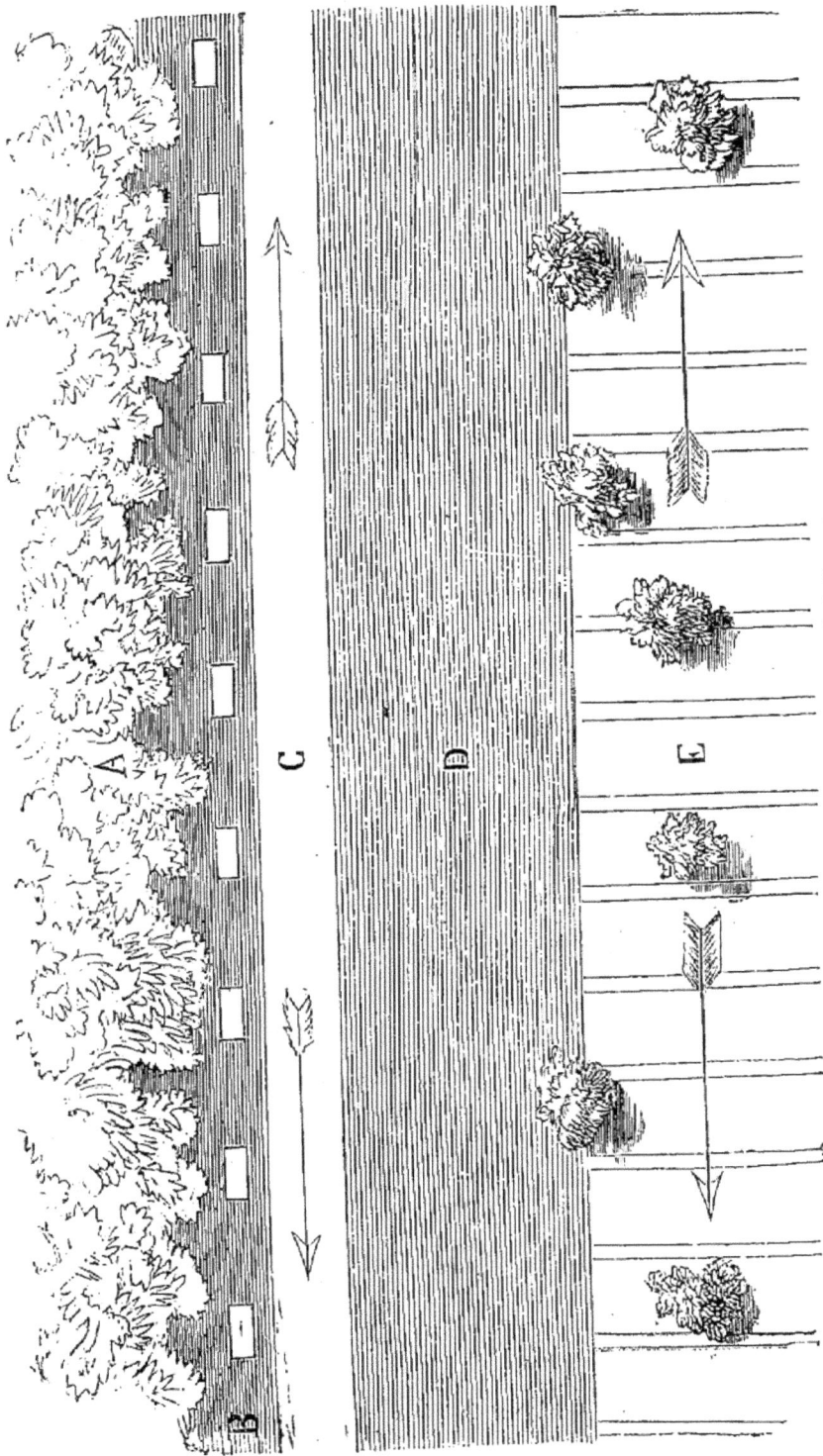

Grav. 35. — Plan du terrain à élevage.

plus grand succès des élevages dont la réussite serait certaine et les dépenses très-réduites.

puis affirmer que j'ai élevé par centaines des poulets qui partaient au loin, et du matin au soir cherchaient une nourriture que l'exercice rendait encore plus précieuse, et je n'ai jamais eu *un seul sujet malade* ou mangé par les renards, qui ne sont à craindre que la nuit.

BOITE A ÉLEVAGE JACQUE.

J'ai essayé de tout : j'ai élevé des poulets dans les différentes boîtes inventées pour les faisanderies ; j'en ai élevé dans des écuries, dans des poulaillers, dans des parcs séparés ; j'en ai élevé, la mère restant sous la mue et les poulets étant libres ; j'en ai aussi élevé qui étaient libres et conduits par la mère : un seul de tous ces procédés m'a réussi, c'est le dernier ; mais il fallait qu'il y eût du fumier et des herbages vifs, et surtout une seule couvée dans le même endroit : encore les poulets n'étaient-ils pas à l'abri de nombreux accidents.

Quatre conditions sont indispensables pour élever un certain nombre de poulets : un terrain entretenu comme je l'ai décrit plus haut, une nourriture appropriée aux espèces, un logement *toujours* sain, commode, propre, et ce logement toujours le même pour la même couvée, jusqu'à l'*entier développement* des élèves.

Le terrain doit être proportionné, bien entendu, à leur nombre. Plus il est grand, mieux il vaut ; mais il ne faut pas moins de cinq à six ares très-bien entretenus pour bien élever vingt-cinq à trente poulets de forte race. Nous ferons sur la nourriture un chapitre spécial, ici nous n'avons à nous occuper que du logement.

Il faut aux poulets, je le répète, depuis leur naissance jusqu'à leur *entier développement*, un logement complétement sec, qui puisse les mettre à l'abri des mauvais temps, soit de longue durée, soit passagers. Voilà une première considération qui

marche avant toutes les autres. On s'imagine que, du moment
où l'on a bourré de nourriture un animal, le reste est de peu
d'importance; mais qu'on songe bien à ceci, c'est que, lorsqu'un poulet a souffert seulement pendant quelques jours, soit
de l'humidité, soit de la saleté, soit des mites, soit d'un déré-
glement dans la nourriture, ou du manque d'eau propre, ou de
verdure vive, il fait rarement un bel élève, et la plupart du
temps, à l'âge où il devient pubère, il meurt phthisique.

J'ai l'air d'un rabâcheur, mais il faut pourtant bien que je
ressasse sans cesse les choses indispensables, pour qu'on ne
glisse pas dessus sans grande attention et qu'on ne perde pas,
faute d'expérience, trois ou quatre années d'élève.

J'ai dit que j'avais essayé de toutes les boîtes à élevage; je
défie qu'on m'en montre une où la pluie ne pénètre pas. Les
meilleures, les plus ingénieuses, peuvent la supporter quelques
instants; mais, quand il pleut très-fort ou très-longtemps, rien
ne saurait préserver les malheureux poussins, qui pataugent
dans une boue glaciale de fiente délayée et qui cherchent en
vain un refuge auprès de leur mère trempée elle-même, sous
laquelle ils trouvent moyen de se mouiller encore davantage.
Les plumes de ces malheureux se collent sur leur corps, et l'on
voit tantôt l'un, tantôt l'autre, expirer en grelottant. Ceux qui
échappent se ressentent toujours d'une seule de ces épreuves;
qu'on juge ce qu'ils doivent devenir quand ils en ont subi plusieurs de semblables pendant les quelques mois de leur croissance.

Le second mécompte attaché aux boîtes ordinaires est dans
le manque d'espace. En supposant que les poulets y fussent lo-
gés au sec, ils y rencontreraient encore l'inconvénient de se
trouver, au bout de quelques heures, dans un endroit infect;
et ce qu'il y a de fatal, c'est que, arrivés à un certain âge,
quand la poule les rebute, qu'ils ont pris une partie de leur développement, ils n'ont plus assez de place pour se tenir dans
ces boîtes, et l'on est forcé de réunir plusieurs couvées dans
des poulaillers. C'est alors que de nouveaux éléments de des-

truction surgissent. Tous ces individus réunis se battent pendant plusieurs jours, jusqu'à ce qu'ils aient fait connaissance. Les plus jeunes d'entre eux, ceux qui ont le plus besoin de nourriture, sont impitoyablement écartés des mangeoires, ou servent d'amusement aux gros, auprès desquels ils ne passent jamais sans recevoir un coup de bec, qui emporte souvent le

Grav. 36. — Boîte à élevage Jacque.

morceau. La nuit, ils fientent les uns sur les autres, ou s'écrasent mutuellement, et l'odeur fétide qui résulte nécessairement de cette réunion de corps et de leurs déjections engendre immédiatement les maladies mortelles et contagieuses du catarrhe, du chancre et de la phthisie. Il fallait donc trouver

4.

une boîte qui parât à tous ces inconvénients. Voici ce que j'ai inventé, on verra si j'ai réussi.

Ma boîte (grav. 36) est composée de deux compartiments égaux et à peu près carrés, séparés par un grillage intérieur, ayant par devant deux baies closes, dans le jour, par un panneau plein du côté gauche et un grillage du côté droit. Le compartiment de droite reçoit la poule, qui y reste toujours et peut seulement passer la tête par les barreaux du grillage. Le compartiment de gauche est spécialement réservé aux poussins, qui peuvent parcourir à volonté les deux compartiments, en passant à travers le grillage de séparation. Les poussins sortent aussi par le grillage extérieur pour aller au dehors, et rentrent par le même endroit à l'appel de leur mère ou selon leur caprice.

La nuit, le grillage extérieur du compartiment de droite est remplacé par un panneau plein semblable à celui de gauche, et les poulets n'ont plus pour promenade que la moitié de la boîte, où ils se trouvent à sec et où leur nourriture et leur boire sont à l'abri de tout accident et de toute salissure. Le jour passe à travers un vitrage placé sur le toit du petit préau, et une ouverture grillagée, pratiquée dans chaque panneau, établit toujours un courant d'air.

J'explique un peu par avance l'usage des différentes parties de la boîte, afin de mieux faire comprendre les détails dans lesquels je vais entrer.

La boîte entière (fig. 37) est faite en volige ordinaire (bois blanc) de 16 millimètres d'épaisseur une fois blanchie, quelques pièces seulement sont en chêne pour la solidité; elle mesure en largeur 1^m.28, y compris l'épaisseur des planches, mais sans compter ce qui dépasse du toit au-dessus de a; du sommet au fond b elle mesure 0^m.78; des angles supérieurs des côtés au fond, 0^m.63. Chaque ouverture c a de côté 0^m.54.

La partie du haut A qui forme fronton, le montant B du milieu et les montants C de droite et de gauche, destinés à donner

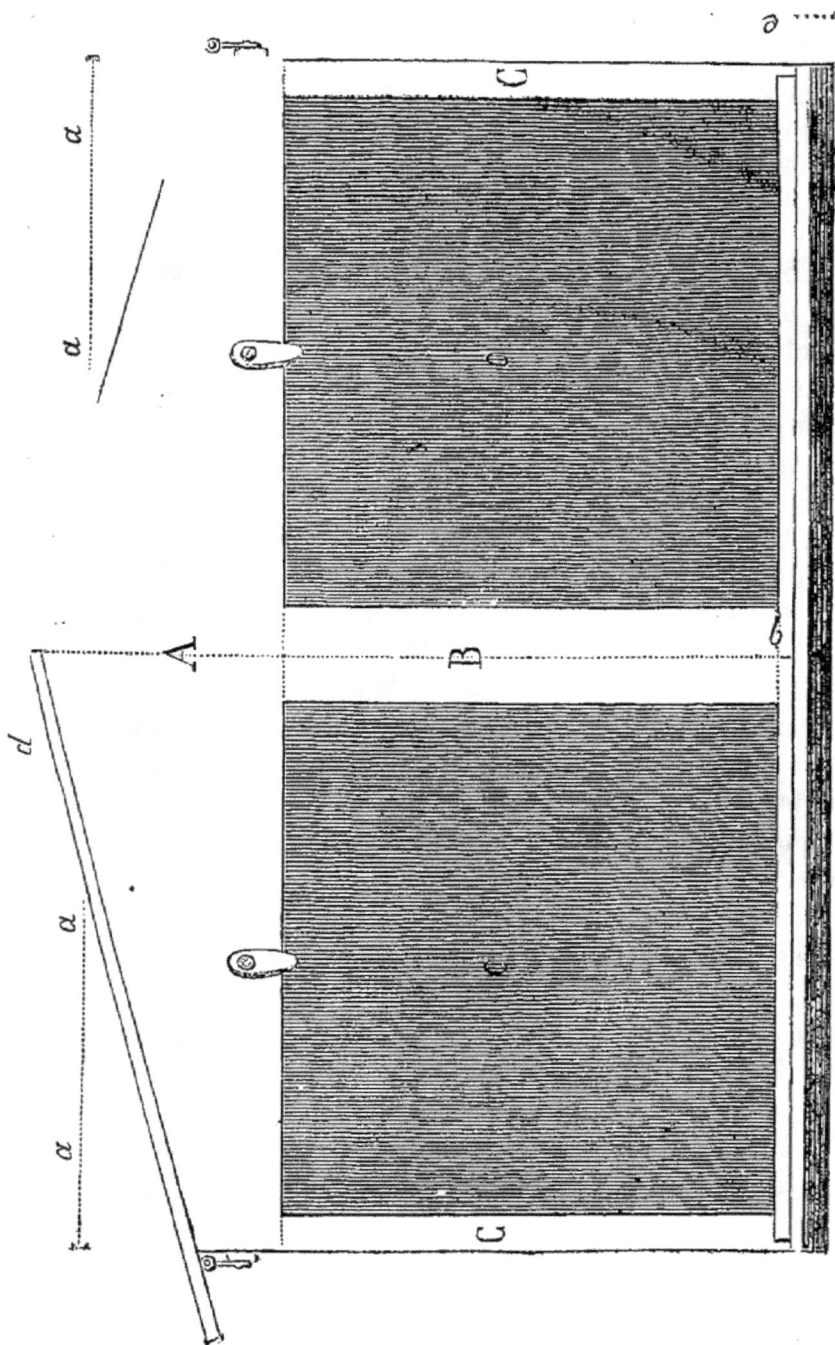

Grav. 37. — Proportion de la boîte à élevage (façade.)

de la solidité, sont en chêne et pris dans une planche de 0^m.03 d'épaisseur.

Si l'on ajoute à la hauteur intérieure du sommet au fond 0^m.03 de dépassement du toit d, et 0^m.08 de l'épaisseur du fond et de deux barres clouées sous le fond e, pour le consolider et l'isoler de la terre, on aura une hauteur totale extérieure du sommet au sol de 0^m.89; d'avant en arrière la profondeur est de 0^m.62.

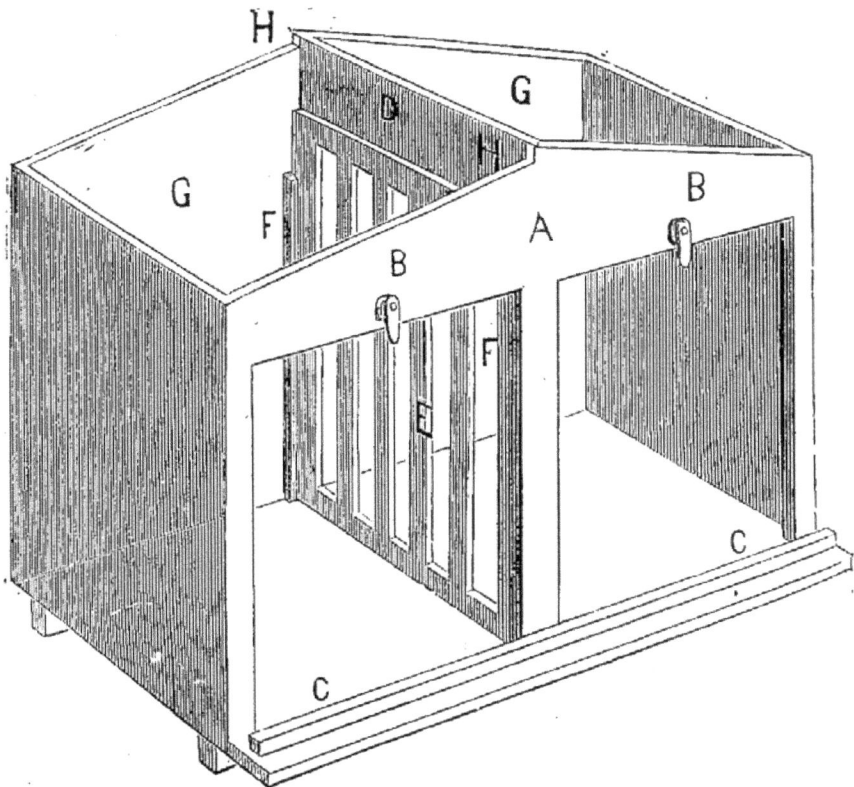

Grav. 58. — Intérieur de la boîte à élevage.

Le fond, le derrière et les côtés sont pleins, sans aucune espèce de trous, ni de barres, ni de traverses apparentes; le toit est fait de deux parties mobiles de dimensions différentes, passant l'une par-dessous l'autre, et dépassant la boîte en avant et en arrière, de 0^m.03, et de chaque côté de 0^m.10. Sur le fronton A (grav. 38), deux tourniquets B fixent les panneaux mobiles, qui sont retenus en bas par une barre en chêne C clouée sur le bord du fond qui dépasse la façade.

En haut, à l'intérieur, une barre transversale D maintient l'écartement et comble l'espace resté entre le toit et le grillage du milieu E, qui se met ou se retire à volonté, en glissant entre deux coulisseaux F placés l'un en dedans du montant de la façade, l'autre sur la paroi intérieure du derrière de la boîte G; ce dernier coulisseau, plus fort que l'autre, maintient cette grande partie en lui servant de traverse.

On voit au fronton une encoche qui se répète en arrière H; elle est faite pour recevoir une des deux parties du toit, afin que l'autre, passant par-dessus et munie d'une bande de bois de chêne qui fait égout, intercepte tout passage à l'eau. Ces deux parties du toit sont maintenues droites, chacune par deux fortes barres de chêne clouées en dessous, ajustées de façon qu'elles se placent juste sur la boîte, et elles sont maintenues sur les bords de la boîte à chaque coin et au milieu par six petits crochets I qui empêchent tout gondolement.

On voit, sur le dessin, les places qui reçoivent les crochets. La plus petite des deux parties qui forment le toit est celle qui entre dans l'encoche et qui reçoit la vitre. Cette vitre doit avoir 0^m.25 de large sur 0^m.50 de long. On la place dans une feuillure prolongée jusqu'au bout du toit pour faciliter l'égout des eaux.

On trouve souvent des rognures de verre double à très-bon compte; il est préférable d'employer ces verres, qui sont bien plus solides que la vitre ordinaire.

Les deux panneaux (grav. 39) qui ferment les baies de la façade dépassent, bien entendu, la dimension qu'ils ont à couvrir, et se joignent au milieu. Ils sont maintenus plans par deux fortes barres en chêne clouées en dedans. Une ouverture A de 0^m.25 sur 0^m.18 est pratiquée en haut dans chacun d'eux. Elle reçoit du côté intérieur un petit grillage mobile assez serré pour qu'une souris n'y puisse passer, établi sur un carré en fort fil de fer et fixé aux quatre angles par de petites vis.

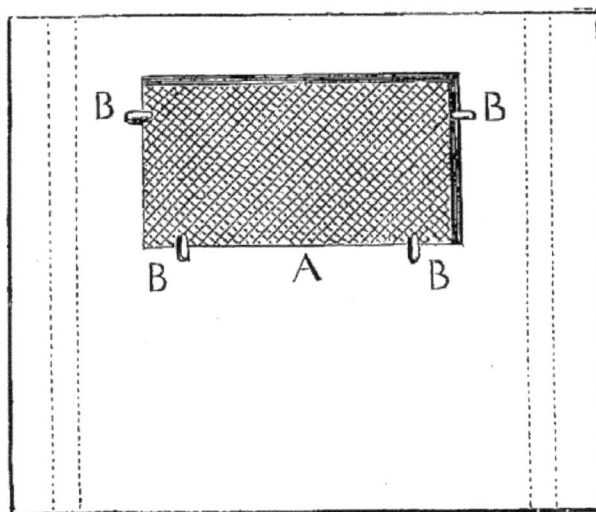

Grav. 39. — Un des deux pannneaux de fermeture de la boîte à élevage.

Du côté extérieur, quatre petits clous à crochets à vis B reçoivent une vitre qu'on met ou retire à volonté, suivant que la température est très-froide ou suffisamment chaude.

Le grillage de séparation est proportionné à l'espace qu'il a à remplir; celui du dehors est de la dimension des panneaux de fermeture, puisqu'il en tient souvent la place. Seulement on remarquera (fig. 40) que l'un et l'autre doivent avoir la barre du bas A beaucoup moins large que celle des autres côtés, afin de donner facilement passage aux poussins. L'écartement B entre les barreaux est de $0^m.06$, et la largeur C des barreaux est de $0^m.03$.

Il se trouve au grillage de séparation de l'intérieur quatre barreaux, et à celui de l'extérieur cinq, sans compter ceux qui forment le châssis. La boîte est entièrement faite de bois bien uni au rabot. On peint avec soin la boîte entière à deux couches de gris clair à la céruse, après avoir bien mastiqué les plus petites fissures.

Il ne faut jamais se servir des boîtes avant que les émanations de la céruse ne soient plus sensibles. Sans cette précaution, l'on perdrait beaucoup de poussins ou bien on les rendrait malades.

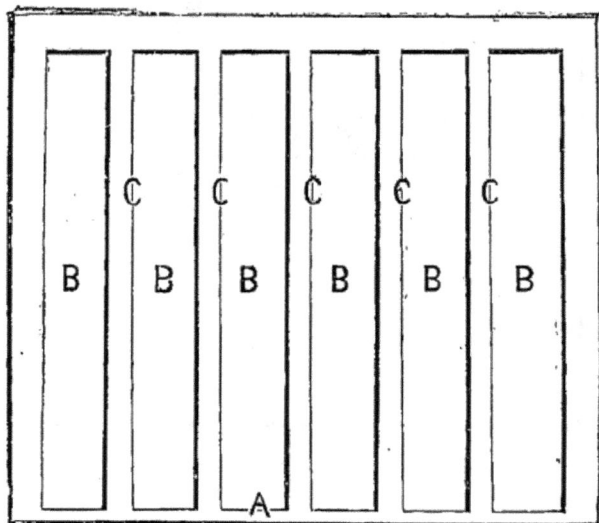

Grav. 40. — Grillage pour la sortie des poussins de la boîte à élevage.

Les deux parties du toit, maintenues à l'aide de six petits crochets, le sont de manière à pouvoir se retirer à volonté pour les nettoyages complets et la recherche des mites.

Cette boîte peut durer fort longtemps, si l'on en a quelques soins et si une légère couche de peinture y est appliquée tous les deux ans. Elle coûte un peu cher, mais cette considération perd de son importance quand on se rappelle que la boîte sert aussi de poulailler jusqu'à l'entier· développement des animaux. La menuiserie, façon et fourniture, revient, très-bien payée, à 20 francs; la peinture, la vitrerie et les grillages, à environ 10 francs. C'est donc à 30 francs au plus que revient la boîte chez moi, et à 25 francs qu'elle pourrait revenir dans beaucoup de pays. Seulement à Paris un marchand serait forcé de la vendre 35 francs.

Il est de *la plus grande importance* que le bois employé soit entièrement sec et les boîtes ne soient jamais exposées long-temps aux ardeurs du soleil, sans quoi tout se fendrait ou se disjoindrait, ce qu'on évitera si l'on a soin, comme je l'ai déjà dit, de placer les boîtes de façon à être abritées vers dix heures par des bosquets touffus. Elles ne restent ainsi sous les rayons du soleil que pendant quelques heures de la matinée, et encore l'ardeur des rayons est-elle toujours tempérée par les branches qu'on laisse pendre.

BOÎTE A ÉLEVAGE GÉRARD.

La boîte Gérard est un des meilleurs moyens de faire vivre les poulets dans une température chaude, alors même que le froid est assez vif. •

La boîte (grav. 41) est séparée en deux compartiments A et B, l'un grand, l'autre petit. Sa longueur totale est de $1^m.20$; sa largeur, de $0^m.50$.

Le grand compartiment a $0^m,40$ de hauteur, et le petit, dont la coupe est en pente, a en arrière $0^m.40$ de hauteur, et, en avant, $0^m.48$ à $0^m.50$. Le grand compartiment est recouvert par un vitrage C composé de deux vantaux dans le genre d'une fenêtre ordinaire, qu'on ouvre et ferme à volonté.

Le dessus du petit compartiment est fermé d'un couvercle en tabatière D. Les deux compartiments ont leur séparation en E.

Le grand compartiment A est destiné aux poulets, le petit compartiment B à la mère poule.

Si l'on étudie avec attention la grav. 41, qui représente la boîte Gérard vue à vol d'oiseau, on verra que le petit comparti-ment A, destiné à recevoir la mère poule, est séparé du grand compartiment B par une petite grille mobile C, établie dans les mêmes proportions que pour les grandes boîtes à élevage.

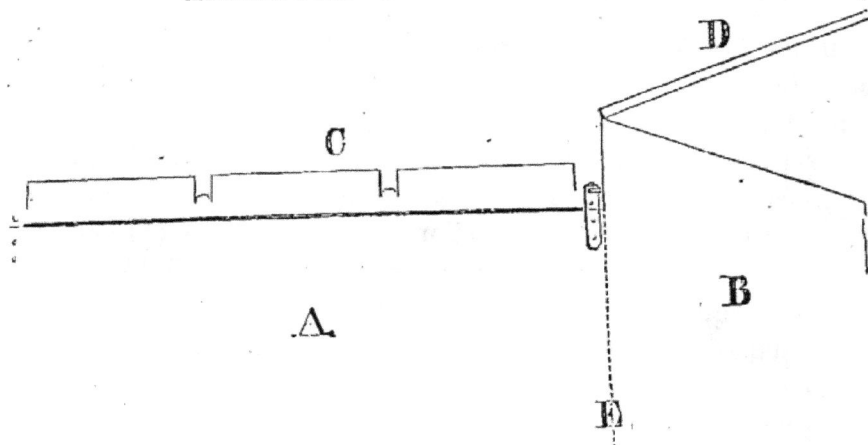

Grav. 41. — Profil de la boîte à Gérard.

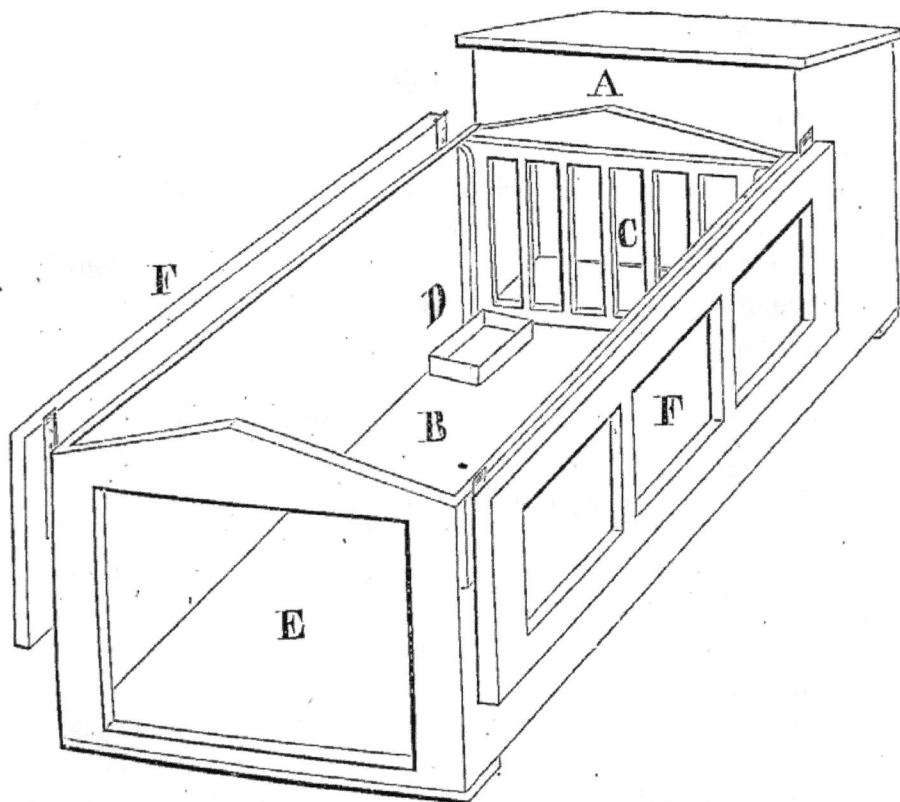

Grav. 42. — Boîte Gérard ouverte.

Le grand compartiment B est le préau destiné à la promenade
des poulets. C'est aussi là qu'on place l'abreuvoir D, près de la
grille, dont la traverse du bas est extrèmement basse pour
laisser un passage très-facile aux poulets. L'ouverture de sortie
et de rentrée est en E. On voit à droite et à gauche les vantaux
FF ouverts et renversés. La grav. 43 représente la planchette
qui sert de fermeture et glisse par en haut dans deux coulisseaux placés intérieurement à la sortie

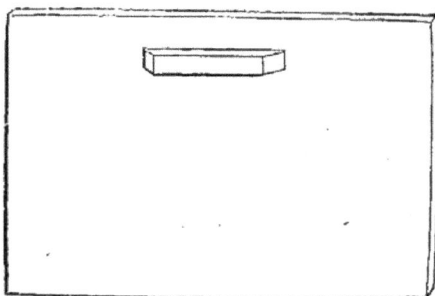

Grav. 43. — Planchette de fermeture.

Le second dessin de la boîte (grav. 44), vue à vol d'oiseau,
représente cette boîte avec le préau fermé au moyen de la
fenêtre A et de la porte B; le dessus C du compartiment de la
poule est levé.

Quelque soin que l'on puisse mettre dans l'exécution de la
boîte Gérard, il est impossible d'empêcher la pluie d'y pénétrer et d'inonder les poulets, qui mourraient en peu de temps
si l'on ne leur portait secours. Pour obvier à cet inconvénient, j'ai fait faire deux petits faîtages en volige, on pose le
premier (grav. 45) sur la fenêtre fermée, et le second (grav. 46)
sur le bord antérieur du compartiment de la poule par-dessus
le premier faîtage; l'ensemble de ces deux faîtages (grav. 47)
fait égoutter l'eau de tous côtés et préserve la boîte des plus
grandes inondations.

Il faut, en outre, que le dessus C (grav. 44) du comparti-

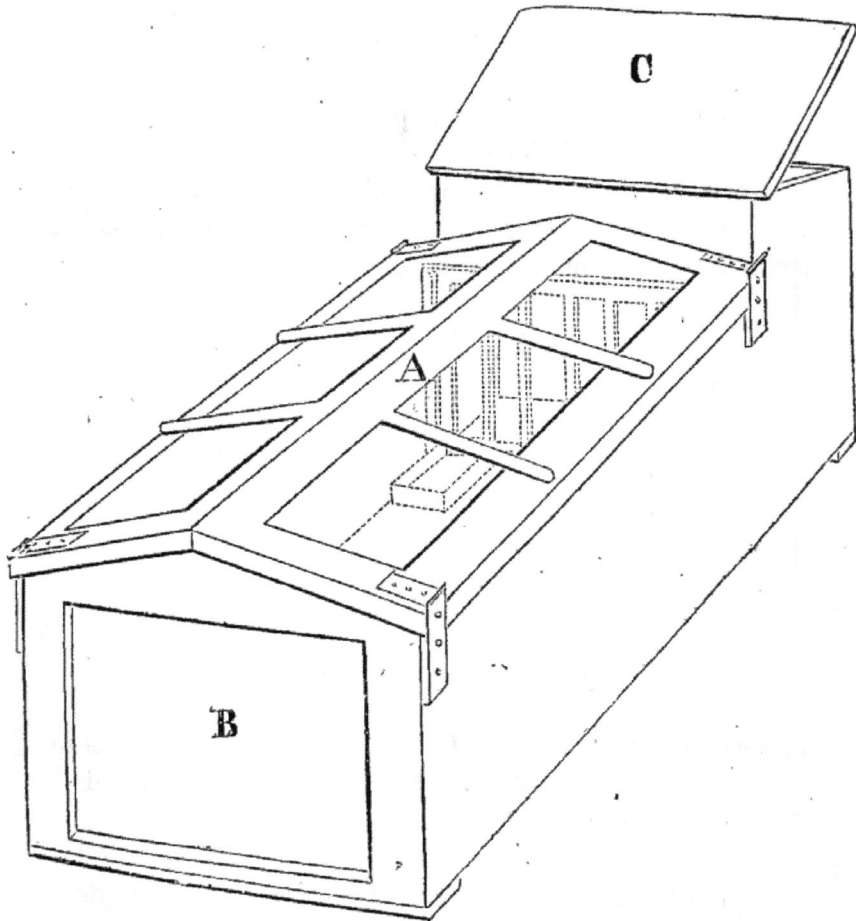

Grav. 44. — Boîte Gérard vue à vol d'oiseau.

Grav. 45. — Premier faîtage.

ment de la poule déborde beaucoup à droite et à gauche et surtout en arrière, pour bien empêcher tout retour de l'eau.

Grav. 46 — Second faîtage.

Grav. 47. — Ensemble des faîtages.

La construction de la boîte et de ses appendices coûtent tout au plus vingt francs ; je crois cependant que les personnes qui voudraient faire usage de ces boîtes devront commencer par en acheter une chez M. Gérard. Les explications que j'ai données seront loin d'être inutiles, malgré la possession d'un modèle.

USAGE DE LA BOÎTE.

Nous avons dit que le froid du matin était une terrible cause de destruction pour les poussins. Il est facile de s'en convaincre en se promenant, au printemps, dans le premier village venu, avant huit ou neuf heures du matin On entend, en passant devant chaque cour, un concert lamentable de petits êtres piaillants, et, si l'on regarde, on voit la mère qui s'entête à aller et venir, à chercher, à gratter dans les fumiers, trompée qu'elle est par son instinct maternel.

Les malheureux petits suivent en trébuchant contre chaque paille, et remplissent les airs de leurs clameurs, pour obtenir ce qu'ils désirent avant tout, le bonheur de se fourrer sous leur mère, où ils trouveraient cette chaleur vivifiante qu'elle semble leur refuser obstinément.

On pourrait faire ici cette objection que cependant, si les poules étaient en pleine liberté, les poulets n'auraient pas plus chaud dans les champs que dans une cour. La réponse est simple. Il n'y aurait pas, à cette époque, plus de nichées écloses pour les poules qu'il n'y en a pour les faisans, perdrix, cailles, etc., et si, malgré la fraîcheur de beaucoup de matinées d'été, les poussins de ces derniers courent les champs de bonne heure, leur rusticité héréditaire et naturelle à des animaux libres, les met à l'abri des atteintes que nos poulets ne peuvent éviter.

Le lendemain donc des éclosions, on porte la poule et les poussins dans la boîte Gérard, de la même façon qu'il a été décrit pour la grande boîte.

La poule est mise dans son compartiment, qui, comme on l'a vu, est infiniment plus petit que celui qui lui est destiné dans ma boîte, les poussins sont placés auprès d'elle, et le boire près du grillage dans le préau. On comprend que la poule est forcée de rester en place dans son petit compartiment, et que les poulets viennent la retrouver aussitôt qu'ils en ressentent le besoin. On doit laisser la boîte fermée tant que la température l'exige, et, quand il fait très-frais, soulever seulement un vitrail en le calant très-bas. Ce n'est qu'au bout de deux jours qu'on ouvre la porte de sortie, et les vantaux ne sont levés que dans la journée et lorsqu'il fait bien chaud.

Les poulets peuvent rester une quinzaine de jours à ce régime, après quoi ils sont portés dans la grande boîte.

Qu'on se rappelle bien qu'il y a un baromètre certain de la santé des poulets, c'est le piaulement, qui indique, à ne jamais s'y tromper, une indisposition à laquelle il faut mettre fin d'une façon quelconque; mais, je l'ai déjà dit, il ne faut pas guérir, il faut prévenir, et, dans une bonne organisation, il n'y a qu'un piaulement qui puisse être entendu un instant, c'est celui du poulet qui a perdu sa mère, et qui fait silence aussitôt qu'il l'a retrouvée.

Quatre boîtes Gérard suffisent pour vingt ans si elles sont entretenues avec soin et mises à l'abri après la saison d'élevage. Elles doivent être bien remastiquées et repeintes aux endroits où elles en ont besoin, avant d'être mises à couvert.

On peut, en mettant huit couveuses à la fois tous les quinze jours, avoir quatre couvées complètes de quinze à vingt poulets, qui succéderont à d'autres tout le temps des éclosions.

CHAPITRE IX

Soins à donner aux élèves. — Sevrage. — Triage des poulets. — Aération des boîtes. — Nettoyage des boîtes. — Boire des poulets. — Nourriture des poulets

SOINS A DONNER AUX ÉLÈVES.

Nous avons vu comment était disposé le terrain à élevage, comment était disposée la boîte à poulets, et quels soins on avait à donner aux couveuses jusqu'à l'éclosion des petits. Il s'agit maintenant de pousser à bonne fin le travail entrepris et de produire de magnifiques volailles.

Une fois les poussins éclos, mis dans le panier à transport

et portés au terrain, on arrive auprès de la boîte destinée a
les recevoir. La mère est introduite dans son compartiment,
les poussins sont glissés doucement un à un sous son plastron; on étale devant la mère et tout près d'elle, afin qu'elle
ne se lève pas, la pâtée que nous indiquerons plus tard et du
millet. La mère, toute bouffie, toute boursouflée, partagée
entre la joie de couvrir sa nombreuse famille et la crainte de se
la voir ravir, se met, aussitôt qu'on s'est un peu reculé, à faire
une multitude de petits cris significatifs que les poussins comprennent parfaitement, et bientôt on les voit sortir en flageolant
sur leurs petites jambes encore mal assurées. La mère fait
semblant de manger pour leur montrer comment on s'y prend,
leur brise en menues miettes la mie de pain un peu trop forte,
et en présente tantôt aux uns, tantôt aux autres. La leçon n'est
pas longue à porter ses fruits. Chacun fait quelques essais d'a-
bord infructueux, et, au troisième ou quatrième coup, finit par
saisir une miette ou un grain; et tout le monde de déjeuner
copieusement.

La couvée retourne bientôt sous la mère chercher cette
chaleur vitale qu'aucune couveuse ou mère artificielle n'a pu
remplacer encore dans nos climats.

Il faut que, pendant les premiers jours après l'éclosion, il
fasse une terrible chaleur pour que les poussins ne soient pas
presque toujours sous la poule.

On donne à manger quatre ou cinq fois les premiers jours,
parce que la mère dévore tout ce qui reste après chaque repas,
et l'on met, le premier jour, la petite auge à boire dans la case
de la poule et tout près d'elle, en ayant soin de renouveler
l'eau qu'elle boit presque de suite à son arrivée. Quelques poulets, en la voyant boire, l'imitent, d'autres n'apprennent que
par hasard à satisfaire ce besoin, en tombant le bec dans
l'eau ; ils lèvent alors la tête et avalent la goutte; surpris de
cette bonne aubaine, ils recommencent, et les voilà au courant
de la vie.

Le troisième jour, la nourriture des poussins est placée de

l'autre côté et près du grillage intérieur. La poule leur montre
le nouvel endroit, et petit à petit on recule chaque jour le manger, jusqu'à ce qu'elle ne puisse plus l'atteindre. Cependant, et
pendant la première quinzaine surtout, on met toujours assez
près de la poule, pour qu'elle puisse y toucher, une partie de
cette nourriture, parce que les poulets, attentifs à son cri d'appel, resteraient auprès d'elle sans aller trouver le manger et
en pâtiraient. On conçoit que ce compartiment, fermé au dehors pour les poulets étrangers et au dedans pour la poule,
n'étant fréquenté que par les poussins auxquels il appartient
exclusivement, n'est jamais souillé et que le manger n'y est
point gaspillé.

L'auge à boire est également placée dans le compartiment
des poussins, dès le troisième jour, à une largeur de la main
de distance de la grille intérieure et au fond de la boîte ; assez
loin enfin pour qu'en passant et repassant d'un compartiment
à l'autre, ils ne piétinent pas forcément dans l'eau, et assez
près pour que la poule puisse, en passant la tête, s'y désaltérer
à volonté.

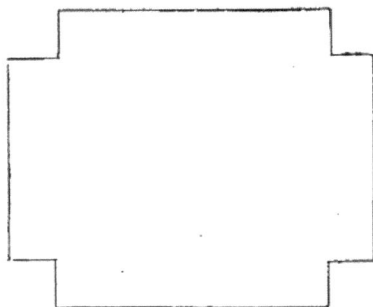

Grav. 48. — Forme du morceau de zinc servant à faire l'augette à boire
des poulets.

L'augette à boire est faite d'un seul morceau de zinc (grav. 48),
dont les bords, relevés et soudés aux angles, donnent une boîte
plate (grav. 49), de 0^m.03 de haut, de 0^m.09 de large, sur

0^m.15 de long. C'est assez grand pour contenir suffisamment d'eau; assez bas pour que les plus petits poussins puissent y boire, et pas assez haut pour qu'ils s'y noient.

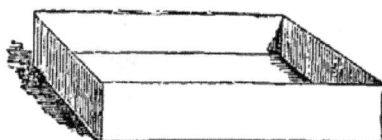

Grav. 49. — Augette à boire des poulets.

Plus tard, on met de distance en distance, dans le terrain (tout en laissant les liquides dans les boîtes), des abreuvoirs plus grands, afin que les animaux trouvent de l'eau en se promenant; toujours plats, pour que les petits ne puissent s'y noyer, et toujours à l'ombre, pour que cette eau reste fraîche.

Les poussins, comme je l'ai expliqué en décrivant la boîte, peuvent entrer et sortir d'une case dans l'autre, ou du terrain dans la boîte; leur nourriture se trouve à l'abri des saletés de la poule et préservée de la voracité des gros poulets.

Si l'on se reporte au dessin qui représente la boîte à élevage en service (grav. 36), on voit le compartiment gauche, réservé à la nourriture, clos par son panneau et éclairé en dedans par la vitre supérieure; l'autre compartiment, occupé par la poule, est clos par le grillage extérieur, qui prend, le matin, la place du second panneau de fermeture. Les poulets vont et viennent librement du dedans au dehors, et, pour faciliter le passage du bord de la boîte au sol, une large motte de gazon est artistement placée de façon à former un petit talus en pente douce.

Pendant les deux ou trois premiers jours, on laisse les deux panneaux de fermeture en place, attendu que les poulets sont trop faibles pour aller et venir du dedans au dehors, et que d'ailleurs il faut qu'ils aient très-chaud.

5.

A moins que la chaleur ne soit tellement violente qu'il y ait danger à laisser la boîte close, ce n'est que le troisième jour qu'on remplace le panneau droit par le grillage.

On sait, du reste, que les deux panneaux (grav. 39) sont vitrés d'une façon mobile. Les vitres sont retirées ou remises, suivant qu'il fait trop frais ou trop chaud, pendant le printemps, surtout la nuit; de même que, le matin, le grillage ne remplace le panneau que plus ou moins tard, suivant l'âge des poulets, la saison, l'état de la température. Tous les soirs, les panneaux sont mis à la boîte, quelque temps qu'il fasse pendant la nuit, afin de garantir les habitants de toute espèce de danger.

SEVRAGE.

Lorsque la poule commence à rebuter ses élèves, on doit bien prendre garde de la laisser avec eux; car elle les frappe d'une manière cruelle. Il est, au reste, facile de le prévoir, parce qu'elle cesse son gloussement d'appel plusieurs jours à l'avance. Il faut alors la veiller, et, dès les premiers indices, la retirer.

Les poulets doivent rester dans la boite jusqu'à leur entier développement. Ses proportions sont calculées pour cela, et l'écartement des barreaux leur permet ordinairement de passer à travers les grillages, tant que la poule les garde.

Lorsque la poule est retirée, on met à l'abri les deux grillages, qui ne doivent plus servir que l'année suivante, et l'on continue de laisser à l'intérieur une auge à boire placée tout à fait au fond à gauche.

Quoique la mère soit retirée, les poulets continuent à rentrer d'eux-mêmes dans leur boîte, soit pour s'y coucher, soit pour manger.

TRIAGE DES POULETS.

. Il est à propos, au moment de l'élevage où nous sommes
parvenu, de faire un premier triage, afin que les animaux qui
sont visiblement souffreteux et arriérés pour la force, ou bien
ceux qui, parmi les poulets de race, présentent une dégénérescence positive ou des défauts de conformation et de plumage, soient sacrifiés comme ne pouvant jamais aller à très-
bonne fin. Les soins et les dépenses doivent toujours se
reporter sur ce qui en vaut réellement la peine. Ce triage, au
reste, n'est fait qu'avec modération, et, je le répète, pour les
animaux évidemment défectueux. Plus tard, quand ils ont à
peu près atteint la grosseur d'une poule faisane, et suivant
l'espèce, on opère un second triage, qu'il faut encore diriger
avec discernement, pour ne pas éliminer des sujets précieux.
Certaines races subissent tant de changements de forme pendant la durée de l'élevage, qu'on n'est tout à fait sûr du résultat que lorsque la croissance est à peu près achevée.

Ceux du premier comme du second triage peuvent être livrés à la consommation, et leur absence donne plus de place
aux animaux de choix qui restent jusqu'à leur achèvement. Il
ne doit jamais y avoir de malades si l'on élève avec soin; mais
enfin, si par hasard il s'en présentait un cas qui eût le caractère bien apparent d'une maladie contagieuse, il faudrait se
débarrasser du malade.

AÉRATION DES BOÎTES.

Les élèves de tout âge doivent avoir suffisamment d'air, et
l'air doit entrer plus ou moins librement, suivant qu'il fait
froid ou chaud

Lorsque les premiers poussins viennent de prendre possession de leur demeure, il est indispensable de placer dans le terrain, contre un mur bien exposé au nord et sans réverbération, un bon thermomètre, afin d'être toujours au courant des variations de la température.

Quand les poulets ont quatre ou cinq jours, après qu'on a pris les précautions indiquées ci-dessus, et si la température est entre 8 et 12 degrés au-dessus de 0, il faut continuer de tenir la boîte fermée par les deux panneaux, en ayant soin de laisser sans vitre, dans le jour, l'ouverture d'un des deux panneaux. Comme, pendant la nuit, la température baisse sensiblement, on remet la vitre à la chute du jour; elle n'est retirée que le lendemain vers neuf heures.

Si la température est entre 0 et 8 degrés au-dessus de 0, il faut tenir les deux vitres en place jour et nuit. S'il fait chaud et que l'on soit dans la belle saison, on laisse les deux vitres ouvertes le jour, et l'on en replace une vers le soir.

Lorsque les poulets ont une ou deux semaines, on leur laisse un peu plus d'air, mais avec une grande prudence, et l'on ne les fait sortir dans le jour que lorsque le thermomètre marque tempéré; autrement il faut les tenir enfermés dans leur boîte. Ils crient, mais il vaut mieux les entendre crier d'impatience pendant quinze jours que piailler de froid pendant une heure. Il en est de cela comme du reste, il faut observer. On doit tenir les boîtes ouvertes ou closes, suivant que les poulets, lorsqu'ils sont sortis, supportent bien ou mal le degré de température, ce qu'il est très-aisé de voir à leurs allures gaies ou à leur posture transie.

Quand la saison devient plus chaude, ou que les poulets ont un mois ou deux et qu'ils se couvrent de plumes, on devance l'heure de la sortie. Lorsqu'ils sont bien emplumés et qu'ils ont trois mois, on laisse les deux vitres ouvertes, même quand les nuits sont fraîches, parce que la chaleur qui se dégage des corps suffit pour entretenir une température convenable; et d'ailleurs les déjections rendraient l'air on ne peut plus malsain. Aussi, lorsque les poulets sont tout à fait gros, il faudrait

qu'il gelât pour placer une des deux vitres, et il ne faudrait les
placer toutes deux que l'hiver et par des froids de 8 degrés et
plus au-dessous de zéro.

Quand on est dans la belle saison, à l'époque des grandes
chaleurs, on peut ouvrir de très-bonne heure, l'herbe est at-
tendrie par la rosée; une multitude d'insectes se mettent en
mouvement; on voit alors tout le troupeau occupé à paître et à
chasser.

Si le froid est à redouter, la chaleur excessive n'est pas
moins à craindre. Aussi est-il très à propos d'entourer les cabanes qui renferment les poussins d'arbustes qui portent
ombre, pour les abriter contre les ardeurs du soleil de midi.

Les poussins qui viennent de naître surtout paraissent prendre
du plaisir à supporter la chaleur du soleil d'été; il faut les en
préserver, au moins dans les premiers jours.

NETTOYAGE DES BOÎTES.

Nous voici arrivé à une des opérations les plus importantes.
La boîte est, comme on le sait, *parfaitement jointe ; aucun interstice ne subsiste*, tout est peint, même l'aire. Avant de faire
servir la boîte, c'est-à-dire avant de la faire habiter, on répand
sur l'aire du sable très-fin, ou du grès pilé, ou de la sciure de
bois. L'une ou l'autre de ces matières est également bonne,
pourvu qu'elle ait été mise d'avance à couvert, afin d'être employée parfaitement sèche, car autrement elle ne ferait que répandre de l'humidité et atteindrait le but contraire à celui qu'on
se propose, qui n'est que d'entretenir la place saine et d'empêcher les fientes de se coller aux animaux.

Quand la poule et les poulets ont passé vingt-quatre heures
dans la boîte, il faut en nettoyer l'aire avec le plus grand soin.
A cet effet, on se munit d'une petite planchette à rebords sur
trois côtés (grav. 50); on la glisse sous le plancher de la boîte,

et avec un petit balai convenable on attire tout ce qu'on peut recueillir du manger qui reste ; on jette ce manger dans une boîte réservée pour cet emploi, et dans une autre boîte on jette la sciure salie d'excréments, on prend une éponge mouillée d'eau propre, on nettoie la place, et l'on passe à l'autre boîte.

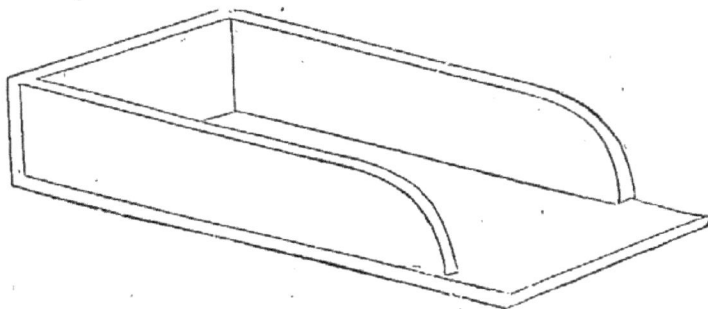

Grav. 50. — Planchette de nettoyage pour la boîte à élevage.

Les restants de nourriture sont donnés aux poules communes que l'on garde comme couveuses, et le produit des nettoyages est déposé dans un endroit où les animaux ne puissent pénétrer, parce qu'ils iraient infailliblement s'y salir ou ramasser le peu de vermine qui pourrait se trouver dans les boîtes. Quand les lavages sont séchés, on repasse partout pour y saupoudrer un peu de sable ou de sciure ; on remet de la nourriture, et ainsi de suite. Toutes les semaines on passe l'éponge sur les parois de la boîte, et, de temps en temps, on visite le dessous pour voir s'il n'y a pas de mites dans le terrain, auquel cas on goudronne le dessous de la boîte avec du goudron non siccatif.

Tous les ans, dès que les poulets sont choisis, sortis des boîtes et parqués, enfin aussitôt que les boîtes sont vides, elles sont visitées avec soin. Les places disjointes par la chaleur sont remastiquées, et les endroits qui en ont besoin, repeints ; après quoi tout est serré et remis dans un endroit sain jusqu'au nouvel élevage.

DU BOIRE DES POULETS.

Il importe que l'eau soit toujours de bonne qualité et que les poulets n'en manquent jamais ; aussi est-il bon d'en laisser toujours le soir dans le compartiment à eux réservé, pour qu'ils en trouvent dès leur réveil. Je le répète, des vases plats (afin que les jeunes ne s'y puissent noyer) doivent être placés partout dans le terrain à élevage, aux endroits les plus ombreux, et l'été l'eau doit être renouvelée deux fois pendant les grandes chaleurs.

Il faut nettoyer à fond les augettes, au moins deux fois par semaine l'hiver et l'été, parce qu'il s'y forme un dépôt vaseux qui infecte bientôt l'eau propre qu'on vient d'y mettre. Le zinc, la terre vernissée et le grès sont préférables aux auges en bois.

L'ordre à apporter dans la distribution et la composition de la nourriture doit être l'objet d'une attention toute spéciale.

NOURRITURE DES POULETS.

Nous avons vu à l'article des couvées que les poulets peuvent continuer à rester vingt-quatre heures sous les poules, sans qu'il leur soit donné de nourriture, car une partie de la substance dont l'animal a pris son alimentation à l'intérieur de l'œuf, s'introduisant tout à coup dans son corps au moment de l'éclosion, continue de le nourrir suffisamment pendant vingt-quatre et même quarante huit heures. Seulement il faut commencer à le faire manger dès le second jour de la naissance.

J'ai entendu toutes sortes de théories sur les premiers moyens de nutrition ; mais j'ai bien reconnu que les meilleures consistent en une pâtée ainsi composée :

On prend gros comme le poing de mie de pain *rassis* que l'on émiette *très-fin* entre les mains. On ajoute un œuf dur, qu'on hache très-menu, le jaune et le blanc compris ; on prend quelques feuilles de salade ou de jeune oseille, de navet, de chou ou de betterave, etc., que l'on hache fin et dont on met à peu près gros comme l'œuf. On mélange ensemble ces substances en les brouillant sans les presser ni manier, de façon que les parties restent désunies et ne forment pas une pâte. L'addition de la verdure conserve pendant le jour une certaine fraîcheur, qui sert de liaison et empêche les mies de pain de durcir. C'est de cette pâtée que l'on commence à nourrir les poussins ; ils en sont extrêmement friands. Dès le premier jour, on donne aussi du millet blanc de bonne qualité. Le compartiment réservé aux poulets doit toujours être pourvu de cette nourriture, aux places indiquées à l'article des soins à donner aux élèves.

Au bout de trois jours, on ajoute du blé, que les poulets quoique petits, commencent à manger.

On passe un nombre régulier de fois par jour, afin de remettre de la nourriture s'il en manque. Il faut aussi la varier, c'est-à-dire que chaque jour un des repas est composé d'une nourriture à part, afin qu'un nouvel élément vienne s'ajouter à l'alimentation générale et réveiller l'appétit des élèves. Ainsi, aujourd'hui, on donne à un des repas du riz cuit ; demain, au repas correspondant, des pommes de terre cuites, pétries avec du son ; après-demain, de la pâtée de farine d'orge ; le jour suivant, du pain grossier détrempé, etc., etc.

Pour qu'on puisse se faire une idée exacte de ce que je veux dire, je donne ici la liste des repas que j'ai dressée pour diriger la personne chargée de mes élèves ;

Après les trois premiers jours, addition de blé tous les matins, soit par terre dans un coin, soit dans une augette.

Depuis ce moment jusqu'à la fin de l'élevage, cette graine doit être donnée à discrétion.

En outre, tous les matins, dès l'apparition du jour, pendant le premier mois, un repas de la pâtée d'œuf.

A dix heures du matin, un repas de millet.

A deux heures du soir, riz cuit.

A six heures du soir, pâtée d'œuf.

Le lendemain, un des repas, celui de deux heures, est changé de nature. Au lieu de riz cuit, on donne une pâtée de pommes de terre avec du son ou avec du remoulage.

Le jour suivant, au même repas, on donne de la pâtée de farine d'orge.

Le jour suivant, on reprend le riz cuit et l'on continue dans le même ordre.

Au bout d'un mois ou six semaines, la pâtée d'œuf est supprimée, ainsi que le millet, et l'on remplace ces substances par une petite ration d'avoine. Il ne faut jamais donner aux poulets trop de cette graine, qu'ils finissent par préférer à toutes les autres, mais qui les échauffe trop et rend leur chair coriace. On peut leur donner, dans les pays où on en récolte, une portion de graine de sarrasin ou blé noir, ou du maïs cuit, etc.

Il n'est pas besoin de dire que la pâtée d'œuf, le millet et toutes les nourritures friandes peuvent être continuées tant que l'on veut pour les poulets très-précieux ; leur suppression n'a lieu que par économie.

La nourriture est variée, autant que possible, jusqu'à l'achèvement de la croissance. Néanmoins, quelque simplifiée qu'elle soit, il est toujours bon d'y faire entrer une pâtée humide, accompagnée d'herbages cuits, comme choux, navets, feuilles de betteraves, etc. Cependant, l'année passée et encore cette année, dans un clos garni d'un épais gazon, et assez grand pour que ce gazon reste toujours abondant, j'ai élevé des poulets auxquels on n'a donné que du blé à discrétion et une petite portion d'avoine. Ils sont parfaitement venus ; mais, je le répète, jamais l'herbe n'a manqué, et, dans ce cas surtout, elle est de la dernière importance. D'autres poulets, élevés de cette façon ou avec la nourriture variée, ont été laissés libres et pouvant parcourir un bois taillis de vingt arpents. Ce sont ceux qui ont grandi le plus rapidement et qui sont devenus les plus vigoureux.

On jugera donc à quel programme on devra s'arrêter, suivant les lieux et la nourriture dont on peut disposer.

DES ŒUFS DE FOURMI, DU SANG, DES VERMINIÈRES, DE LA VIANDE, ET AUTRES SUBSTANCES ANIMALES.

Dès leur naissance, les poulets montrent pour les substances animales une avidité inouïe ; mais ce n'est que dans des cas très-rares que leur emploi est possible.

Lorsque des élèves destinés à être parqués pour racer ont été habitués dès le début à cette nourriture, il faut nécessairement la leur continuer, même pendant les grandes chaleurs de l'été, parce que sa suppression est une des principales causes qui déterminent chez les volailles la maladie du *picage*. On les voit d'abord avaler les plumes qui tombent. Bientôt après, elles se les tirent réciproquement ; au fur et à mesure que les tuyaux reparaissent, elles les arrachent avec d'autant plus de fureur qu'ils sont sanguinolents ; des tuyaux elles passent à la peau, de la peau à la chair, et le parc n'offre bientôt plus qu'un hideux troupeau de bêtes sanglantes et en lambeaux, qui finissent par périr sans avoir pu rapporter un seul œuf.

En outre, les substances animales déterminent toujours une infection causée soit par leur putréfaction inévitable et rapide, soit par les excréments, qui dégagent une odeur intolérable. Le terrain où se trouvent les animaux est bientôt infecté, et de nombreuses maladies se déclarent à la suite de toutes ces émanations insalubres. La chair des bêtes élevées et entretenues à ce régime contracte un mauvais goût et manque de délicatesse. Les œufs même n'ont pas cette finesse si appréciable chez les poules qui mangent la nourriture ordinaire de la ferme.

L'établissement des verminières, outre les mêmes inconvénients énumérés ci-dessus, présente encore celui de coûter très-cher.

Le sang, qui ne peut être donné que frais dans les pâtées de son et d'herbages, et qui doit être cuit avec une extrême précaution, est ce qu'il y a de moins dangereux; mais j'ai vu que les animaux s'en dégoûtaient bientôt.

La seule chose qui me paraisse possible et peut-être bonne est l'emploi des œufs de fourmi, quand les poulets sont jeunes.

En résumé, il faut se servir de son jugement et de ses observations pour modifier à propos ce que le pays où l'on se trouve offre de ressources, et adopter ce que l'expérience démontre être le meilleur.

Ainsi, en Normandie, dans le pays d'élève par excellence, les poulets ne sont nourris, jusqu'à deux ou trois mois, qu'avec de la pâtée d'orge cassé; à cet âge, ceux qui sont destinés à la table sont soumis à l'engraissement, et l'on commence seulement à donner un peu d'avoine et de blé à ceux qui sont gardés pour la reproduction. Petit à petit, les rations de graines sont augmentées, et les animaux adultes finissent par être nourris comme partout. Il est vrai que, dès leur naissance, les élèves courent librement à travers les prés touffus, où ils trouvent de l'herbe et des insectes en abondance.

Je rappellerai encore, quoique j'en aie déjà parlé, qu'il est indispensable et que je regarde comme une des premières conditions de réussite que le terrain d'élevage soit pourvu d'un vaste gazon bien fourni; il faut, s'il se peut, y ajouter des plantations de salades, choux, colzas, navets, oseilles, betteraves, etc. Lorsque, vers le troisième ou quatrième mois de l'élevage, les produits des semis ont été dévorés, on prend des betteraves, navets ou choux tout élevés, et l'on en fait un repiquage profond pendant les pluies abondantes, quand la terre est très-détrempée. Toutes ces racines reprennent parfaitement et donnent une nouvelle provision de verdure aux élèves.

CHAPITRE X

Alimentation des volailles adultes. — Des graines et de leurs qualités. — Confection des pâtées. — Cuisson des grains. — Soins à donner aux volailles qui viennent d'être transportées.

ALIMENTATION DES VOLAILLES ADULTES.

La nourriture de la volaille peut être d'une assez grande simplicité lorsque celle-ci, une fois adulte, est destinée à parcourir des emplacements tels que des cours de ferme et leurs environs, de grandes cours d'habitation où donnent des écuries, des basses-cours de maisons de campagne, etc., etc., enfin des endroits où l'on met à sa disposition du fumier, de l'herbe, et tous les restes et épluchures provenant des cuisines. C'est alors que les poules peuvent trouver dans leurs continuelles recherches des graines germées ou à demi digérées, des détritus de toutes sortes, d'innombrables insectes que contiennent les fumiers, ainsi que l'herbe qui croît près des murs peu fréquentés, dans les interstices des pierres, au bord des chemins et le long des rues de village.

Alors, disons-nous, la nourriture peut être simple, c'est-à-dire qu'on peut se borner à l'emploi d'une ou deux espèces de graines et de quelques farineux de temps en temps.

Les criblures de granges, l'orge, le petit blé, l'avoine, le sarrasin, le maïs, peuvent, isolément ou réunis, former dans beaucoup de pays la base de la nourriture.

On donne quelques pâtées de pommes de terre de rebut ou de résidus de farines de toutes sortes, tels que remoulage, orge cassée, son à l'eau ou au lait caillé. On ajoute, quand on le peut, de la verdure, des choux, salades, betteraves, navets et autres, nécessaires surtout aux époques du printemps, de la ponte et de la mue. Les herbages et légumes crus ou cuits sont un condiment, un moyen de digestion qui met toujours les volailles en appétit et entretient leur corps en parfait état.

Il faut considérer que la nourriture peut changer selon les productions de chaque pays. On peut la varier plus ou moins que je ne l'indique; mais qu'on se rappelle bien les principales recommandations, qui sont : la verdure toujours aussi abondante que possible, la nourriture échauffante pendant la ponte, les froids, les temps humides, et l'emploi des graines modifié par quelques pâtées et des herbages cuits ou crus.

On doit rationner les poules, pour les forcer, à certaines époques, à trouver elles-mêmes une partie de leur nourriture; mais il est indispensable de les gorger pendant les époques de production. L'abondance des pontes compensera amplement la dépense. C'est seulement pendant les temps de repos qu'on peut ménager la nourriture; toutefois il faut que les poules aient constamment et largement de quoi se suffire, sans quoi les sujets dépériraient et l'espèce s'abâtardirait.

Il est bon de remarquer ici que la variété et le choix de la nourriture ne sont pas seulement utiles à la santé des poules, mais qu'ils entretiennent, dans les contrées où l'on comprend cela, la finesse de la chair, la précocité et la disposition à prendre la graisse.

Tout ce que j'ai dit plus haut pour les poules libres est applicable aux poules parquées, excepté que la variété de la nourriture, au lieu de pouvoir être diminuée, doit être augmentée. On conçoit assez que des animaux condamnés à ne jamais sortir

d'un espace restreint ne puissent pas trouver longtemps sur
leur terrain, bientôt exploité, les différentes substances nécessaires à leur nourriture et à leur hygiène. C'est donc par une
grande variété de grains et de pâtées, et par une abondante
distribution de verdure et de légumes cuits ou crus, qu'on
pourra réussir à remplacer à peu près ce que les poules peuvent trouver en conservant leur liberté. L'oseille, dans les pâtées ou en distribution, renouvelle chez les pondeuses la substance calcaire épuisée par une longue ponte.

Les poules parquées ou non, pour être entretenues en bon
état, ne doivent jamais être ni trop grasses ni trop maigres.
Un des moyens de donner aux volailles parquées de la verdure
sans qu'elles la gâchent est de la suspendre par petites bottes
à une hauteur suffisante pour qu'elles puissent l'atteindre. On
peut donner aux poules les résidus de betteraves provenant des
distilleries, l'orge des brasseries, les marcs de raisins, de
pommes ; mais il faut s'abstenir, ainsi que nous l'avons déjà
dit, des substances préconisées dans différents livres, comme
les hannetons, les vers à soie, les viandes, le sang et autres
nourritures, qui communiquent à la chair et aux œufs un goût
nauséabond et déterminent chez les races fines et perfection-
nées une dégénérescence dans toutes leurs qualités acquises
par une nourriture mieux appropriée.

DES GRAINES ET DE LEURS QUALITÉS.

Le riz, le blé, l'avoine, le maïs, l'orge, le sarrasin ou blé
noir, le millet, le chènevis, les farines, les pommes de terre,
le son, etc., peuvent être employés, quoique de qualité inférieure; mais ces denrées sont toujours préférables quand elles
sont de qualité supérieure. Il faut s'habituer à les connaître,
ce qui est assez facile, car leur poids décide presque toujours
de leur valeur. Le grain doit être plein, et plus il est nouveau,
plus il est sain ; plus sa maturité est complète, plus il doit être
recherché.

Ainsi l'avoine d'une excellente qualité pèse jusqu'à 150 kilogrammes les 300 litres, et l'on ne doit pas s'arrêter beaucoup à la forme et à la couleur du grain, pourvu que le poids y soit.

Le chènevis doit être gros, d'un beau gris, complétement purgé de grains verts ou blanchâtres, grains récoltés sans être mûrs. Cette nourriture, fort échauffante, peut être donnée aux couveuses qui manquent de chaleur, aux poules qu'on veut forcer à couver, à celles qui sont trop relâchées et à toutes les volailles pendant les temps de pluie prolongée et pendant les grands froids. Il faut en user avec discernement et modération.

Le millet doit être gros, lourd et d'un beau jaune-paille clair. C'est une graine excellente et rafraîchissante qu'on peut donner aux poules précieuses qui ont besoin de se refaire.

Les farines, les remoulages, le son, etc., sont d'autant meilleurs qu'ils pèsent davantage, et que, par conséquent, ils sont plus riches en substances nutritives.

On doit prendre garde aux denrées avariées, moisies, échauffées, et rien ne doit être acheté qu'avec une connaissance parfaite de la qualité et du cours.

Le blé n'est presque jamais donné aux volailles qu'à l'état de petit blé ou criblures de greniers ou de moulins. On doit savoir que ce petit blé n'est presque composé que de grains dits échaudés et non arrivés à maturité. Outre que ces grains sont presque vides et n'ont, en quelque sorte, que la peau, un grand tiers du mesurage est, la plupart du temps, composé d'autres graines provenant du vannage, et que les poules ne mangent pas. C'est pourquoi, lorsque le vrai blé n'est pas cher, et à moins qu'on ne trouve du petit blé d'un très-beau choix et à très-bon marché, ce qui est rare, on achète tout simplement du bon et vrai blé. Je suis sûr qu'il y a bénéfice très-sensible quand on sait l'acheter et qu'on connaît les cours, à moins qu'on ait soi-même des criblures à faire consommer. Le blé étant une des principales bases de la nourriture, il est donc important que, pour les poulets surtout, il soit très-nourrissant et ne charge pas l'estomac de trop de parties indigestes.

Les farines d'orge, le remoulage, le son, les pommes de terre, etc., employés en pâtée, soit mêlés, soit seuls, soit avec des herbages crus ou cuits, soit préparés à l'eau ou au petit-lait ou au lait caillé, sont des nourritures délicieuses. Non-seulement elles sont recherchées des volailles, mais elles ont une influence énorme sur leur santé, sur la finesse des tissus et sur l'aptitude à l'engraissement.

Le riz, qui est une des meilleures et des plus saines nourritures, est aussi une des moins coûteuses, quand on l'achète par balles, surtout dans les temps où les autres nourritures sont chères. Il n'est pas nécessaire que le riz soit d'un grand choix, pourvu que la qualité en soit bonne et qu'il cuise très-facilement. On prend, au contraire, pour cet usage les sortes de riz les moins recherchées.

CONFECTION DES PATÉES.

Pâtée de pommes de terre, de son et de remoulage.

Les pommes de terre doivent être bien cuites, bien écrasées et mélangées, de façon à être raffermies, avec une certaine quantité de remoulage, de farine d'orge ou de son, ou avec toutes ces substances réunies, et former une pâtée très-ferme distribuée dans des auges. On peut y ajouter toutes sortes d'herbes ou de légumes à demi cuits, ce qui est d'un excellent effet.

Pâtée d'orge concassée, ou farine d'orge.

On fait moudre ou plutôt concasser de l'orge, ce qui produit une farine où toutes les parties de la graine sont conservées.

On met dans un seau une certaine quantité d'eau ou de

petit-lait, proportionnée à la quantité de pâtée voulue; l'expérience montre bientôt quelle quantité de liquide il faut employer. Quelques poignées de farine sont jetées dedans et manipulées jusqu'à ce qu'elles soient délayées. Quelques poignées sont jetées de nouveau, et de nouveau manipulées, aucune partie n'étant laissée au fond du seau sans avoir été imbibée. On recommence toujours jusqu'à ce que la pâté s'épaississe, et on la travaille alors du poing en enfonçant la main jusqu'au fond et en ramenant la pâtée du fond à la surface. On continue jusqu'à ce qu'elle soit tout à fait ferme, après quoi on la tasse, on l'aplatit bien, et l'on saupoudre la surface d'un peu de farine d'orge sèche. Au bout d'une heure ou deux, la pâtée est tellement raffermie, qu'elle est cassante; c'est alors qu'elle peut être ainsi distribuée aux volailles, qui en sont extrêmement friandes. En Normandie, on la fait toujours la veille, pour que le lendemain elle ait pris un petit goût fermenté qui la rend encore plus appétissante.

On fait aussi en Angleterre une pâtée de farine d'orge et de farine d'avoine mêlées. Cette pâtée, très-dure et mise en boulettes grosses comme le poing, se donne de temps à autre aux poulets et aux poules précieuses.

CUISSON DES GRAINS.

Pour faire cuire le maïs, on met trois litres d'eau pour un litre de grain. Quand, placée sur un feu ni trop vif ni trop lent, l'eau est absorbée, le maïs est cuit. Il faut en donner avec modération, surtout aux poules parquées, que cette nourriture engraisserait trop; mais on peut le donner, ainsi que la pâtée d'orge et le riz, aux *poulets de grain* dont on veut affiner la chair et aux volailles amaigries et fatiguées qu'on veut rétablir.

L'orge en grain peut être distribuée crue ou cuite; elle se fait cuire à un feu ordinaire sans être par trop mouillée. Au bout de trois quarts d'heure, le grain doit s'écraser un peu sous le doigt; c'est alors qu'il est bon à digérer.

Le riz est excellent; jeunes et adultes le recherchent avec avidité. Pour le faire cuire, on en met dans une chaudière 10 litres contre 20 litres d'eau. On le retourne à froid avec un bâton, assez longtemps pour que tous les grains soient mouillés; après quoi, mis sur un feu ordinaire, mais assez fort pour ne pas le laisser languir, le riz est bientôt à sec par suite de l'absorption et de l'évaporation. On le laisse encore sur le feu jusqu'à ce que l'eau ait tout à fait disparu de l'intérieur et jusqu'à ce qu'on sente, à un petit goût de roussi, qu'il commence à gratiner. On peut alors le retirer, si l'on est bien sûr que toute l'eau a disparu; on a soin, quand il est refroidi, de l'étaler sur une planche pour le désagréger. Il est assez cuit pour être d'une digestion facile et se séparer presque comme de la graine sèche, mais pas assez cependant pour se coller de grain à grain, ni empâter le bec des poules.

Pendant la cuisson, il faut se garder de le déranger, de le remuer et de laisser le feu languir.

SOINS A DONNER AUX VOLAILLES TRANSPORTÉES.

Toutes les volailles qui arrivent d'un voyage plus ou moins long doivent être d'abord mises dans un endroit restreint et clos, muni de sable fin, pour qu'elles puissent se reposer, se poudrer avec calme et ne pas être sous le coup des émotions rarement agréables que déterminent leurs nouvelles accointances. On doit, en outre, leur donner peu à boire et très-peu à manger, pour éviter le contraste d'une longue diète avec une déglutition désordonnée, et, par suite, des indigestions souvent mortelles. Pendant deux ou trois jours, on augmente jusqu'à la ration ordinaire la quantité qu'on leur destine; le boire est donné à discrétion dès le lendemain.

En outre, on tâche, quand on connaît la **nourriture habi-**

tuelle des animaux arrivants, de leur en donner une identique
ou analogue jusqu'à ce qu'on les ait habitués par degrès à
celle qu'on leur destine. En tout cas, le pain humecté est la
nourriture provisoire par excellence et qui supplée à toutes les
autres. Les pâtées, les pommes de terre cuites, etc., sont
aussi très-bonnes.

DEUXIÈME PARTIE

DESCRIPTION DES RACES

INTRODUCTION

Il est fort difficile de déterminer l'origine de nos différentes espèces de poules. On croit qu'elles nous viennent de races sauvages originaires des épaisses forêts de l'Inde et désignées par les naturalistes sous le nom de *gallus giganteus* (Malay), Bankiva, et *gallus Sonneratii;* mais les opinions des savants sont tellement contradictoires, qu'elles n'éclaircissent en rien la matière ; nous passerons donc outre sur cette question ardue et restée jusqu'à présent insoluble.

CHAPITRE PREMIER

Notions d'histoire naturelle sur la poule.

Nous croyons inutile de faire de longues descriptions sur l'anatomie intérieure de la poule, sur la formation de la grappe ovarienne, sur les symptômes de toutes les maladies, etc. Tout cela a été longuement décrit dans plusieurs ouvrages spéciaux, et n'a jamais été beaucoup lu par les éleveurs. Nous devons seulement connaître quelques points d'histoire naturelle : c'est que, par exemple, certaines espèces ont tels ou tels muscles plus ou moins développés ; que le plumage, dans chaque race, doit affecter telles couleurs et telles dispositions ; que la forme de tel organe est un indice de telle qualité, etc.

Nous ne passerons pas en revue toutes les suppositions qu'on a faites sur les mystères de la fécondation ou de l'incubation ; il nous suffit de savoir qu'une espèce pond peu ou beaucoup ; que ses œufs sont gros ou petits ; que le temps d'incubation dure environ vingt et un jours, et qu'on prend tel ou tel moyen pour faciliter et protéger l'éclosion des poulets, etc., etc. Nous nous bornerons à donner seulement ce qui est utile à la pratique et ne nous mettrons pas en peine de savoir ce que fut la poule dans l'antiquité, ni ce qu'en disent les anciens.

Cependant quelques notions anatomiques sont indispensables ; nous donnons donc le squelette d'une poule, ce squelette recouvert des muscles, et ces muscles recouverts de plumes. Nous ajouterons l'anatomie particulière de la tête, dont chaque partie sert souvent à caractériser les espèces, et nous terminerons par la désignation des différentes couches de plumes dont la poule est recouverte.

La gravure 51 représente le squelette d'une poule ordinaire

d'une taille raisonnable, et dans les proportions qu'on rencontre le plus généralement.

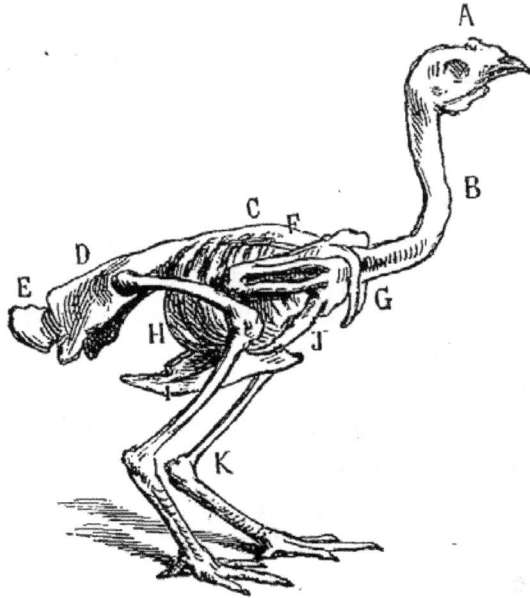

Grav. 51. — Squelette d'une poule ordinaire.

A. La tète, longueur, $0^m.07$;

B. Le cou, longueur, $0^m.14$;

C. Le dos ou rachis ;

D. Les hanches ou os coxaux. Le dos et les hanches compris ou des épaules à la queue, longueur $0^m.15$;

E. Croupion ou coccix, longueur, $0^m.03$;

F. Omoplate ou épaule ;

G. Clavicule ;

H. Le thorax, composé des côtes et du sternum (os de la
poitrine ; il contient les viscères ;

I. Le sternum ou bréchet, os de la poitrine, longueur, $0^m.09$.

J. (Grav. 52.) Le membre thoracique, composé de : *a*, l'humérus ou os du bras ou de l'aile, longueur, $0^m.08$; *b*, le radius et le cubitus, l'avant-bras ou l'aileron, longueur, $0^m.07$; *c*, le bout d'aile ou ce qui tient lieu de main et de doigts, longueur, $0^m.06$;

Grav. 52. — Membre thoracique ou aile de la poule.

K. (Grav. 53.) Le membre abdominal, composé de : *d*, le fémur ou os de la cuisse, $0^m.08$; *e*, le tibia ou os de la jambe, ou du pilon, longueur, $0^m.11$; *f*, le canon, os du pied, du tarse ou de la patte, longueur, $0^m.08$; *g*, les doigts : celui du milieu,

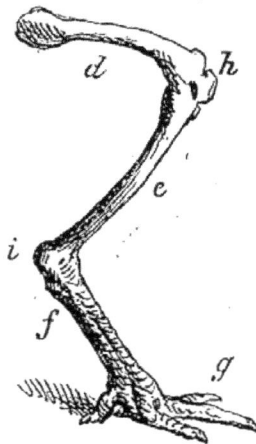

Grav. 53. — Membre abdominal ou jambe de la poule.

longueur, $0^m,06$; les deux de droite et de gauche, longueur, $0^m.04$; celui de derrière, longueur, $0^m.02$; *h*, la rotule ou le genou; *i*, le calcanéum ou le talon.

Les seuls muscles importants sont ceux qui composent la chair dont sont formées la poitrine, la cuisse, la jambe et l'aile. Tous les autres sont grêles et ne fournissent que peu à la consommation. Il est inutile de donner les noms de ces muscles; mais on peut voir dans le dessin (grav. 54) la place qu'ils occupent, et l'espace que les plumes remplissent en venant compléter l'aspect d'une poule vivante.

Grav. 54. — Squelette de la poule recouvert de sa chair et de ses plumes.

A. Place des pectoraux, ou filets, ou blancs de volaille ; ces muscles prennent à l'épaule et s'étendent jusqu'à l'abdomen, en remplissant chaque côté du sternum ; ici la moitié au moins est cachée par

D. La cuisse et la jambe ou pilon ;

B. Bosse formée par la panse ou jabot ;

C. Aile.

On confond souvent la cuisse, la jambe, le pied et les doigts

de la poule ; ainsi que de presque tous les animaux. On croit
la voir marcher sur les pieds, tandis qu'elle marche comme
eux sur les doigts.

Le cheval marche sur un doigt ; l'autruche, le mouton, le
bœuf, marchent sur deux doigts ; les échassiers, sur trois ; la
poule, l'alouette, sur quatre, etc. Le singe marche sur les pieds ;
c'est comme l'homme un plantigrade.

Ainsi, qu'on se représente bien que le canon de la poule n'est
autre chose que le pied qu'elle poserait à terre si elle marchait
comme l'homme ; le bout opposé aux doigts est le talon. Certaines espèces de poules ont cinq ou six doigts, mais tous ne
posent pas toujours à terre.

ANATOMIE DE LA TÊTE.

La tête du coq ou de la poule est composée de deux parties
principales, qui sont : 1° le crâne, réunion d'os soudés ensemble dans laquelle est comprise la partie supérieure du bec ;
2° la partie inférieure du bec, ou mâchoire inférieure, formée
d'une seule pièce. Dans le crâne se trouvent l'orbite, cavité qui
contient l'œil ; les narines ou fosses nasales, qui sont au-de-
vant de l'œil, et, à la naissance du bec, le conduit auditif ou
l'oreille en arrière de l'œil.

La tête, excepté le bec, est entièrement recouverte à droite
et à gauche, en dessus, en dessous et en arrière, par une enveloppe charnue autour de laquelle on observe plusieurs appendices ou caroncules, qui sont la crête, les deux oreillons et
les deux barbillons. Cette enveloppe forme en outre les joues.
La couleur, la dimension, la forme de chacune de ces parties,
sont variables, partiellement ou totalement absentes, suivant
les espèces, et servent beaucoup à caractériser chaque race.

Une touffe de plumes courtes et ténues, nommée *bouquet*,
recouvre le conduit auditif placé dans l'enveloppe. Voici la désignation des différentes parties de la tête, dans une espèce où
elles sont apparentes et régulières (grav. 55) :

1. La *crête*, qui surmonte le crâne ;

2. Les *barbillons*, qui pendent au-dessous et de chaque côté du bec ;

3. Les *oreillons*, qui pendent à partir de l'oreille au-dessous de la joue ;

4. Les *bouquets*, touffes de petites plumes qui recouvrent et protégent l'oreille, conduit auditif ;

Grav. 55. — Anatomie de la tête d'un coq.

5. Les *joues*, qui prennent à la naissance du bec près des narines, recouvrent toute la face et se rejoignent derrière la tête par une continuation de chair de la même nature, mais recouverte de plumes ;

6. Les *narines*, qui sont à la naissance du bec ;

7. Le *bec*, dont les deux parties, la supérieure et l'inférieure, sont recouvertes d'une enveloppe cornée.

La *crête* est *droite* ou

Elle est *simple* lorsqu'elle est composée d'une seule pièce;

Double, quand elles sont deux semblables l'une près de l'autre;

Triple, lorsqu'elle est formée de deux semblables et d'une intermédiaire, antérieure ou supérieure, etc. ;

Frisée, si elle est remplie de granulations plus ou moins profondes et hérissée d'excroissances ;

En *couronne*, lorsqu'elle est circulairement épanouie, ordinairement creuse et dentelée;

En *gobelet*, quand elle est creuse, vasculaire, et non dentelée.

Il y a encore d'autres formes, mais elles se trouvent composées d'éléments multiples ou partiels pris dans les désignations indiquées plus haut.

SIGNES APPARENTS DE LA QUALITÉ DE LA CHAIR.

Les principaux signes auxquels on doive sérieusement s'attacher pour reconnaître, dans une volaille, la qualité de la chair, sont la couleur des pattes et la nature de la peau.

La patte jaune indique généralement une volaille à chair coriace, à ossature lourde, à graisse jaunâtre, et il est rare que cette couleur ne se fasse pas remarquer à la peau.

Cependant elles n'excluent pas certaines qualités de la chair dans les sujets purs de race des deux espèces exotiques cochinchine et brahma-pootra.

A l'exception de la couleur jaune et de la verte, qu'on ne saurait recommander, toutes les autres couleurs, depuis le noir jusqu'au blanc, sont également les indices d'une excellente chair .

Lorsque la peau, et surtout celle des flancs et des pectoraux, est d'un tissu fin, délicat et extensible, ainsi que d'une couleur rosée et nacrée, on peut être certain que la chair est bien disposée à prendre rapidement la graisse.

MOYEN DE CONNAITRE SI UNE POULE EST JEUNE OU VIEILLE, SI ELLE EST
POULETTE OU POULE, ENFIN SI ELLE A OU N'A PAS PONDU.

Les personnes habituées à manier beaucoup de volailles, et surtout à en vendre, connaissent à première vue si une poule est jeune ou vieille.

Voici quels indices peuvent servir à établir ce point important : en soulevant l'aile, et en écartant les plumes des flancs, on doit apercevoir chez une jeune poule un duvet long, léger et extrêmement ténu, placé assez régulièrement entre les autres plumes dont sont recouvertes ces parties du corps. La peau, d'un tissu fin et rosé, est sillonnée çà et là de très-petites veines bleues.

Chez la poule qui a plus d'un an, le duvet et les veines ont disparu, et la peau est d'un blanc mat, sec, moins lisse et quelque peu farineux. La patte lisse, à écailles fines et luisantes, est aussi une des meilleures indications.

La poule qui a pondu a l'anus extrêmement large ; celle qui n'a pas pondu l'a très-étroit, et cet organe commence à s'élargir quand la poulette se dispose à la ponte.

Quant aux signes auxquelles on peut reconnaître les bonnes pondeuses, nous les croyons au moins douteux, car des sujets complétement dépourvus de ces signes soi-disant infaillibles, indiqués et recommandés par plusieurs auteurs, possèdent les mêmes qualités prolifiques que les sujets les mieux pourvus. On peut dire seulement que la crête de la poule prête à pondre est rouge et recouverte d'une légère couche farineuse ; celle de la poule qui pond est d'un rouge ardent.

CHAPITRE II

Du plumage

Chez la poule, on peut établir trois catégories de plumes:

1° Les grandes, qui ne se trouvent qu'à l'aile pour le vol, et au croupion pour former la queue ; 2° les moyennes, qui servent de recouvrement aux grandes et se trouvent aussi à l'aile et au croupion ; 3° les petites, qui couvrent le cou, le dos, les flancs, la poitrine, les épaules et une partie des ailes. Toutes sont de dimension et de formes variées, même dans chaque catégorie; mais les principales portent le cachet indiqué ; elles sont toujours par plaques qui se joignent en se recouvrant les unes les autres, comme font les tuiles.

Nous nous contenterons de les désigner par le nom des places qu'elles occupent ou des fonctions qu'elles remplissent, sans nous embrouiller dans des noms scientifiques, et nous renverrons aux gravures [1] qui les feront facilement reconnaître (grav. 56, 57, 58 et 59).

A. Les *supérieures* de la tête sont très-petites dans les espèces non huppées; elles entourent le crâne.

B. Les *inférieures* de la tête sont presque à l'état de poils; elles garnissent les joues et l'intervalle qui sépare les barbillons.

C. Les *supérieures* et les postérieures du cou, petites et allongées par en haut, s'élargissent par en bas et forment ce

---

[1] On remarquera que les lettres de renvoi correspondent à celles des quatre gravures, de sorte que, lorsqu'un détail est peu intelligible sur l'une, il est aussitôt éclairci sur l'autre.

qu'on appelle le camail. Elles se prolongent en arrière entre les deux épaules, où elles recouvrent le commencement de celles du dos et de la naissance des ailes.

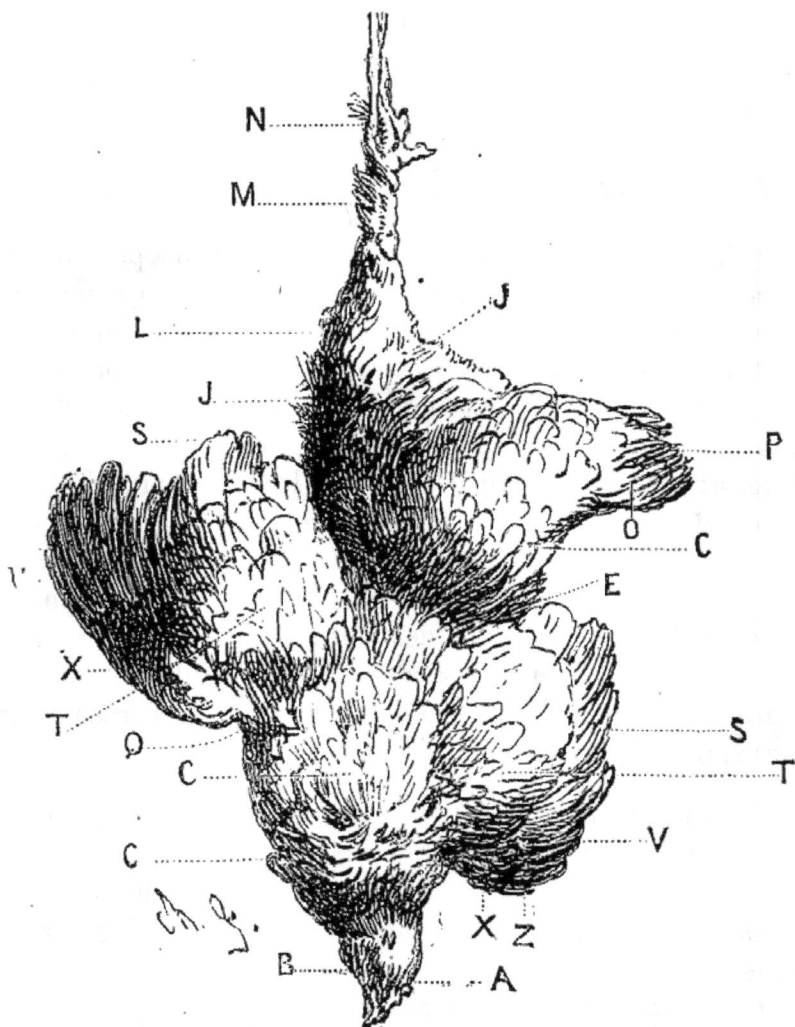

Grav. 56. — Plumage d'une poule suspendue par les pattes et vue de dos.

D. Les *antérieures* du cou prennent du haut du cou jusqu'à la poitrine, dont elles recouvrent les premières plumes.

E. *Celles du dos* forment une espèce de plaque d'environ 0^m.10. Ces plumes, quoique de la même nature que celles du cou, sont un peu plus grandes qu'elles; elles recouvrent les plumes des reins.

F. *Celles de la poitrine* couvrent dans toute leur longueur les deux muscles pectoraux, en longeant le sternum à l'arête duquel elles viennent de chaque côté se rejoindre. Leur ensemble forme le *plastron*. Ces plumes recouvrent celles des flancs, conjointement avec les plumes des reins.

G. Les *plumes des reins*, grande plaque qui couvre les reins et les enveloppe en prenant du dos jusqu'au croupion, qu'elles dépassent pour recouvrir les plumes de la queue; sur les côtés elles recouvrent le commencement des plumes des flancs, des cuisses et de l'abdomen.

H. *Celles des flancs*, plumes d'une nature légère et touffue. Elles recouvrent la partie supérieure des plumes des cuisses, et se glissent sous le plastron.

I. *Celles de l'abdomen*, qui couvrent et enveloppent toute cette partie, depuis le bout du sternum jusqu'au croupion. Ces plumes sont ordinairement touffues, d'une nature soyeuse, et s'étalent en houppe.

J. Les *externes des cuisses* recouvrent celles de l'abdomen et de la jambe ou pilon.

K. Les *internes des cuisses* sont aplaties et d'une nature soyeuse.

L. Les *externes* et les *internes* de la jambe ou pilon, qui s'arrêtent au calcanéum, ou, si l'on veut, à l'articulation du canon de la patte. Dans certaines espèces, elles le dépassent peu ou beaucoup et forment des prolonges qu'on appelle manchettes.

M. *Celles des pattes* ou du canon, longues, courtes ou absentes dans les différentes races. Ces plumes longent le canon au nombre d'une ou plusieurs rangées; elles sont toujours à la partie externe.

N. *Celles des doigts* apparaissent sur les côtés externes.

O. Les *moyennes caudales*, qui enveloppent le croupion et recouvrent les grandes plumes de la queue.

P. Les *grandes caudales*, qui sortent en une rangée régulière de sept de chaque côté du croupion, et forment la queue.

Q. Les *externes du bras* poussent sur la peau qui enveloppe le bras ou humérus, et recouvrent une partie des autres plumes de l'aile. Elles forment l'épaule. Il serait facile de se tromper sur le compte de ces plumes si l'on n'ouvrait bien l'aile pour les observer ; ce sont les plus rapprochées du corps ; elles sont réunies en bouquet.

R. Les *internes du bras*, plumes petites, rares et grêles.

S. Les *grandes de l'avant-bras*, qui forment, ouvertes, une grande surface bombée, et sont de différentes dimensions. Ces plumes poussent au bord inférieur de l'avant-bras; elles sont en partie recouvertes par :

T. Les *moyennes externes de l'avant-bras*. Ces plumes sont de différentes dimensions; elles sortent de la peau de toute la surface extérieure formée par le radius et le cubitus, et de la grande partie membraneuse qui va du bras à l'avant-bras. Elles commencent toutes petites vers le bord supérieur, et se terminent assez grandes à l'inférieur.

U. Les *internes de l'avant-bras*, plumes serrées, moyennes et petites, qui recouvrent les grandes de l'avant-bras à leur naissance.

V. Les *grandes du vol*, ou plumes de la main ; assemblage de grandes plumes fortes qui sert le plus à l'oiseau dans la locomotion; elles sortent du bord inférieur de ce qu'on appelle le bout de l'aile.

X. Les *externes du vol*, qui recouvrent les grandes; ces plumes sont roides et bien aplaties sur les autres.

Y. Les *internes du vol*, plumes petites et moyennes qui recouvrent la naissance des plumes du vol.

Z. Un *appendice*, appelé pommeau de l'aile, qui représente la partie digitée et se trouve placé à l'articulation de l'avant-

bras et de la main, porte quelques plumes moyennes de la nature des grandes de la main et quelques petites de recouvrement. Ces plumes jouent un rôle dans le vol.

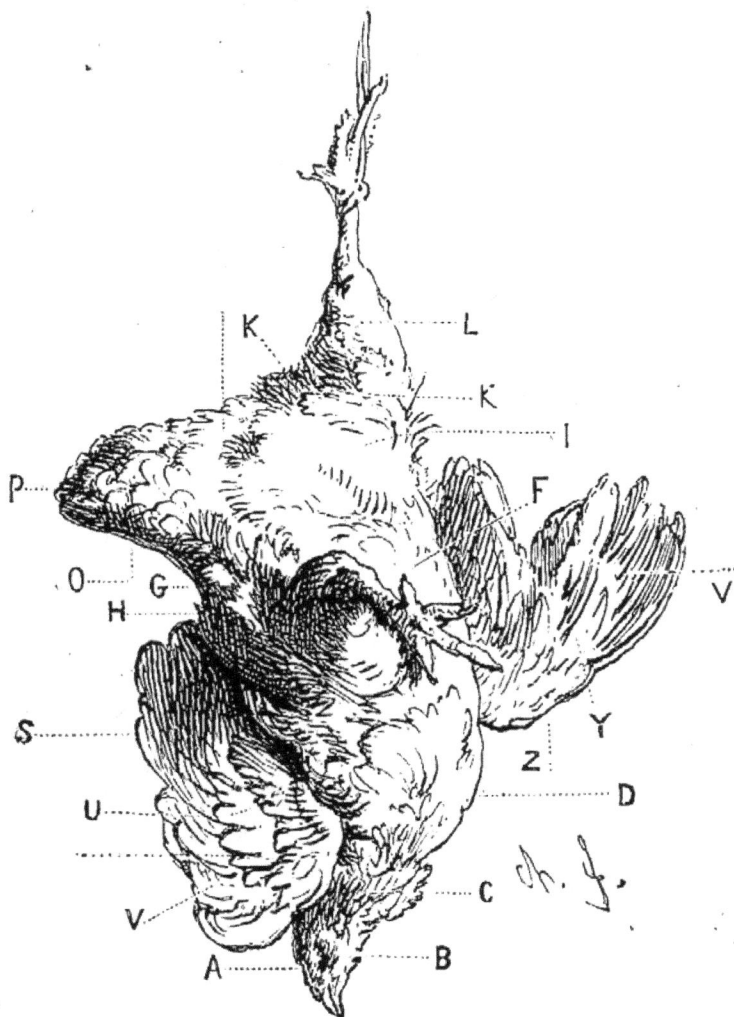

Grav. 57.— Plumage d'une poule suspendue par les pattes et vue sous le ventre.

Quand l'aile entière est ployée, presque tout se trouve, à peu
de chose près, caché par les grandes plumes de l'avant-bras, et
surtout par les moyennes de recouvrement.

Les divisions des plumes sont les mêmes chez le coq que chez la poule ; mais les formes de quelques-unes d'entre elles sont différentes.

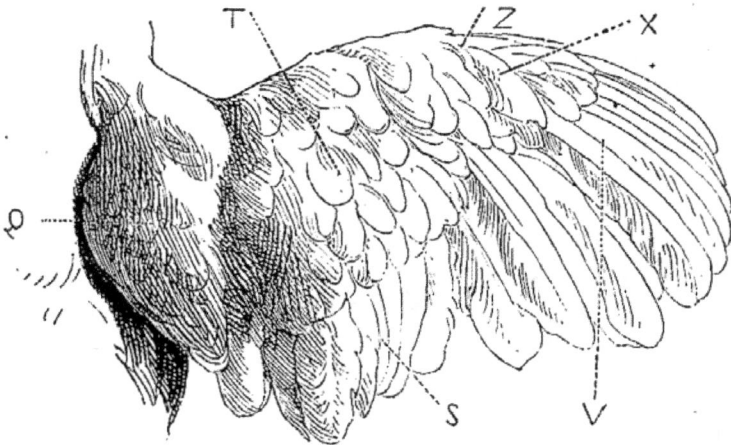

Grav. 58. — Plumes de l'aile, face externe.

Chez le coq, les plumes qui constituent le camail sont fines,

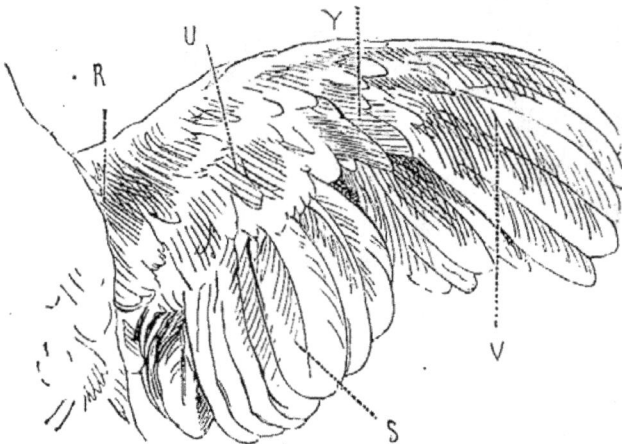

Grav. 59. — Plumes de l'aile, face interne.

ténues, pointues, allongées, s'étalent comme une crinière jusque sur les épaules, et recouvrent une partie du plastron et des plumes antérieures du cou.

Celles du dos leur font suite et affectent un peu les mêmes formes.

Celles des reins sont dans le même cas, et elles viennent, en s'allongeant au fur et à mesure qu'elles s'approchent du croupion, cacher l'abdomen et inonder les cuisses d'un faisceau de *lancettes* pendantes.

Les plumes moyennes de recouvrement des ailes, sans être pointues, participent de cette nature. Les plumes moyennes de recouvrement de la queue changent complétement de forme et de dimension, puisque chez le coq elles deviennent les plus grandes. Elles sont de différentes proportions, et affectent toutes la forme demi-circulaire et retombante; les deux plus grandes se nomment *grandes faucilles;* les autres se nomment *moyennes* et *petites faucilles.* Les grandes plumes qui constituent la queue chez les poules existent aussi longues chez le coq, mais disparaissent à peu près sous l'abondance et le luxe des faucilles.

On trouve de plus, réunis ou isolés, dans certaines espèces, différents assemblages de plumes, dont la désignation suit :

Huppe. Touffe considérable de plumes longues, tantôt pointues ou arrondies, tantôt droites ou retombantes, posées sur le sommet du crâne et affectant différentes dispositions suivant la race.

Demi-huppe. Composée des mêmes éléments, mais moitié moins forte que la huppe entière.

Épis. Petite touffe de plumes courtes, ténues, droites ou un peu retombantes, occupant la même place.

Favoris. Touffe de petites plumes pointues ou arrondies, ordinairement retroussées, qui entourent la joue.

Cravate ou *jabot*. Touffe de plumes plus ou moins longues
et pendantes, qui partent de dessous le bec et descendent le
long du cou plus ou moins bas.

Collier. Touffe de plumes retroussées, qui entourent les
joues et passent en se rejoignant par-dessous le bec.

Une variété inouïe de couleurs et de dessins appartenant à
chaque race, augmentée de toutes les combinaisons survenues
dans les croisements, ferait de la connaissance des différents
plumages une étude interminable. Cependant, avec de la pa-
tience, on peut se faire facilement une idée de la robe d'une
espèce, en examinant isolément une plume de chaque région
du corps. On ne trouvera jamais, il est vrai, une plume identiquement semblable dans les détails à celle qu'on aura prise
pour modèle, attendu que la nature, toujours occupée de doter
chaque chose d'une personnalité qui lui appartienne, ne fait
jamais deux objets absolument pareils ; mais on retrouve dans
les plumes d'une même région une analogie qui constitue dans
l'ensemble une régularité, une conformité charmantes, dont
cependant la différence insaisissable exclut l'idée d'une fabrication mécanique. — C'est ce qui donne la vie aux belles productions artistiques ; c'est ce qui constitue le côté pittoresque
des armes, des meubles, de tous les ustensiles d'autrefois, où
l'on retrouve la main de l'homme ; c'est ce qui fait l'individua-
lité dont manque aujourd'hui tout ce qui ne peut se débarrasser
des étreintes de l'industrie. — Nous donnerons en son lieu et
place le dessin de la plume qui caractérise chaque région, et
cela nous servira à décrire plus clairement l'aspect général des
espèces et de leurs variétés.

C'est une des particularités qui distinguent les espèces de
luxe ou d'agrément, que le plumage soit ordinairement bien
plus éclatant et plus varié chez la poule que chez le coq, tandis que c'est le contraire qui a lieu dans les espèces destinées à
la consommation. Aussi commencerons-nous, chez les pre-

mières, par décrire celui de la poule avant celui du coq, tandis
que chez les autres nous procéderons par la voie opposée.

CHAPITRE III

Classement et nomenclature des races.

CLASSEMENT DES RACES.

Comme il n'est pas possible de classer les poules d'une façon
rationnelle en suivant les probabilités d'origine et de provenance, nous avons arrêté un classement indiqué par le volume,
l'utilité, la qualité ou le plumage de chaque race.

Ainsi nous avons divisé les races connues en quatre grandes
catégories.

1° Les grandes races indigènes [1];
2° Les grandes espèces exotiques;
3° Les espèces moyennes dites d'agrément;
4° Les espèces naines;

Nous n'avons indiqué que les races bien connues, en met·
tant de côté celles qui sont perdues et celles qui sont dou·
teuses.

----

[1] C'est-à-dire espèces du continent européen.

NOMENCLATURE DES RACES.

Races indigènes.

De Houdan.	
De Crèvecœur.	France.
De la Flèche.	
De Dorking.	Angleterre.
Espagnole.	Espagne.
De Bréda (poule à bec de corneille). .	Hollande.
De Bruge.	Belgique.

Les espèces françaises dites

De Caux,	De Bresse,
De Caumont,	De Rennes,
Du Mans,	D'Angers,
De Barbezieux.	D'Argentan, etc.,

ne sont que des variétés ou des dérivations des espèces principales françaises. Quelques-unes, comme la Barbezieux et la
Bresse, sont perdues.

Races exotiques.

DE COCHINCHINE OU CHANG-HAÏ.

Variétés

Fauves (citron, victoria, etc.),	Blanche,
Rousse,	Coucou,
Perdrix,	De soie.
Noire,	

On sait que le plumage soie est ordinairement un résulta
provenant des mêmes causes que l'albinisme, et qu'il se rencontre dans toutes les espèces, après un certain temps de pro-

miscuité et certaines conditions agissant plus ou moins sur chaque espèce.

BRAHMA-POOTRA.

Variétés.

Blanche,   Perdrix,   Inverse.

MALAISE.

De toutes nuances.

Races moyennes, dites de luxe ou d'agrément.

DE PADOUE OU DE POLOGNE.

Variétés.   ·

Argentée,   Noire à huppe noire,
Dorée,   Coucou ou périnné,
Blanche,   Chamois uni et maillé.

Ce sont les six variétés tranchées reconnues par les amateurs sévères. Toutes les autres sont obtenues au moyen de celles-là et offrent moins d'intérêt.

HOLLANDAISE.

Variétés.

Bleue (ardoisée) à huppe bleue,   Noire à huppe blanche.
Bleue à huppe blanche,

DE COMBATS ANGLAIS.

Variétés.

Dorée,   Argentée.

DE HAMBOURG.

Variétés.

Papillotée ou pailleté dorée,
Papillotée ou pailleté argentée.
Noire (poule faisanne),
Campine (crayonné) dorée,
Campine (crayonné), argentée.

DE JÉRUSALEM.

COURTE-PATTE.

POULE SANS QUEUE, OU DE WALLIKIKI.

Je dois faire ici mention de trois variétés de poules coucou, qui, sans former d'espèces à part, ne se rattachent pas positivement à des races connues, mais offrent assez d'intérêt pour ne pas être omises :

Ombrée coucou française,   Ombrée coucou hollandaise.
Ombrée coucou de Rennes,

Races naines, désignées généralement en Angleterre sous le nom de Bantams.

DE BANTAM.

Variétés.

Dorée,   Noire,
Argentée,   Blanche.

DE JAVA.

NAINE, PATTUE ANGLAISE.

NÈGRE DE SOIE HUPPÉE

CHAPITRE IV

Race de Houdan.

COQ.

Grav.　60. — Coq de Houdan.

Corps un peu arrondi, bien établi, de proportions ordinaires, assez basset, solidement posé sur des pattes fortes. Pectoraux, cuisses, jambes et ailes bien développés, tête forte, demi-huppe, favoris, cravate, crête triple, transversale, cinq doigts à chaque patte. Plumage caillouté ou papilloté, noir, blanc et jaune-paille; chez le poulet, plumage noir et blanc (grav. 60).

Corps. — Circonférence prise au milieu, dans l'endroit le plus développé, les ailes fermées, les cuisses en arrière, à l'endroit où elles s'articulent, mais sans les comprendre, de 0^m.50 à 0^m.55; longueur de la naissance du cou au bout du croupion, 0^m.25 environ; largeur des épaules, 0^m.20.

Poids. — A l'âge adulte, 3 kilog. à 3 kilog. 1/2; chair abondante, os légers, environ un huitième du poids.

Poids du poulet. — Le poulet s'engraisse à quatre mois, il est tué à quatre mois et demi. Il pèse, le jabot et les intestins vidés, 2^k.200, ainsi répartis :

Intestins vides.	100 gram.
Sable contenu dans le gésier et plumes. .	50
Os.	250
Chair, y compris le foie et le gésier. . .	1^k.800

Si l'on retire du poids de la chair, le foie, le gésier, la chair de la tête, du cou et des pattes, enfin ce qui constitue les abattis, parties, du reste, fort recherchées, on a 1 kilogramme 1/2 de viande compacte. On voit que les os de cette espèce doivent à peine être comptés pour un huitième ; or les os sont pour un quart dans la viande de boucherie.

Taille. — De la partie supérieure de la tête jusque sous les pattes, dans la position du repos, 0ᵐ.50 ; dans la position fière, 0ᵐ.60 ; du dos sous les pattes, 0ᵐ.38.

Tête. — Longueur, 0ᵐ.07 (grav. 61).

Grav. 61. — Tête de coq de Houdan.

Crête. — Triple, transversale, dans la direction du bec, composée de deux caroncules aplaties, de forme allongée et rectangulaire, s'ouvrant de droite et de gauche comme deux feuillets d'un livre, dentelée sur les bords, épaisse et charnue. Une troisième caroncule sort du milieu des deux précédentes, affectant la forme d'une fraise irrégulière et du volume d'une noisette allongée.

Dimensions de la crête. — Les deux caroncules ensemble ont de haut en bas, ainsi qu'en largeur, 0ᵐ.06 environ. Ces dimensions ne sont pas tout à fait absolues, mais il ne faut pas qu'elles soient au-dessous.

Une petite caroncule, détachée des autres et grosse comme

une lentille, apparait au-dessus du bec entre les deux narines.

Barbillons. — De 0^m.04 à 0^m.06, se reliant à la crête par des parties charnues qui forment les joues, entourent les coins du bec de bourrelets apparents, et l'œil d'une paupière nue.

Oreillons. — Courts et cachés par les favoris.

Demi-huppe. — Dirigée en arrière et sur les côtés, quelques plumes à bout pointu et retombant se dirigeant en l'air. Lonçeur des plumes, environ 0^m.07 ; largeur de la huppe, de 0^m.12 à 0^m.14.

Joues. — Nues, entourées de *favoris* formés de plumes courtes retroussées et pointues.

Cravate. — Elle prend entre les barbillons sous le bec, se relie aux favoris, descend le long du cou et s'arrète à 6 ou 7 centimètres ; plus large en bas qu'en haut.

Iris. — Jaune aurore.

Pupille. — Noire.

Bec. — Fort et un peu crochu, de couleur noire à sa naissance et jaunâtre à son extrémité, incliné sur la cravate ; coins du bec fortement renversés.

Physionomie de la tête. — Différente de celle de beaucoup d'autres espèces par plusieurs traits remarquables, la tête forme avec le cou un angle très-peu ouvert, de façon que le bec baissé se voit par-dessus et prend l'apparence d'un nez. La crête, carrée et aplatie, semble être un front charnu, les joues sont entourées de plumes retroussées qui ressemblent à des favoris, les coins renversés du bec ont l'apparence d'une bouche, et une cravate de plumes, jointe aux barbillons, simule une barbe; la huppe a l'air d'une grande chevelure, et le visage entier appelle immédiatement l'idée de celui de l'homme.

Patte, canon de la patte. — Pourvue de cinq doigts, trois antérieurs posant à terre et deux postérieurs, l'un ou les deux posant ou ne posant pas chez les différents sujets. Les deux doigts postérieurs un peu détachés ou rapprochés et presque toujours surperposés.

Longueur du canon, $0^m.12$; circonférence du canon, $0^m.06$. Longueur des doigts : médius, $0^m.08$; interne, $0^m.06$; externe, $0^m.06$; postérieurs, de $0^m.06$ à $0^m.08$.

Couleur de la patte. — Chez l'adulte, gris plombé; chez le poulet, gris bleuâtre et blanc, rosé par taches.

DESCRIPTION DU PLUMAGE.

Le plumage doit être invariablement composé de noir, de blanc et de jaune-paille, et les sujets où il entre du rouge sont repoussés sans rémission.

Le plumage du houdan est de ceux qu'on appelle papilloté ou caillouté ; il est irrégulièrement composé de plumes tantôt noires, tantôt blanches, quelquefois noires tachetées de blanc aux extrémités, et d'autres fois blanches, tachetées de noir aux extrémités. Voici cependant l'ordre qu'affecte le plus ordinairement ce mélange dans les sujets les plus estimés.

Plumes du camail. — Noires, blanches et jaune-paille.

Plumes du plastron. — Noires tachetées de blanc aux extrémités.

Plumes des reins ou lancettes. — Noires veloutées, à reflets verts, mouchetées de blanc et de jaune aux extrémités.

Plumes des flancs et de l'abdomen. — Brouillées de blanc, de noir et de gris.

Plumes des cuisses. — Noires et blanches, mouchetées de blanc aux extrémités.

Plumes internes et externes de la jambe ou pilon. — Noires, fortement mouchetées de blanc aux extrémités.

Plumes du recouvrement de la queue, ou grandes, moyennes et petites faucilles. — Noires à reflets verts très-brillants, quelquefois mêlées de taches blanches.

Plumes de la queue ou grandes caudales. — Blanches, noires, noires mêlées de blanc et *vice versa*.

Plumes des épaules. — Jaune-paille tachetées de blanc aux extrémités.

Grandes de l'avant-bras. — Blanches ou blanches et noires tachetées irrégulièrement.

Grandes du vol. — Blanches mêlées de grandes taches noires irrégulières. Tout le vol blanc est préférable.

Plumes de recouvrement des ailes. — Noires à reflets verts très-vifs, tachetées irrégulièrement aux extrémités.

POULE.

PROPORTIONS ET CARACTÈRES GÉNÉRAUX.

Corps. — Bien établi, d'une apparence presque aussi volumineuse que celui du coq. Solidement posé sur des pattes fortes; pectoraux, cuisses, jambes et ailes bien développés;

Grav. 62. — Poule de Houdan

tête forte; demi-huppe ou huppe complète; favoris et cravate très-apparents; crête et barbillons rudimentaires; cinq doigts à chaque patte. Plumes de l'abdomen épanouies, pendantes et abondantes; les autres plumes de longueur ordinaire. Plumage caillouté, blanc et noir à reflets violacés et verdâtres (grav 62).

Poids. — A l'âge adulte, de 2 kilog. 1/2 à 3 kilogrammes.

Taille. — De la partie supérieure de la huppe sous les pattes, dans la position ordinaire, $0^m.40$; du dos sous les pattes, $0^m.30$.

Tête. — Forte (grav. 63).

Grav. 63. — Tête de poule de Houdan.

Crête. — Rudimentaire.

Oreillons. — Idem.

Barbillons. — Idem.

Bec. — Fort, gris foncé et jaunâtre.

Iris. — Jaune aurore.

Pupille. — Noire.

Huppe ou demi-huppe. — Quelquefois la huppe enveloppe complétement la tête et se relève du bec en arrière. Elle est composée, dans ce cas, de plumes larges, arrondies, superposées comme les autres plumes, et le cède peu en beauté aux huppes des autres espèces ; d'autres fois la huppe est peu volumineuse et composée de plumes assez ébouriffées, à pointes aiguës et recourbées. L'une ou l'autre de ces deux formes caractérise également la race.

Favoris. — Petits.

Cravate. — Fournie, épaisse, mais ne descendant pas très· bas.

Physionomie de la tête. — Quand la huppe est très-développée, la poule ne voit ni de côté ni en face, mais seulement à terre, parce que la partie des plumes de la huppe qui occupe les arcades sourcilières recouvre tout l'œil, ce qui lui donne un air inquiet au moindre bruit qu'elle entend, et ce n'est qu'avec une attention particulière et en se baissant beaucoup qu'on peut apercevoir ses yeux.

Patte, canon de la patte (grav. 64). — Forte, charnue et pourvue de cinq doigts, comme celle du coq, dans les mêmes dispositions et proportions.

Couleur de la patte. — Comme chez le coq.

Ponte. — Abondante et précoce, beaux œufs.

Incubation. — Ordinaire.

Grav. 64. — Patte de la poule de Houdan.

DESCRIPTION DU PLUMAGE.

Le plumage entier, composé de plumes de proportions ordinaires, est caillouté, c'est-à-dire mêlé assez irrégulièrement de plumes tantôt noires, tantôt blanches et tantôt noires et blanches par parties, quelquefois noires au commencement et blanches au bout et *vice versâ*, mais présentant généralement sur le dos, les épaules, les côtés du plastron et les plumes de recouvrement des grandes caudales, des taches plus tranchées, moins mêlées qu'aux cuisses, au ventre et à la huppe. Les plumes grandes caudales et celles du vol sont également mêlées de plumes noires ou blanches ou tachetées ; mais il vaut mieux qu'elles soient toutes blanches.

CONSIDÉRATIONS GÉNÉRALES SUR L'ESPÈCE.

C'est une des plus belles races de poules, et rien n'est plus riche que l'aspect d'une basse-cour composée de houdans ; mais ses qualités dépassent de beaucoup sa beauté. Outre la légèreté de ses os, le volume et la finesse de sa chair, elle est d'une précocité et d'une fécondité admirables. Les poulets poussent en quatre mois, et n'ont pas besoin d'être châtrés pour prendre parfaitement la graisse et acquérir un très-beau volume.

La poule donne de magnifiques poulardes, et c'est, entre toutes les espèces, celle dont le poids est le plus rapproché de celui du coq. Les pontes sont précoces et abondantes, les œufs d'un beau blanc et d'un volume considérable. Les poulettes pondent dès le mois de janvier.

L'espèce est rustique et s'élève plus facilement que toutes les autres poules indigènes; elle est aussi moins coureuse, moins pillarde que la plupart d'entre elles.

C'est une couveuse médiocre, comme toutes les poules dont les pontes sont abondantes et prolongées; mais cependant elle couve raisonnablement et mène bien les poulets.

CHAPITRE V

Race de Crèvecœur.

COQ.

PROPORTIONS ET CARACTÈRES GÉNÉRAUX.

Corps volumineux, carrément établi, cubique, court, large; bien posé sur des pattes solides; le dos presque horizontal, très-peu incliné en arrière; pectoraux, cuisses, jambes et ailes bien développés; membres courts; tête très-forte; huppe; favoris; cravate; crête double en forme de cornes; barbillons longs et pendants; oreillons courts et cachés; quatre doigts à chaque patte; plumes de l'abdomen longues et bien fournies, grandes plumes des ailes de longueur ordinaire; faucilles et grandes faucilles très-longues; plumage tout noir dans les beaux sujets; noir, jaune et blanchâtre dans les sujets ordinaires (grav. 65).

Grav. 65. — Coq de Crévecœur.

Allure. — Grave et fière.

POIDS, DIMENSIONS ET CARACTÈRES PARTICULIERS.

Poids. — A l'âge adulte, de 3 kilog. 1/2 à 4 kilogrammes.

Chair. — Très-abondante.

Os. — Très-légers, moins du huitième du poids.

Taille. — De la partie supérieure de la tête sous les pattes, au repos, 0^m.45. Dans la position fière, de 0^m.50 à 0^m.55, suivant qu'il se hausse et qu'il est plus ou moins court du canon de la patte et des jambes. Du dos sous les pattes, 0^m.32 à 0^m.35.

Corps. — Plus volumineux que celui du houdan; dos large; plastron très-ouvert, très-large et droit; la cuisse et la jambe grosses, courtes et presque cachées dans l'ensemble des plumes, jusqu'à se distinguer à peine du corps quand l'animal est au repos.

Tête. — Longueur, 0^m.08.

Huppe. — Très-fournie, très-volumineuse, lourde, à lancettes retombant tout autour de la tête, dans les beaux sujets, plumes du sommet se dirigeant en l'air, et quelques-unes revenant en avant.

Favoris. — Très-épais.

Cravate. — Longue, volumineuse, descendant plus bas que les barbillons.

Crête (grav. 66). — Variable, mais devant toujours former deux cornes, tantôt parallèles, droites, charnues, tantôt réunies à leur base, légèrement accidentées, pointues et s'écartant à leur sommet, tantôt affectant ces dernières dispositions, mais ayant quelques ramifications intérieures, comme les cornes d'un jeune cerf.

Dimensions de la crête. — Variant, pour la longueur, de 0^m.05 à 0^m.08.

Oreillons. — Blanchâtres, de dimension ordinaire, presque cachés sous les plumes des favoris et de la huppe.

Barbillons. — Pendants, longs et charnus, de 0^m.07 à 0^m.10.

Narines. — Ouvertes, larges, bossuées et saillantes.

Iris. — Aurore foncé.

Pupille. — Noire.

Grav. 66. — Différentes formes qu'affecte la crête du coq de Crèvecœur.

Physionomie de la tête. — Elle a quelque rapport avec celle du houdan; les yeux disparaissent presque toujours sous l'ensemble des plumes de la huppe. La crête, en forme de cornes, donne à la figure du crèvecœur l'apparence d'un diable.

Patte. — Canon de la patte, fort, et variant pour la longueur de 0^m.07 à 0^m.09 ; les *doigts,* au nombre de quatre, sont plus forts et plus longs que chez le houdan.

Couleur de la patte. — Noir ou bleu ardoisé foncé.

Poids du poulet. — Le crèvecœur est encore plus précoce que le houdan, et sa chair encore plus abondante, de façon qu'au même âge son poids dépasse celui de cette dernière espèce.

DESCRIPTION DU PLUMAGE.

Entièrement noir, lustré de reflets bronzés, bleuâtres et verdâtres à la collerette, aux lancettes du dos, aux ailes, aux plumes de recouvrement de la queue et aux grandes et petites faucilles. Le reste est d'un noir mat, à l'exception des plumes de l'abdomen, qui sont d'un noir brun. La huppe prend ordinairement du blanc aux plumes postérieures, après la deuxième ou troisième mue.

Beaucoup de sujets ont la collerette, les lancettes des reins et les plumes de recouvrement des ailes de couleur paille, ce qui ne les empêche pas d'être purs de sang et de reproduire noir; mais ils sont moins estimés des amateurs.

Les plumes du camail, de la huppe, des reins, de la queue, sont extrêmement longues et touffues ; elles forment avec celles des autres parties du corps un plumage plus étoffé et plus abondant que dans aucune autre espèce.

POULE

PROPORTIONS ET CARACTÈRES GÉNÉRAUX.

Corps bien établi, de formes heurtées, ayant des rapports avec celui de la Cochinchine, tant pour le volume que pour l'apparence; d'une taille considérable, quoique bas sur pattes; tête forte; huppe de dimension variable, noire à l'état de poulette, blanche en arrière après la seconde mue; favoris; cravate; oreillons courts et cachés; crête et barbillons courts, plumes de l'abdomen ou cul d'artichaut, longues et épanouies.

Allure. — Grave et pesante.

Poids. — Douze poules doivent peser 36 kilogrammes, c'est-à-dire 3 kilogrammes l'une dans l'autre. Les unes pèsent plus, d'autres moins. Certaines, à deux ans, pèsent jusqu'à 4 kilogrammes.

Taille. — De la partie supérieure de la tête sous les pattes 0m.45; du dos sous les pattes, 0m.35.

Corps. — Plus gros que celui de la houdan.

Tête. — Forte et parfaitement coiffée.

Huppe. — De dimension très-variable, composée de plumes tantôt assez courtes, retombant peu et laissant les yeux à découvert, tantôt formant une coiffure si abondante que la tête disparaît presque entièrement et que les yeux ne découvrent que ce qui est à terre. La huppe est quelquefois formée de plumes irrégulières et plus ou moins pointues; quelquefois de plumes longues, régulières, à bouts arrondis, ce qui la rend très-considérable et de forme presque sphérique.

Favoris. — Épais.

Cravate. — Longue, pendante, forte, plus grosse du bas que du haut.

Barbillons. — Très-petits.

Oreillons. — Petits, blanchâtres, cachés sous la huppe et les favoris.

8.

Narines. — Comme chez le coq.

Bec. — Comme chez le coq.

Iris et pupille. — Comme chez le coq.

Patte. — Canon de la patte, court, fort. Couleur, noir et bleu foncé ardoisé. .

Ponte. — Assez bonne, très-beaux œufs.

Incubation. — Nulle.

DESCRIPTION DU PLUMAGE.

Entièrement noir, à l'exception de la huppe qui, noire la première année, blanchit un peu après la première mue et de plus en plus dans les mues successives.

Il se trouve de beaux sujets de variété grise, coq et poule; d'autres de variété blanche. Les gris sont rares et les blancs le sont davantage.

CONSIDÉRATIONS GÉNÉRALES SUR L'ESPÈCE.

Cette admirable race produit certainement les plus excellentes volailles qui paraissent sur les marchés de France. Ses os sont encore plus légers que ceux de la houdan; sa chair, plus fine, plus courte, plus blanche, prend plus facilement la graisse. Les poulets sont d'une précocité inouïe, puisqu'ils peuvent être mis à l'engraissement dès qu'ils ont atteint deux mois et demi ou trois mois, et être mangés quinze jours après. A cinq mois, une volaille de cette race est presque complète comme taille, poids et qualité. La poularde de cinq à six mois atteint le poids de 3 kilogrammes; le poulet de six mois engraissé va jusqu'à 3 kilogrammes 1/2 et même 4 kilogrammes 1/2.

C'est la race de Crèvecœur qui donne les poulardes et les poulets fins vendus sur le marché de Paris. Ceux de la race de Houdan, quoique d'une qualité supérieure, ne viennent qu'après. Le crèvecœur est la première race de France pour la délicatesse de la chair, la facilité à engraisser, la précocité, et je crois que c'est aussi la première du monde à ces points de vue. M. Baker, cependant, avait apporté dernièrement de Londres, pour une vente qu'il a faite à Paris, une douzaine de dorkings tués, troussés, prêts à mettre à la broche, et il faut avouer que leur vue produisit un effet des plus vifs sur l'assemblée des amateurs réunis, dont les yeux attestaient du témoignage intérieur de leur estomac. Mais je ne serai convaincu de l'*égalité* de ces deux races que lorsqu'un assez long *usage* du dorking m'aura édifié complétement.

La variété de Merlereaux, presque identique, a peu ou point de cravate et pas de jabot. Cette variété fournit généralement les poulets de proportions inférieures que l'on trouve en abondance sur les marchés de Normandie; mais elle est, du reste, semblable au crèvecœur et produit d'aussi grosses volailles, quand elle est bien cultivée. L'espèce de Caux ressemble beaucoup à ces dernières, si ce n'est qu'elle est plus élevée et que ses caractères sont beaucoup moins prononcés.

Les espèces de Caumont, de Houdan, de Gournay, et toutes les poules normandes en général, sont de véritables ramifications du crèvecœur.

C'est peut-être la race la mieux éprouvée maintenant pour les croisements; et toutes les expériences ont amené la certitude que, croisée avec le cochinchine pur ou avec le produit issu du crèvecœur pur et du cochinchine pur, elle donne des sujets rustiques, d'un beau volume et d'un goût très-délicat.

Ces croisements ne doivent pas, bien entendu, être conseillés aux Normands, dont les races n'ont plus grand'chose à gagner; c'est, comprenons-le bien, pour toutes les localités étrangères qu'ils peuvent devenir précieux. Je pencherai toujours pour le croisement par le *coq indigène* avec les poules de Cochinchine ou de Brahma, et cela pour les raisons que l'on trouvera développées au chapitre sur les *Croisements*.

NOURRITURE DE L'ESPÈCE.

Pâtée d'œufs les premiers huit jours.

Jusqu'à deux mois, pâtée de farine d'orge (voyez la formule).

On commence ensuite à donner graduellement de la graine aux animaux destinés à la reproduction; les autres continuent à recevoir la pâtée jusqu'à l'engraissement. C'est ainsi que cela se pratique en Normandie.

CHAPITRE VI

Races de la Flèche

COQ

PROPORTIONS ET CARACTÈRES GÉNÉRAUX.

Corps bien établi, bien charpenté, fièrement posé sur des jambes et sur des pattes longues et nerveuses, et paraissant moins gros qu'il ne l'est en réalité, parce que les plumes sont collantes; toutes les parties musculaires bien développées; plu-mage noir.

De tous les coqs français, le coq de la Flèche est le plus élevé, il a beaucoup de rapport avec l'espagnol, dont je le crois issu par suite de croisements avec le crèvecœur. D'autres personnes croient que cette race descend du bréda. avec lequel elle a, du reste, certains points de ressemblance (grav. 67)

Grav. 67. — Coq de la Flèche.

Peau blanche, fine, transparente et extensible; chair courte, juteuse, délicate et très-apte à prendre la graisse.

POIDS, DIMENSIONS ET CARACTÈRES PARTICULIERS.

Poids. — A l'âge adulte, de 3 kilogrammes 1/2 à 4 kilogrammes; chair extrêmement fine et abondante, os légers : huitième du poids environ.

Taille. — De la partie supérieure de la tête sous les pattes, $0^m.55$. Dans la position fière, $0^m.65$; du dos sous les pattes, $0^m.42$.

Corps. — Circonférence prise au milieu, sous les ailes, à l'endroit où les cuisses s'articulent, $0^m.57$.

Longueur du corps. — De la naissance du cou au bout du croupion, $0^m.28$; largeur des épaules, $0^m.20$.

Grav. 68. — Tête du coq de la Flèche.

Tête (grav. 68).—Longueur, $0^m.08$; joues à peu près nues du bec à l'oreillon.

Huppe. — Un petit épi de plumes tantôt courtes et droites, tantôt un peu plus longues et retombantes, est placé **sur le** front en arrière de la crête.

Crête (grav. 69).—De 0^m.03 à 0^m.05, transversale, **double,** en forme de cornes infléchies en avant, réunies à leurs **bases,** écartées au sommet, tantôt unies et pointues, tantôt accompagnés à l'intérieur de quelques ramifications. Un petit **crétillon** double, qui sort de la partie supérieure des narines, est placé en avant de plus d'un centimètre, et, quoique à peine aussi gros qu'un pois, ce crétillon, qui surmonte une espèce de monticule formé par le renflement des narines, concourt à l'aspect tout particulier de la tête.

Grav. 69. — Crète du coq de la Flèche.

Barbillons. — Pendants et très-allongés, de 0^m.06 à 0^m.08.

Oreillons. — Très grands, occupant un large espace et se repliant sous le cou; d'un beau blanc mat surtout à l'époque de l'amour. C'est, parmi les oreillons qui affectent la couleur blanche, le plus grand après celui de l'espagnol. Le bouquet de petites plumes qui couvre le conduit auditif est noir.

Narines. — Très-ouvertes et d'une figure toute particulière; elles forment à leur commissure le monticule d'où sort le crétillon.

Bec. — Fort, légèrement recourbé, de couleur gris sombre jaunissant à l'extrémité. Longueur, 0ᵐ.03.

Iris. — Rouge-brique plus ou moins foncé.

Pupille. — Noire.

Physionomie de la tête — Le la flèche a une physionomie qui lui est bien propre et qui est déterminée surtout par le monticule saillant que forment ses narines surmontées d'un crétillon. Cette proéminence espacée de la crète semble augmenter encore la dépression caractéristique de son bec, et lui donne quelques points de ressemblance avec le rhinocéros. Sa crète en cornes rappelle le crèvecœur, et son large oreillon blanc rappelle l'espagnol.

Patte. — Canon de la patte très-fort, très-nerveux. Circonférence, 0ᵐ.06. Doigts forts et bien onglés; médius, 0ᵐ.08; interne et externe, 0ᵐ.06; postérieur, 0ᵐ.03.

Couleur de la patte. — Bleu ardoisé plus ou moins foncé suivant l'âge, tournant au gris plombé foncé en vieillissant.

Poids du poulet. — Le poulet peut être mangé vers l'âge de cinq mois; mais ordinairement on ne livre ces animaux à l'engraissement que vers sept à huit mois, moment où ils sont à peu près arrivés à leur dernier point de croissance; le mâle prend alors le nom de coq vierge, et lorsque son traitement, qui doit durer d'un mois à six semaines, est terminé, il atteint 5 kilogrammes et plus. Un coq vierge non engraissé, à l'âge de huit mois, donne un poids brut de 3 kilogrammes 1/2 à 4 kilogrammes, poids égal à celui d'un coq adulte *cocheur* en bon état. Le poids de la chair est naturellement de proportions variables, selon l'état d'engraissement, et, si celui des os est d'un huitième à l'état normal, il est de beaucoup au-dessous à l'état de graisse.

DESCRIPTION DU PLUMAGE.

Le plumage de la flèche est entièrement noir, à l'exception de quelques petites plumes blanches qu'on aperçoit *quelquefois* dans l'épi qui est sur la tête. Les plumes du cou, longues, fines et fournies, sont à reflets verts et violets, ainsi que les plumes du plastron, de l'aile, du recouvrement de la queue, les caudales, les externes du bras, les grandes de l'avant-bras et les externes du vol; les plumes des cuisses et les externes de l'avant-bras sont noires; les plumes de l'abdomen et du flanc sont d'un noir grisâtre; parmi les grandes du vol, qui sont d'un noir violet à reflets verts, il s'en présente quelques-unes de blanches avant la première mue.

POULE

PROPORTIONS ET CARACTÈRES GÉNÉRAUX.

D'une apparence un peu moins volumineuse que le coq de la même espèce. Démarche ferme et assurée, œil vif et hardi. Corps élancé, arrondi, supporté par des pattes de moyenne longueur, fortes et nerveuses; toutes les parties musculaires bien développées; chair fine et abondante; tête forte; bec fort, plumes de l'abdomen bien fournies, mais peu épanouies; plumage noir (grav. 70).

POIDS, DIMENSIONS ET CARACTÈRES PARTICULIERS.

Poids.—A l'âge adulte, 3 kilogrammes et quelquefois 3 kilogrammes 1/2; à l'état de poularde, 4 kilogrammes à 4 kilogrammes 1/2.

Taille. — De la partie supérieure de la tête sous les pattes, dans la position ordinaire, 0^m.45 ; du dos sous les pattes, 0^m.56.

Tête. — Longue, forte, ayant tous les caractères de celle du coq, mais réduits à de petites proportions.

Grav. 79. — Poule de la Flèche.

Crête. — En cornes très-petites, mais très-apparentes par leur position inclinée en avant.

Barbillons. — Bien arrondis, longs de 0^m.03.

Oreillons. — Blancs et très-apparents par leur couleur tranchée et le large espace qu'ils occupent.

Narines. — Comme celles du coq.

Bec. — Fort et long.

OEil. — De la même couleur que chez le coq.

Physionomie de la tête. — Très-fine, très-éveillée, ayant beaucoup de rapports avec celle du coq. Sa crête, en forme de cornes, lui a fait donner, dans le pays, le nom de *Poule cornette.*

Patte, canon de la patte. — Fort, de longueur moyenne doigts solides et longs.

DESCRIPTION DU PLUMAGE.

Plumes assez abondantes et serrées au corps; cul-d'artichaut moyennement développé; toutes les plumes du corps lisses, d'un noir violet à reflets verdâtres, à l'exception de celles de l'abdomen, d'un noir grisonnant; plumes des jambes, noir brun mat.

Ponte. — Bonne et précoce; œufs d'un volume remarquable.

Incubation. — Nulle.

OBSERVATIONS GÉNÉRALES SUR L'ESPÈCE.

La poule de la Flèche de grande race, ou poule cornette, est une espèce toute particulière au pays du Maine; son type est resté toujours pur, surtout dans les environs de la Flèche, contrée où l'on pratique le mode d'engraissement qui lui est propre.

M. Letrône, à qui je dois une partie des renseignements qui ont servi à cet article, croit que l'origine des fléchoises est inconnue. « Leur renommée, dit-il, peut cependant prendre date vers le quinzième siècle, selon les rapports de quelques vieux historiens; je pense néanmoins qu'elle doit avoir une origine plus ancienne. C'est au Mans qu'on faisait ces belles poulardes tout primitivement, puis à Mézeray, puis à la Flèche. Aussi désigne-t-on indifféremment ces sortes de produits sous des dénominations différentes. Cette industrie a depuis longtemps cessé au Mans; elle déchoit à Mézeray et ne s'est bien conservée qu'à la Flèche et dans les communes qui l'avoisinent. »

Les volailles de la Flèche, si propres à l'engraissement, sont encore très-robustes et rarement malades. Elles s'acclimatent en quelque contrée qu'on les transporte, et leur pureté se conserve facilement, pourvu qu'on évite la promiscuité, c'est-à-dire qu'on renouvelle le sang de temps en temps. Elles s'habituent à toutes les nourritures possibles dès qu'elles ont atteint un certain âge; mais on doit, dans les commencements, les nourrir avec des aliments au moins analogues à ceux qu'elles reçoivent dans leur pays. Élevées en liberté, elles ne s'écartent pas trop, surtout si elles sont pourvues de verdure.

La race de la Flèche peut être mise au nombre des deux ou trois plus belles races françaises. Quoique son plumage soit uniformément noir, il est extrêmement riche à cause de son brillant et de ses beaux reflets verts et violacés. Sa crête et ses barbillons, d'un rouge vif, ainsi que son large oreillon, d'un blanc très-apparent, forment avec le plumage un contraste aussi remarquable que dans la race espagnole. La finesse, la délicatesse et le goût exceptionnel de sa chair sont déjà très-sensibles à l'état maigre et complétement déterminés par l'engraissement, épreuve à laquelle sont indistinctement soumis les poulettes et les jeunes coqs de sept à huit mois. Ces derniers sont mis à l'écart aussitôt qu'on le juge nécessaire, afin qu'ils n'aient aucun commerce avec les poules, et c'est de là qu'on les a nommés coqs vierges. On a reconnu qu'en cet état de réserve ils sont beaucoup mieux disposés à se faire au traitement, sans qu'il soit besoin de les chaponner.

Les poules sont également livrées à l'engraissement avant qu'elles aient pondu, et donnent ce qu'on appelle les poulardes. C'est, dans toutes les races, parmi les coqs de la Flèche que se trouvent les pièces les plus volumineuses qui soient destinées à la table.

La grande race, celle que je viens de décrire, met de neuf à onze mois pour arriver à son état de perfection, ce qui prouve qu'elle n'est pas d'une grande précocité ; mais on tire de cet inconvénient un grand avantage, car les poulets, étant fort longs à devenir adultes et ne poursuivant les poules que fort tard, continuent de se développer pendant l'hiver, et donnent au printemps, à cette époque où les bonnes volailles deviennent très-rares, de magnifiques et délicieux produits que se disputent à prix d'or les tables somptueuses. Aussi conseillé-je fortement de ne *jamais* croiser cette race, dont la destination est toute particulière, et j'insiste pour qu'on remarque et utilise cette propriété spéciale.

Il existe une variété exactement semblable, pour la forme et les résultats, à la race principale, excepté que la crête, qui est volumineuse, d'un seul lobe assez rond, aplati par-dessus et formant une pointe en arrière, est remplie de granulations à la partie supérieure, et rentre dans la classe de celles qu'on nomme frisées.

C'est ordinairement surtout celle à crête frisée qu'on désigne sous le nom de poule du Mans.

Ces deux variétés ont encore leurs similaires dans les tailles moyennes ; elles possèdent les mêmes qualités, sont également propres à l'engraissement, et les sujets donnent, en proportion du poids où ils atteignent, un bon profit à l'engraisseur, parce qu'ils sont plus précoces que dans les grandes variétés.

La nourriture habituelle des poules de la Flèche consiste, dans le pays, à leur donner trois fois par jour du blé encore enveloppé de la balle (blé blanc). On les rationne, parce qu'elles

sont très-voraces et qu'à certaines époques elles tourneraien
trop à la graisse. On donne aux poussins et à la mère, après la
nourriture particulière des premiers jours, de la pâtée de son
et de remoulage, et cela pendant les six premiers mois. Plus
on va cependant, plus on augmente la ration de son, et plus
on diminue celle de farine.

Herbages toujours abondants.

ENGRAISSEMENT DES COQS VIERGES ET DES POULARDES.

Je ne crois pas pouvoir faire mieux que de donner, sans y
rien changer, le remarquable et consciencieux travail de M. Letrône sur ce sujet.

« Le procédé pour l'engraissement des volailles n'est point
un secret dans la contrée où l'on obtient ces poulardes si estimées, dites du Mans; cette industrie, toute particulière par ses
résultats surprenants et tant appréciés avec raison par les plus
fins gourmets, se circonscrit dans les communes suivantes :
Mézeray, qui jadis avait toute la supériorité sur ses voisines, et
qui maintenant en est quelque peu déchue; Malicorne, Arthézé,
Courcelles, Bousse, Vilaines, qui tient le premier rang pour les
beaux produits et le nombre de nourrisseurs; Crosnière et
Veron, où l'industrie ne languit pas; Bailleul, Saint-Germain-
du-Val, Sainte-Colombe, la Flèche, Cré-sur-Loir et Bazouges.
C'est à l'arrondissement de la Flèche qu'appartiennent ces communes : c'est dans la ville chef-lieu que tous les nourrisseurs
viennent apporter leurs produits les jours de marché, où l'on
en voit en étalage par centaines à la fois. Ce commerce de
première main, d'un produit spécialement local, ne devrait-il
pas plus justement faire désigner ces poulardes comme étant
de la Flèche plutôt que du Mans?

« On paraît avoir oublié dans le pays vers quels temps a
commencé cette industrie de l'engraissement des poulardes, et

à qui l'on doit attribuer l'initiative de cette entreprise; quel
ques gastronomes érudits pourraient peut-être éclaircir cette
question, que je laisse de côté, à défaut de connaissances sur
la matière.

« Le travail spécial de l'engraissement appartient principalement à des marchands de la campagne et à quelques petits
cultivateurs que l'on nomme *poulaillers*. Les uns et les autres
achètent, dans les marchés ou chez leurs voisins, les poulettes
qu'ils nomment *gelines*, et qui paraissent les plus belles et les
plus aptes à s'engraisser. C'est vers l'âge de sept à huit mois
qu'elles sont réputées assez avancées dans leur croissance pour
être mises à la graisse. Pour faire ces belles pièces, non moins
estimées, que l'on désigne sous le nom de *coqs vierges*, ce sont
de jeunes coqs de l'année, n'ayant pas encore servi à la reproduction, que l'on traite de la même manière que les gelines,
sans qu'on leur fasse subir aucun genre de mutilation; leur
engraissement demande un peu plus de temps et de nourriture.

« Les plus belles poulardes peuvent atteindre le poids de
4 kilogrammes, et les coqs vierges celui de 6 kilogrammes;
on en voit quelquefois dépassant ce poids.

« Les poulaillers traitent depuis cinquante, quatre-vingts et
même jusqu'à cent volailles à la fois. Ce travail commence en
octobre et se poursuit jusqu'à l'époque du carnaval le plus ordinairement. Pour cela, on commence à établir tout alentour
et sur le sol d'une chambre, ou d'un autre local disponible, de
petites loges, faites simplement avec des pieux en bois brut,
des croûtes ou relèves à la scie, et même enfin avec le bois le
plus défectueux et de moindre valeur, qui pourra servir pour
l'entourage et les divisions à claire-voie. On recouvre une partie
de ces loges à demeure, et l'autre reste mobile, afin qu'on
puisse y introduire les volailles et les en retirer. Ces constructions grossières sont faites par les poulaillers, et ne coûtent
pour ainsi dire que le temps employé à les faire et l'achat de
quelques clous. La hauteur de ces loges doit être de $0^m.50$ à
$0^m.60$ de hauteur, et la longueur est arbitraire; cependant les

plus grandes ne doivent pas contenir plus de six poules réunies, et doivent ne fournir que l'espace nécessaire à chaque
animal pour qu'il puisse y être à l'aise sans pouvoir néanmoins
circuler.

« On intercepte toute lumière venant directement du dehors,
on calfeutre les portes et les fenêtres du local, afin que l'air
extérieur ne s'y introduise pas trop librement.

« Pour habituer les poules au régime de nourriture et de
réclusion forcées auquel on va les assujettir, pendant les huit
premiers jours on les renferme dans un lieu un peu sombre,
et on ne leur donne pour toute nourriture qu'une pâte délayée,
un peu épaisse, faite avec la même farine qui sert à la composition des pâtons, et mélangée soit avec un tiers, soit avec
moitié de son. Pendant la durée de cette première épreuve on
leur donne à boire et on les laisse manger à volonté.

« La mouture qui sert à la composition des pâtons se fait
ordinairement dans les proportions suivantes : moitié de blé
noir, un tiers d'orge et un sixième d'avoine ; on en retire le
gros son. Tous les jours on détrempe de cette farine dans du
lait doux ou tourné, la quantité nécessaire pour deux repas,
celui du soir et celui du lendemain. Quelques-uns ajoutent à
la composition de cette pâte un peu de saindoux, surtout
vers la fin du traitement ; et cette pâte, qui ne doit être ni
trop ferme ni trop molle, est roulée de suite en pâtons ayant
la forme d'une olive de 0^m.015 de diamètre, et une longueur
de 0^m.06.

« Le poulailler ou nourrisseur, à l'heure des repas, qui
doivent être bien réglés, prend trois poules à la fois, les lie
toutes trois ensemble par les pattes, les pose sur ses genoux,
et, éclairé d'une lampe, il commence, pour unique fois, à leur
faire avaler une cuillerée d'eau ou de petit-lait ; quelques-uns
ne donnent pas à boire ; puis il introduit un pâton tour à tour
dans le bec de chacune de ces poules ; et, pour faciliter l'introduction immédiate de ce pâton, il exerce une pression
légère avec le pouce et les deux premiers doigts, en faisant

glisser la main le long du col de l'animal jusqu'à sa poche; on évite ainsi le rejet du pâton. En soignant de la sorte trois poules à la fois, on leur donne le temps suffisant pour la déglutition, et elles sont empansées à leur degré dans un prompt et égal intervalle.

« Dès les premiers jours du pâtonnement, on se contente de faiblement remplir la poche de chaque volaille, et on augmente par degrés la dose des pâtons. C'est ainsi que l'on arrive à en donner à chaque repas douze, et même jusqu'à quinze. Il est essentiel de plonger les pâtons dans un vase plein d'eau avant de les faire avaler, cela facilite leur introduction.

« Le temps déterminé pour l'engraissement n'est pas fixé, il se subordonne à la plus ou moins bonne disposition de l'animal et à son degré de force. Quelques poulardes ne peuvent être conduites au complet engraissement sans danger d'accidents ; le nourrisseur expérimenté sait le moment où il doit arrêter son travail. Nuls ne sont à l'abri de subir des pertes : il y a, disent-ils, malgré leur savoir et leur attention, de la bonne et de la mauvaise chance, des années plus ou moins favorables, sans qu'ils puissent s'en expliquer les causes. Tels, après avoir pratiqué pendant plusieurs années avec bonheur dans une localité, quoiqu'en agissant de même ailleurs, éprouvent des pertes sensibles, par l'impossibilité d'un complet achèvement d'éducation de leurs poulardes.

« Quelques volailles sont grasses à point au bout de six semaines, d'autres au bout de deux mois. Quelquefois, si la poularde paraît être encore disposée à prendre bien sa nourriture, on continue de la lui donner le plus longtemps possible, et l'on arrive à obtenir des phénomènes de poids.

« On calcule que certaines poules dépensent 20 litres de farine, d'autres peuvent aller jusqu'à en absorber 30 litres.

« Ces volailles, étroitement emprisonnées dans une obscurité constante, n'ont pas de litière sous elles et ne sont jamais nettoyées de leur fumier pendant la durée du traitement. Si les émanations azotées, abondantes dans le local, sont néces-

9.

saires pour aider à l'engraissement, elles sont toutefois nuisibles à la santé des nourrisseurs, qui en souffrent d'autant
plus qu'ils ont une nombreuse collection de poules à la graisse ;
quatre-vingts ou cent poules à la fois nécessitent à ceux-ci de
passer les journées presque entières et une partie des nuits
dans ces foyers d'infection. Quand le premier repas a commencé à quatre heures le matin, à peine se termine-t-il à midi,
et le second, commencé vers trois heures du soir, ne finit que
vers onze heures.

« Enfin, lorsque le poulailler retire ses poulardes de l'engraissement, il se charge lui-même de les saigner et de les
plumer, et, avant qu'elles refroidissent, il les place, appuyées
sur le dos, sur une tablette ou un banc étroit, et leur fait
prendre la forme que l'on connaît en se servant de calets en
bois ou en pierre pour les maintenir dans cette position ; puis
il étend sur toute la partie du corps en saillie un petit linge
mouillé, afin de donner un grain plus fin à la graisse.

« Le mode de pratiquer l'engraissement des poulardes se ré-
sume donc à ces conditions principales :

« 1° Choisir l'espèce la plus belle parmi les jeunes coqs et
les poulettes nés dans l'année, et annonçant toutes les qualités
ci-dessus indiquées ;

« 2° Ne leur faire subir aucune mutilation, comme cela se
pratique pour les chapons et même pour les poules que l'on
engraisse ailleurs ;

« 3° Préparer un local obscur, où l'air soit le moins renou-
velé et où les poules soient parquées dans des loges étroites,
sans y être trop gênées ;

« 4° Ne pas nettoyer ni enlever les fumiers pendant toute la
durée de l'engraissement ;

« 5° Préparer les poules à la nourriture forcée pendant huit
à dix jours avant le régime des pâtons ;

« 6° Pratiquer avec adresse et promptitude en leur faisant avaler ces pâtons ;

« 7° Leur donner deux repas dans les vingt-quatre heures et à des heures régulières ;

« 8° Ne pas tenir à leur faire avaler absolument un nombre égal de pâtons ; s'en tenir pour cela à l'examen de la capacité de la poche, qui, dans les premiers jours, doit être modérément garnie, et plus tard complétement, mais sans excès ;

« 9° S'en tenir à la seule nourriture indiquée, sans y apporter le moindre changement, sauf, dès le principe, à modifier le dosage des mêmes ingrédients, si on le juge convenable ;

« 10° Savoir discerner le point de maturité de l'engraissement et surveiller celles des volailles qui doivent être retirées avant ce terme lorsqu'elles menacent de mal faire ou de périr.

« Toutes ces conditions étant bien observées, on obtiendra de bons résultats.

« Afin de se rendre compte des dépenses de l'engraissement, il s'agit d'établir une moyenne générale sur un certain nombre de volailles ; ainsi, supposons qu'il faille pour chaque poularde, pendant quarante jours de traitement, une dépense de 30 litres de mouture ainsi composée :

3 doubles décalitres de blé noir, à 3 fr. . .	9 f. 00 c.
2 — — d'orge, à 3 fr.	6 00
1 double décalitre d'avoine, à 1 fr. 50. . .	1 50
Total.	16 f. 50

« Ce déboursé de 16 fr. 50 c. pour 120 litres de cette mouture suffira à la nourriture de 4 volailles, ce qui fait pour une seule 4 fr. 1250, laquelle somme étant alors multipliée par 50 volailles, on aura un total de. . . . . 206 f. 25

Report. . . . 206 f. 25 c.

« S'il faut 1,200 pâtons à raison de 24 par tête pour les deux repas, on n'emploiera pas pour détremper la farine beaucoup plus de 50 centimes de lait écrémé ou de petit-lait par jour, soit pour 40 jours. 20   00

« 40 journées de travail à 3 fr. l'une, 1/4 de journée de femme à 80 centimes pour fabriquer les pâtons, soit pour 40 jours. 128   00

« 2ᵏ.5 de saindoux pour les 10 derniers jours, soit 25 décagrammes par pâtée à 1 fr. 60 le kilogr. 4   00

« L'achat ou le prix de chaque poulet à l'état maigre étant porté à 1 fr. 50, on aura, pour 50 un déboursé de. 75   00

« Le local servant une grande partie de l'année de resserre, et le prix de la construction des loges étant très-minime, ainsi que les frais de mouture, on peut contre-balancer avec avantage ce prix fictif par le produit de la plume et le gros son retiré de la farine ; ci, pour mémoire. . . . 0   00

Et pour premier total. 433   25

« Résultat complet de la dépense à faire pour nourrir et soigner 50 poulardes. Divisant ensuite cette somme par le chiffre 50, on trouvera que chaque pièce revient à 8 fr. 26 c. ; et, comme il faut admettre encore, et c'est beaucoup, que l'on éprouvera 1/16 de perte, chaque poularde reviendra à 9 fr. environ ; soit, pour toute l'entreprise, à ajouter en perte par prévision. 25   00

On aura une dépense de. , . . 458 f. 25

« Maintenant, si, en moyenne toujours, on peut accorder aux poulardes le poids de 3 kilogrammes par pièce, on aura pour les 50 poulardes 150 kilogrammes. La poularde étant estimée se vendre à l'ordinaire, au prix de 3 fr. 60 c. [1] le kilogramme, on arrivera à une recette de. . . . 540 00

« Et, en soustrayant la somme des déboursés, qui est de. 458 25

On ne trouvera qu'un bénéfice de.   81 f 75

« Cette somme de 81 fr. 75 serait une bien faible rémunération pour le nourrisseur, si l'on ne prenait pas en considération la différence qui existe entre les appointements qui lui sont concédés dans ce compte des dépenses avec le prix de son temps employé à des travaux ordinaires de la campagne, qui, dans la saison d'hiver, quand il n'y a pas de chômage, ne se payent ordinairement que 1 fr. par jour : il faudra donc nécessairement, pour que ce compte soit rationnel, retrancher les deux tiers de sa journée, portée à 3 fr., et reporter cet excédant dans les profits de l'entrepreneur; donc, pour les 40 jours de durée, on trouvera 80 fr. à réunir aux 81 fr. 75 obtenus dans le compte ci-dessus établi, ce qui fera réellement 161 fr. 75 de profit sur l'engraissement de cinquante poulardes.

« Il faudrait convenir, malgré cela, que ce ne serait pas trop encourageant si l'on ne s'en tenait qu'à ce nombre de pièces ; mais, dans l'espace de cinq mois que doivent durer ces travaux sans discontinuer, un actif poulailler peut engraisser non-seulement un plus grand nombre de volailles à la fois, mais encore faire succéder, sans interruption, de nouvelles volailles à celles qu'il aura retirées et vendues. Tous ces industriels sont

[1] Le prix maintenant est de 4 fr. le kilogr., et l'on voit que M. Letrône a affecté un trop petit poids à chaque volaille.

fort à l'aise, et quelques-uns ont su se faire une petite fortune.

« Comme ce travail résulte d'informations prises le plus régulièrement qu'il m'a été possible, en voyant faire, en consultant et en écoutant successivement plusieurs éleveurs, qui tous ont montré de la complaisance et ont répondu avec un accord parfait à toutes mes questions, je ne puis penser avoir été trompé intentionnellement sur le mode d'engraissement, qui, après tout, je l'ai déjà dit, n'est un secret pour personne dans le pays. »

Nous ajouterons aux renseignements fournis par M. Letrône que les volailles de la Flèche peuvent être, comme toutes les autres, engraissées au moyen de l'entonnage (voir le chapitre *Entonnage*). Il est probable que l'on n'obtient pas avec ce procédé des pièces aussi considérables que par l'empâtement; mais nous croyons que la chair doit contracter un goût plus délicat et plus parfumé.

CHAPITRE VII

Race de Dorking

—

COQ.

PROPORTIONS ET CARACTÈRES GÉNÉRAUX.

D'une magnifique prestance, quoique d'une forme un peu arrondie ; gros et grand, couvert d'un plumage abondant, qui rappelle, par la couleur, celui de nos coqs de ferme ; camail épais, queue de longueur moyenne, crête simple ; barbillons

Grav. 71. — Coq de Dorking

et oreillons très-longs, cinq doigts à chaque patte, os fins et légers (grav. 71).

Poids. — A l'âge adulte, de 3 kilogrammes 1/2 à 4 kilogrammes 1/2.

Chair. — Abondante; très-blanche, très-fine et disposée à prendre facilement la graisse.

Grav. 72. — Tête de coq de Dorking.

Taille. — Il est difficile de spécifier la taille du coq dorking, dont l'espèce peuple une partie des basses-cours de l'Angleterre; mais on en trouve, dans ceux dont l'éducation est soignée, qui acquièrent un très-beau volume. En tout cas, il ne doit pas être élancé, et la largeur de son corps doit toujours être proportionnelle à son élévation.

Tête (grav. 72). — Forte, surmontant un cou épaissi par un énorme camail

Crête. — Simple, haute et large, prolongée en arrière, droite autant que possible et régulièrement dentelée avec de grandes pointes. La crête est quelquefois épaisse et frisée, surtout dans la variété blanche.

Barbillons. — Longs, larges et pendants.

Joues. — Couvertes de petites plumes blanches, courtes et es.

Oreillons. — Assez longs, rouges aux extrémités, d'un bleu azuré et nacré près du conduit auditif.

Bouquets. — Blanchâtres.

Bec. — Fort et courbé par-dessus, noir et jaune.

Iris — Aurore foncé.

Pupille. — Noire.

Patte, canon de la patte. — De longueur médiocre, forte et charnue, d'un beau blanc rosé.

Le dorking est une des espèces dont on peut le mieux apprécier les qualités, rien qu'à l'inspection de la patte, qui est potelée, douce et d'un tissu admirablement fin.

Doigts. — Forts, bien articulés, au nombre de cinq, et de la même nature que la patte (grav. 73).

La patte du dorking a, comme on peut le voir, beaucoup d'analogie avec celle du houdan; cependant la structure en est particulière quand on l'observe par-dessous (grav. 74).

DESCRIPTION DU PLUMAGE.

Le dorking argenté, qui est la variété la plus répandue et la plus caractéristique, a le camail et les lancettes d'un beau

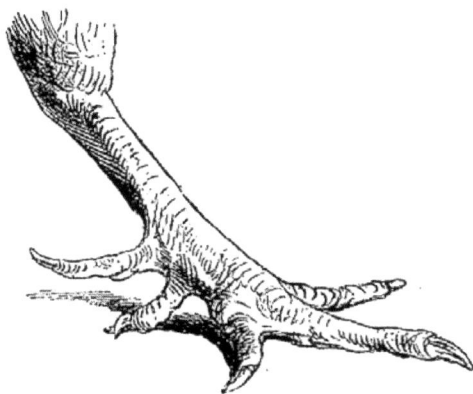

Grav. 73. — Patte du dorking.

jaune-paille semé de petites taches noires. Les épaules sont

Grav. 74. — Patte du dorking, vue en dessous.

d'un jaune roux très-vif ; les plumes de recouvrement des ailes d'un beau noir à reflets bleus pourprés, très-brillants; les grandes plumes du vol, blanches; le plastron, noir brillant; les flancs, les cuisses et l'abdomen, d'un noir mat; les grandes plumes de la queue, noires; les plumes de recouvrement de la queue et les faucilles noires, à reflets verts et bronzés.

Le coq est d'une grande beauté et d'un aspect grave; sa coiffure, ses barbillons et son épais camail lui donnent un air patriarcal.

Chez le coq comme chez la poule, les variétés du plumage sont si multipliées, qu'il deviendrait puéril de chercher à les décrire; la plus tranchée est la variété blanche, plus petite que les autres, et dont la chair est, dit-on, encore plus délicate.

POULE.

PROPORTIONS ET CARACTÈRES GÉNÉRAUX.

La poule de Dorking a pour principaux caractères une crête ployée, simple et dentelée, de proportion moyenne et quelquefois double et dentelée, mais alors assez petite; elle a le corps arrondi, une queue un peu effilée, des pattes courtes et cinq doigts à chaque patte. Son œil, la nature de sa patte, sont les mêmes que chez le coq; elle a dans son poids, sa taille, sa démarche, de nombreux rapports avec la crèvecœur; elle pond bien et de bonne heure; elle couve bien, et ses œufs sont de taille moyenne.

DESCRIPTION DU PLUMAGE.

Les plumes de la tête et du camail sont blanchâtres au bord, noires au milieu, et forment une région tranchée qui se distingue bien du corps (grav. 75). Le bord des joues et le tour du cou, au-dessous du bec, sont couverts de petites plumes noires, courtes, dont l'ensemble forme une espèce de collier, qui cependant ne se rejoint pas par derrière, mais qui imite le hausse-col d'un officier. Le bouquet est d'un gris pâle clair ; le dessus du dos, d'un gris brun marron qui tourne au roux sur les épaules et sur le recouvrement des ailes ; les grandes plumes du bras sont tigrées ; les grandes du vol, d'un brun noir ; le plastron est roux marron clair ; les cuisses, gris roux foncé ; le cul-d'artichaut gris ; les grandes de la queue, brun noir.

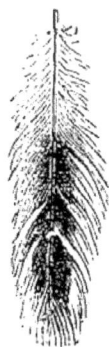

Grav. 75. — Plume du camail.

Tout cela est de couleur tantôt vive, tantôt rompue, passant, en se fondant, d'une région à une autre.

Les plumes sont souvent entourées d'une bordure qui donne un aspect maillé à tout le plumage ; mais ce qui est le plus caractéristique, c'est une ligne d'un blanc presque pur qui suit, dans toute la longueur de la *partie visible*, le tuyau de chaque plume (grav. 76).

Cette ligne vive, très-apparente sur le dos, les épaules et le recouvrement de l'aile, perd de son intensité en gagnant les parties inférieures et les extrémités.

On pourrait compter beaucoup de variétés dans cette espèce si l'on s'en rapportait au plumage, dans lequel on trouve, comme chez nos poules communes, toutes les couleurs, depuis le blanc pur presque jusqu'au noir, en passant par tous les

tons, ainsi que les robes maillées, pailletées, cailloutees, mouchetées, etc., etc.

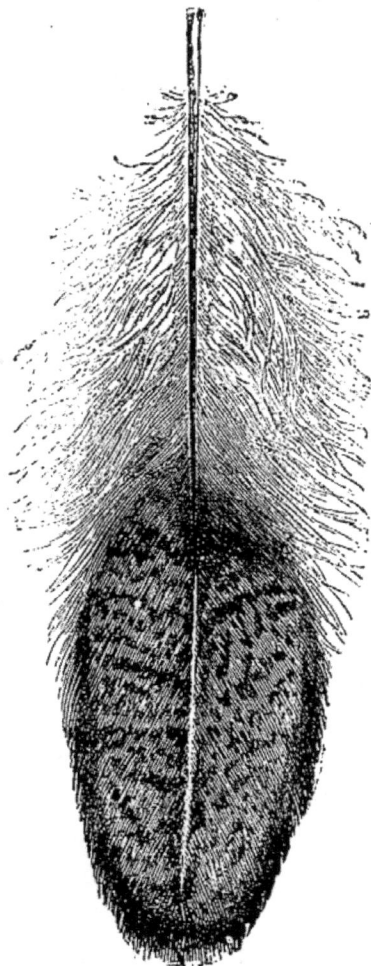

Grav. 76. — Plume caractéristique de la poule de Dorking argentée.

CONSIDÉRATIONS GÉNÉRALES SUR L'ESPÈCE.

En Angleterre, cette volaille est mise au-dessus de toutes les autres, aussi acquiert-elle des prix exorbitants sur les marchés où viennent se fournir les tables les plus somptueuses.

Les éleveurs entretiennent la race avec un grand soin, et les grands seigneurs possèdent et cultivent les variétés les plus belles comme taille et plumage. Ils ne dédaignent pas de concourir aux expositions publiques, et font même partie de sociétés particulières qui ont des expositions destinées uniquement aux animaux de basse-cour.

Le dorking est d'une grande précocité et d'un goût exquis; sa chair est blanche, juteuse, et retient bien la graisse en cuisant. Troussé, il est de la plus belle apparence; sa nourriture, en Angleterre, consiste en pâtée dure de farines d'orge et d'avoine mêlées, en maïs cuit et en orge cuit; mais il faut ménager le maïs, qui engraisse trop.

Il est bon de continuer ces pâtées ou de les remplacer par d'analogues quand des sujets de cette race arrivent en France, et de ne les habituer que petit à petit à leur nouveau régime, auquel ils se font du reste parfaitement.

M. Baker, de qui je tiens une partie des renseignements qui ont servi à ce chapitre, m'a affirmé qu'un grand nombre d'éleveurs français achetaient de ces belles volailles pour mêler à leur troupeau ou pour croiser avec une autre race, ce dont je les félicite, car elle paraît ne le céder en rien même au crève-cœur et au la flèche.

L'espèce est délicate et exige certaines précautions contre les grandes gelées et l'humidité. Il faut surtout que, lorsqu'ils sont parqués, ces animaux soient toujours sur un terrain bien sec.

CHAPITRE VIII

Race espagnole.

—

COQ.

Grav. 77. — Coq espagnol.

Corps ovalaire, haut sur pattes ; muscles convenablemen
fournis ; membres allongés ; quatre doigts à chaque patte
plumes du camail et de l'aile de longueur ordinaire ; grande
faucilles longues, queue touffue portée droit et près du cou ;
plumage collant entièrement noir, noir et blanc chez le poulet ;
figure d'un blanc de farine ; crête simple, charnue et droite
(grav. 77).

Poids. — A l'âge adulte, de 3 kilogrammes à 3 kilogrammes
1/2. Os fins et légers.

Chair. — Abondante et très-bonne.

Taille. — De la partie supérieure de la tête sous les pattes
de $0^m.55$ à $0^m.60$. Du dos sous les pattes, $0^m.40$.

Tête (grav. 77). — D'une forme particulière déterminée par
les épaisses rugosités de ses joues.

Crête. — Simple, droite, extrèmement haute, plus grande
que chez toutes les autres espèces, très-épaisse à la base, mince
dans la partie supérieure, dentelée de grandes pointes régulières.

Barbillons. — Longs, minces et pendants, de la même couleur que la crête, qui est d'un rouge rosé très-vif.

Oreillons. — Longs, épais et sinueux, de la même couleur
et de la même nature que les joues, avec lesquelles ils semblent

se confondre et ne faire qu'une vaste plaque de blanc, interrompue seulement par une touffe de petites plumes minces qui
recouvrent le conduit auditif.

Grav. 77. — Tête de coq espagnol.

Joues. — Larges, d'un blanc de farine mat, dans lequel on
aperçoit des teintes nacrées et d'un bleu extrêmement tendre.
Lorsque l'animal vieillit, ses joues sont remplies de sinuosités
profondes et de plis irréguliers si saillants, que l'œil disparaît
quand la tête est vue de devant ou de derrière. Ses joues sont
parsemées de très-petits trous espacés et invisibles à distance.

Bouquets. — Composés de petites plumes noires, fines et
rares.

Bec. — Droit et ordinairement noir.

Iris. — Aurore.

Pupille. — Chocolat foncé.

10

Patte, canon de la patte. — Assez mince, longueur, 0^m.09, couleur bleu ardoisé.

Doigts. — Ordinaires, de même couleur que le canon.

DESCRIPTION DU PLUMAGE.

Le plumage du coq est complétement noir ; les plumes du camail, du dos et des reins sont criblées de reflets métalliques argentins, et prennent, dans certaines positions, des tons mêlés de vert et de pourpre ; celles des épaules sont d'un noir velouté ; les plumes de recouvrement du vol sont reflétées de couleurs vertes et bronzées, ainsi que les grandes et les petites faucilles ; le reste est mat. Dans son ensemble, le coq espagnol a des façons d'hidalgo qui lui appartiennent en propre ; son vêtement de velours noir, son visage colleté de blanc, sa crête en forme d'aigrette et ses barbillons rouges lui donnent un air tout à fait espagnol.

POULE.

PROPORTIONS ET CARACTÈRES GÉNÉRAUX.

La poule a bien les caractères du coq ; mais elle aurait beaucoup d'analogie avec nos poules communes noires, sans la particularité qu'offrent ses joues, son large oreillon blanc, ainsi que sa longue crête ployée à angle droit. Elle est éveillée et porte fièrement sa tête et sa queue. Son plumage est noir comme celui du coq ; mais les reflets en sont moins variés et moins éclatants.

POIDS, DIMENSIONS ET CARACTÈRES PARTICULIERS.

Poids. — 2 kilogrammes 1/2 ; un peu plus, un peu moins.

Tête (grav. 78). — Fine, jolie, d'une assez petite dimension.

Crête. — Longue, finement dentelée, ployée près de la base et se rabattant sur un des côtés de la tête, sans pour cela tomber sur les joues.

Barbillons. — Longs et arrondis.

Oreillons. — Larges et blancs.

Grav. 78. — Tête de poule espagnole.

Bouquets. — Plus volumineux que chez le coq.

Joues — Blanches comme celles du coq, mais sans sinuosités et parsemées de petites plumes noires imperceptibles à distance.

Narines. — Ordinaires.

Bec. — Comme chez le coq.

Iris. — Aurore.

Pupille. — Chocolat foncé.

Pattes et doigts. — Ordinaires, quoique longuets.

Ponte. — Excellente; œufs blancs, très-gros et très-délicats.

Incubation. — Nulle.

OBSERVATIONS GÉNÉRALES SUR L'ESPÈCE.

La race espagnole n'est connue en France que depuis quelques années, quatre ou cinq ans environ. Elle est répandue déjà depuis assez longtemps en Angleterre, d'où elle nous est venue, et qui l'a tirée d'Espagne. Quant à son origine, elle est tout aussi nébuleuse que celle de presque toutes les autres espèces. Son mérite consiste en deux points : beauté remarquable comme oiseau de luxe, et grande fécondité. On peut ajouter, mais en troisième ligne, bonne qualité des produits pour la table.

Le coq est un admirable oiseau qui forme le plus étrange contraste avec les autres espèces, et la poule pond en quantité de très-beaux œufs laiteux à coque blanche et d'un goût exquis. La chair, assez abondante, est d'une saveur remarquable, la peau est blanche et fine; mais : 1° la crête, qui est par sa taille et par le contraste qu'elle forme avec la couleur de la figure un ornement propre à l'espèce, la crête, dis-je, est d'une extrême sensibilité pendant les saisons froides, et peut être détruite par la moindre gelée si l'on n'a soin d'enfermer les animaux à temps, ce qui constitue une impossibilité complète de peupler nos basses-cours de cette espèce à l'état pur; aussi cette volaille n'est-elle recommandable que pour les pays chauds; 2° les poulets, couverts d'un duvet noir bleuâtre, marqué de blanc, qui tombe pour les laisser souvent tout nus, sont extrêmement frileux et longs à s'emplumer. Ce n'est qu'à cinq semaines qu'ils commencent à s'habiller de plumes, dont les premières paraissent sur le dos, et ils ne sont complétement emplumés que vers deux mois et demi. On en perd beaucoup au moment de la pousse des grandes plumes de la queue,

qui a lieu vers le quatrième mois. Ils sont d'une bonne appa
rence pour la couleur de la peau, et peuvent être livrés à la
consommation à cinq ou six mois; mais une poitrine saillante
et des membres allongés leur donnent un aspect désavanta-
geux, qui fait à tort, il est vrai, mal présager de la bonté et de
l'abondance de leur chair; 3° les vieux, comme les jeunes, sont
sensibles à tous les mauvais temps et longs à se rétablir de la
mue : aussi leur productivité se ressent-elle toujours des in-
tempéries; 4° l'éducation des petits a besoin d'être très-sur-
veillée pendant les six premières semaines surtout, et exige une
nourriture délicate, distribuée souvent et en petite quantité.

Du reste, cette espèce est sobre, se nourrit comme toutes les
autres volailles, et la poule est une des meilleures pondeuses
connues.

Voici ce que donne souvent une espagnole : 6 œufs par semaine, de février en août, et, de novembre en février, 5 œufs
par semaine, plus petits que ceux d'été. Pourvu que le logement soit bien abrité, les poulettes commencent à pondre à
cinq mois et continuent pendant l'hiver.

Les œufs de cette race ne peuvent être mis à couver qu'en
avril.

On voit qu'il y a des compensations, et ces compensations
deviendraient des avantages sans inconvénients, si des croisements intelligents modifiaient l'espèce.

Le blanc de la face paraît plutôt chez le coq que chez la
poule, et se modifie suivant que le sujet est plus ou moins en
amour.

On voit souvent, surtout dans les places cachées, des plumes
blanches mêlées aux noires, et dont le nombre finit quelquefois
par augmenter tellement, que certains sujets deviennent mélangés de noir et de blanc, ou même tout blancs. Il n'en est
pas ainsi des jeunes, qui commencent invariablement par être
blancs et noirs, mais finissent par devenir complétement noirs
à l'âge adulte.

La couleur noire pure est la seule très-recherchée.

Lorsqu'on a laissé imprudemment un animal de cette race exposé à une température trop basse, et que la crête est gelée, ce qu'on voit facilement à sa couleur noircie, il faut se garder de le rentrer dans un endroit chaud, car la crête ou la partie gelée de la crête tomberait infailliblement; on doit laisser le malade dehors et frotter de suite l'endroit attaqué avec de la neige ou de l'eau glacée, jusqu'à ce que la couleur rouge revienne.

L'espagnol a des variétés dont nous allons donner sommairement les appellations et caractères.

Le *minorque*, dont la joue n'est blanche ni chez le coq ni chez la poule, quoique l'oreillon soit le même que chez l'espagnol; moins haut sur pattes, préférable comme volaille de table, à cause de sa forme plus arrondie.

L'*ancône*, semblable au minorque, si ce n'est que le plumage est tantôt blanc et noir et tantôt perdrix.

L'*espagnol blanc*, qui n'est autre chose qu'un albinos reproduisant noir.

On a cependant fixé cette variété; mais elle n'est pas recherchée, maintenant au moins, parce qu'on ne la trouve pas aussi jolie que la noire.

L'*andalous*. Coq, 3 kilogrammes à 3 kilogrammes 1/2; poule, 2 kilogramme 1/2 à 3 kilogrammes. Couleur du plumage, gris bleuâtre ardoisé; plumes du camail, du dos, de la queue, du recouvrement supérieur des ailes et des épaules, variant entre le gris ardoisé, le noir et le ramier; plumes des cuisses, de la poitrine, du recouvrement inférieur des ailes, gris bleuâtre ardoisé.

Le plumage de la poule est presque partout gris bleuâtre.

La crête du coq est très-haute et très-large, ainsi que celle de la poule, qui est grande et pendante.

Dans les deux sexes, les oreillons sont blancs, les joues rouges, l'œil et le bec noirs.

CHAPITRE IX

Race de Bréda. — Noire. — Blanche. — Coucou.

———

Ces trois variétés d'une même espèce sont connues en Hollande sous le nom unique de poule à bec de corneille noire, blanche, coucou.

Bréda noire

COQ.

PROPORTIONS ET CARACTÈRES GÉNÉRAUX.

D'une belle taille et d'un fort volume ; formes bien accusées ; corps très-redressé ; petit épi de plumes sur la tête ; crête en gobelet ; camail épais ; plastron large et ouvert ; prolongement des plumes du calcanéum en forme d'éperon ; canon de la patte emplumé ; plumage noir.

POIDS, DIMENSIONS ET CARACTÈRES PARTICULIERS.

Poids. — De 3 kilogrammes 1/2 à 4 kilogrammes.

Chair. — Excellente, d'une grande finesse, très-abondante, bien disposée à prendre la graisse.

Os. — Légers.

Taille. — 0^m.55.

Tête (grav. 79). — Très-forte, longueur, 0^m.09.

Grav. 79. — Tête de coq de l'réda noir.

D'un aspect tout particulier causé par la forme de la crète,
qui détermine plutôt une cavité qu'une proéminence, et donne
au bec une dépression caractéristique. Cette absence de crète
est d'autant plus remarquable qu'elle forme, avec des barbillons d'une assez belle longueur, un contraste qu'on ne remarque
dans aucune autre espèce. Elle doit avoir la forme d'une petite
tasse ovale à bords arrondis et peu saillants ; placée à la base
du bec, elle couvre les narines dans la direction de l'axe de la
tête, et n'a pas plus de 0^m.015 de long sur 0^m.01 de large. La
couleur en est noirâtre et la substance légèrement cornée ; la
crète, qui, chez quelques sujets, est transversale, et présente de

petites dépressions sur les bords externes, n'indique pas toujours une dégénérescence ou un mélange de sang; mais ces caractères en sont souvent la suite. Il faut donc préférer toujours la crête bien régulièrement formée en petite tasse ovale à bords unis.

Oreillons. — Petits.

Barbillons. Très-ouverts et d'une dimension remarquable. Longueur, 0ᵐ.05; presque aussi larges que longs.

Joues. — Très-apparentes et formant avec l'oreillon une belle plaque rouge continuée par le barbillon et se découpant net sur le plumage noir, couvertes d'un très-petit duvet noir invisible à distance.

Bouquets. — Touffus, noirs et très-apparents.

Bec. — Ordinaire, noir à la base et grisâtre au bout.

Iris. — Aurore foncé.

Pupille. — Noire.

Patte. — Canon de la patte fort et de longueur ordinaire, 0ᵐ.09 à 0ᵐ.10; circonférence, 0ᵐ.06, garnies de plumes roides dirigées de haut en bas, et plaquées les unes sur les autres comme des tuiles. Ces plumes, qui poussent sur plusieurs rangées, sont placées aux parties antérieure et extérieure du canon, qu'elles entourent en partie; elles prennent au calcanéum et descendent aux doigs sans les couvrir. Couleur noirâtre.

Le haut du canon est dépassé par les plumes de la jambe (pilon), qui forment une espèce d'éperon recourbé intérieurement.

Le plumage est d'un noir pur magnifique, lustré de brillants métalliques pleins de reflets vert bronzé et indigo, surtout au recouvrement des ailes et à la queue. Les plumes des flancs, de l'abdomen et de l'intérieur des cuisses sont d'un noir mat brun ; celles des épaules, d'un noir intense velouté.

La poule de Bréda noire est identiquement semblable pour les caractères à celle de la variété coucou (gueldre), dont nous donnons plus loin la description.

Le plumage de la bréda noire est, comme celui du coq, extrêmement brillant et d'un noir de corbeau lustré de brillants noirs et indigo.

Le coq et la poule à bec dé corneille ou de Bréda, des variétés noire, blanche et coucou ou gueldre, doivent avoir les caractères absolument identiques ; il est seulement à remarquer que la variété coucou ou gueldre est la plus forte, que la blanche est la moins forte et n'est estimée qu'au point de vue de la curiosité, comme oiseau de luxe.

POULE.

Variété coucou.

Le poids et la taille d'une bonne poule de Gueldre sont à peu près ceux de la poule de Houdan ; elle doit peser 3 kilogrammes. Sa tête est presque semblable à celle du coq pour la crête, l'épi, etc. ; elle n'en diffère que par les barbillons, qui sont assez petits. Le canon de la patte est recouvert de même que chez le coq, mais le prolongement des plumes du calcanéum est moins apparent (grav. 80).

PLUMAGE.

Dans chaque variété, le plumage du coq et de la poule est identique. Dans la noire, il est tout noir ; dans la blanche, tout blanc, et dans la variété coucou, il est coucou d'un bout à l'autre; chaque plume a quatre marques grises régulières ap-

Grav. 80. — Poule de Gueldre.

parentes sur fond blanc (fig. 81), à l'exception des faucilles du coq, dont les marques affectent la forme d'un grain d'orge et se multiplient en raison de la longueur de chaque faucille.

Chez la poule, les grandes plumes de l'aile et de la queue sont souvent moins nettes qu'à d'autres régions, et les marques de ces plumes vont jusqu'à six et sept.

La bréda et la gueldre sont excellentes pondeuses; leurs œufs sont beaux et excellents; mais elles couvent peu.

Cette belle volaille, très-appréciée en Hollande, d'où elle nous vient, est introduite depuis longtemps en France ; mais on n'en connaissait pas bien les caractères, aussi n'en trouvait-on ordinairement que des sujets croisés, ce qui se reconnait facilement à la crête, qui présente ordinairement, après un premier croisement, deux petites cornes parallèles et à ramifications.

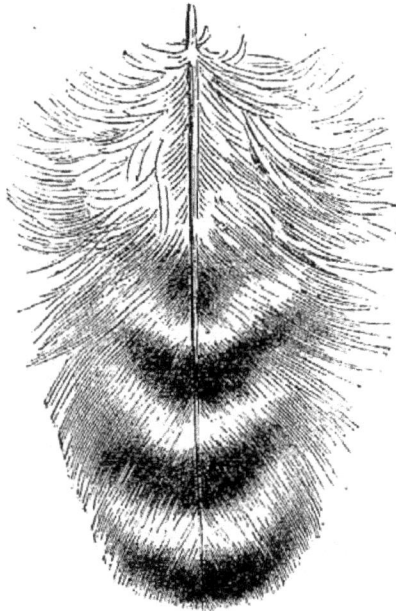

Grav. 81. — Plume de la poule de Gueldre.

Nous commençons maintenant à en avoir un assez grand nombre de toutes variétés, et qui sont très-purs. On croit que les noirs sont entrés pour beaucoup dans la fabrication des cochinchines noires, et que les coucous (gueldre) sont entrés pour beaucoup dans la fabrication des cochinchines coucou, ce qui n'est pas impossible, puisque ces variétés de cochinchines ont une chair plus délicate que les autres. Quoi qu'il en soit, cette espèce est justement vantée pour les croisements ; aussi entre-t-elle dans les principales espèces indigènes que nous recommandons.

Il faut ajouter que les différentes variétés de cette race sont encore si peu répandues, qu'elles offrent tout l'attrait des volailles rares et de luxe, car à leur bonté elles joignent la beauté et la singularité.

CHAPITRE X

Race de Bruges ou race de Combat du Nord.

Cette race tient jusqu'à un certain point de toutes les espèces dites de Combat. Ses allures et sa physionomie la rapprochent du combat anglais ; sa force, sa taille et son poids du malais.

C'est la plus grande et la plus forte race d'Europe, et elle est considérée comme pouvant prendre rang parmi les meilleures.

Le corps, très-gros, est vigoureusement soutenu par des jambes fortes et nerveuses ; le plumage, assez collant, dissimule en partie son volume.

La tête du coq est forte ; la crête, petite et ordinairement rasée (par suite de la destination spéciale d'une grande partie des coqs), doit être d'une forme mal arrêtée, ni simple ni double, tombante de côté, et de couleur noire dans la jeunesse.

Plus tard, à l'âge adulte, la crête prend le rouge ; mais elle reste salie de teintes noires qui se font surtout remarquer aux joues.

Les barbillons et les oreillons sont très-volumineux.

Le regard du coq est féroce.

Le cou est long et enveloppé d'un camail assez court et serré.

Le canon de la patte et les doigts, d'un gris foncé, sont d'une force et d'une dimension remarquables.

Le coq pèse ordinairement 4 kilogrammes ; mais on en trouve souvent de 4 kilogrammes 1/2 et même de 5 kilogrammes.

PLUMAGE.

La couleur préférée, et qui, pour les amateurs, caractérise le mieux l'espèce, est le bleu ardoisé d'un bout à l'autre, pour le coq comme pour la poule. Seulement, chez les coqs ardoisés d'un bout à l'autre, la queue est un peu plus foncée. Les coqs ardoisés, sans autres couleurs, sont fort rares ; ils ont ordinairement le camail plus ou moins doré, le dessus des ailes rouge, le sous-plastron brun ou noirâtre, et la queue noire.

La poule de Bruges ne dément pas son mâle, dont elle a une partie des allures.

La crête, petite, est d'une forme ratatinée ; les caroncules et les joues restent d'un noir grisâtre à l'état adulte, et son plumage, quand il est ardoisé, est légèrement flambé, ou, si l'on aime mieux, ondulé aux grandes plumes de la queue.

On trouve, au reste, dans l'espèce, des coqs et des poules de toutes couleurs, en passant du blanc sale au noir pur, par le jaune, le gris, le rouge, etc.

La variété que je préfère à toutes est la variété entièrement noire. Son plumage est alors d'un noir intense, et produit un étrange effet avec les joues et les caroncules noires. De plus, elle donne de très-forts sujets.

Une autre variété brune foncée, presque noire, est celle qui fournit les plus gros coqs et les plus grosses poules; il existe enfin une autre variété dont le plumage, entièrement coucou,

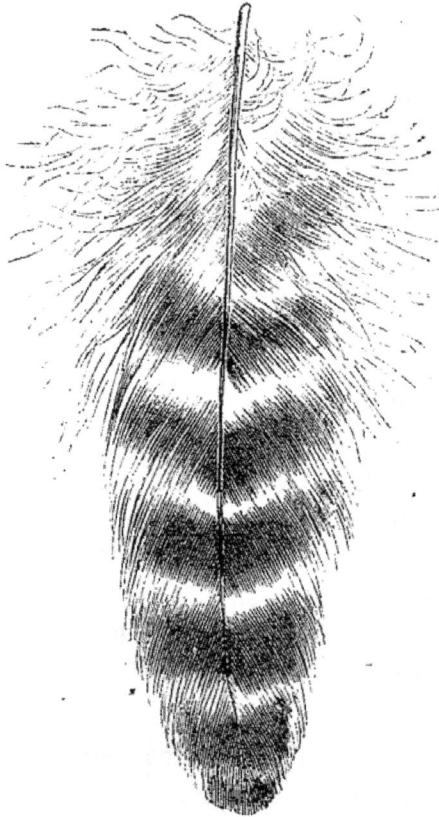

Grav. 82. — Plume de bruge, variété coucou.

offre cette particularité, que la plume est à sept marques au lieu d'être à quatre, comme dans toutes les autres poules coucou (grav. 82).

CHAPITRE XI

Race dite de Cochinchine ou Changaï (variété fauve.).

———

COQ.

PROPORTIONS ET CARACTÈRES GÉNÉRAUX.

Corps ramassé, court, cubique, trapu, anguleux, bas sur pattes, d'un volume et d'un poids considérables ; tête de dimension ordinaire, crête simple, droite et dentelée ; cou demi-grêle ; épaules saillantes ; ailes courtes et relevées ; dos plat, horizontal ; sternum saillant ; cuisses et jambes très-fortes ; pattes fortes et courtes ; pectoraux forts, mais non proportionnés à la taille de l'animal ; plumage fauve, abondant surtout aux cuisses et à l'abdomen ; plumes de la queue très-courtes ; canon de la patte court et emplumé, chair bonne dans le poulet de six à huit mois bien nourri, médiocre à l'âge adulte, plus abondante et moins bonne aux cuisses et aux pilons qu'aux filets ou pectoraux, prenant assez facilement la graisse, mais ne la gardant pas très-bien à la cuisson ; ossature lourde (grav. 83).

POIDS, DIMENSIONS ET CARACTÈRES PARTICULIERS.

Poids. — 4 à 5 kilogrammes.

Taille. — De la partie supérieure de la tête sous les pattes, 0m.60 à 0m.70.

Corps. — Circonférence prise au milieu, sous les ailes, á l'endroit où les cuisses s'articulent, 0^m.45.

Grav. 83. — Coq de Cochinchine.

Longueur du corps. — De la naissance du cou au bout du croupion, 0^m.28.

Largeur des épaules. — 0^m.22.

Le corps du coq cochinchinois est d'une configuration heur-tée et comme composée de parties cubiques.

Les épaules, extrêmement saillantes et anguleuses, forment avec le dos et les ailes, qui sont élevées au niveau du dos, une grande surface plate et *horizontale*. Le plastron est haut et large; les plumes des flancs, extrêmement aplaties et se rejoi-gnant en deux grandes plaques, laissent bien voir la proémi-nence du sternum. Les ailes sont courtes et presque cachées par les lancettes, qui cependant ne descendent pas beaucoup plus bas qu'elles.

Tout ce que je viens de décrire compose la partie supérieure du coq, laquelle est recouverte de plumes généralement cour-tes et collantes, qui laissent bien comprendre la forme heurtée des membres qu'elles recouvrent; aussi cette partie supérieure présente-t-elle un grand contraste avec les cuisses, qui sont enveloppées de plumes longues, légères, épanouies, bouffantes, et forment avec le cul-d'artichaut une masse vraiment dispro-portionnée, mais qui constitue les caractères les plus saillants de l'espèce. Les jambes ou pilons sont à peu près cachées sous les plumes des cuisses, et laissent à peine apercevoir l'endroit où elles s'articulent au canon de la patte.

Tête. — Longueur, 0^m.08.

Joues. — Dénudées et ne prenant la plume qu'en arrière du conduit auditif.

Crête. — Simple, courte, droite et dentelée de six à sept grandes dents, très-épaisse surtout à la base, qui couvre pres-que le crâne d'un œil à l'autre, ne se prolongeant pas trop en arrière et prenant en avant des narines. Hauteur, 0^m.06.

Barbillons. — Demi-longs et arrondis. Longueur, 0^m.06.

Oreillons. — Courts, 0^m.04.

Bouquets. — Très-épais et formés d'une touffe de plumes jaunes de la nature du poil.

Narines. — Ordinaires, longitudinales.

Bec. — Fort, assez droit, d'un beau jaune franc.

OEil. — Doux, et surmonté d'une arcade sourcilière assez épaisse.

Pupille. — **Aurore.**

Iris. — Noire.

Patte, canon de la patte. — Longueur, 0^m.10 au plus; circonférence, 0^m.07 à 0^m.09. Comme on le voit, le canon de la patte doit être très-gros et très-court, ce qui constitue un des caractères principaux de l'espèce.

Doigts. — Très-forts; celui du milieu plus long et l'externe ou petit doigt plus court que dans aucune espèce indigène.
Le doigt du milieu est long de 0^m.10, y compris l'ongle; l'interne, de 0^m.07, y compris l'ongle; l'externe ou petit doigt est presque rudimentaire, ainsi que son ongle, le doigt postérieur est d'une dimension ordinaire. Les ongles sont forts, aplatis et allongés.
Trois rangées de plumes aussi molles que possibles, mais souvent roides, longent extérieurement le canon de la patte, le petit doigt et quelquefois le doigt du milieu; elles doivent être, s'il se peut, aussi longues et aussi fournies en haut du canon qu'en bas, s'épater sur les doigts, former matelas et cacher sous leur abondance tout le canon et la partie externe des doigts, ce qui contribue puissamment à donner à l'animal une

forme pesante, en élargissant la base sur laquelle son corps paraît fixé d'une façon inébranlable.

Couleur du canon et de la patte. — D'un jaune citron pur en avant, et, en arrière, d'un rouge plus ou moins intense parsemé de petits points d'un rouge plus vif. Les doigts sont jaunes.

Allure. — Pesante, grave et gauche. Le cochinchine semble calquer sa dégaine sur celle d'un homme obèse qui voudrait courir; rien n'est plus bouffon ni plus caractéristique que cette pesanteur empressée. Au repos, dans la position droite, sa tournure est pleine de gravité; son cou est droit, sa tête est haute et son dos paraît horizontal.

Voix. — Rauque et pénétrante.

DESCRIPTION DU PLUMAGE.

La robe du cochinchine fauve doit être d'un bout à l'autre, y compris les plumes de l'abdomen et celles des pattes, d'une belle couleur tenant du fauve clair et du café au lait, sans aspect douteux. Au camail, aux épaules et aux lancettes, une teinte légèrement dorée se trahit même dans les sujets les plus purs. Les faucilles grandes et petites, qui toutes, chez cette race, sont extrêmement courtes ($0^m.10$ à $0^m.15$), sont ordinairement d'un violet foncé à reflet bronzé.

Le dessus des sourcils, aux abords de la crête, est garni de plumes fines, ténues et hérissées, qui ressemblent plus à des poils qu'à des plumes. Le camail est collant et court. Les plumes des ailes, aplaties, laissent bien sentir la forme anguleuse des membres, ce qui fait encore plus ressortir l'épanouissement des plumes des cuisses et de l'abdomen (cul-d'artichaut), dont l'ampleur n'a pas d'équivalent dans les autres races. Il ne doit pas y avoir dans tout le plumage la moindre trace de blanc, et le noir ou plutôt le violet ne doit apparaître qu'à la queue. Les coqs fauves ont souvent les plumes tachetées de noir *en dessous* et surtout entre les épaules, sous le camail; ceux qui ont le moins de maqrues sont préférables, parce qu'il est probable que leur progéniture auront un plumage plus pur. Ceux qui n'ont pas de marques sont surtout recher-chés

POULE

PROPORTIONS ET CARACTÈRES GÉNÉRAUX.

Cette poule (grav. 84) est encore plus ramassée, plus trapue que son coq, parce que, la tête et le cou étant moins impor-tants, la crête et les caroncules inférieures presque absentes, la patte très-courte et le queue rudimentaire, il ne reste plus à l'œil qu'un assemblage de grandes masses énergiquement accusées et saillantes, se distinguant facilement les unes des autres. Vue par derrière, elle doit être plus large que haute et perdre, en quelque sorte, l'aspect ordinaire d'une poule.

Sur un large nid, elle s'étale en un rond parfait produit par l'abondance de ses plumes. Plus elle est exagérée dans ce qui constitue ces caractères, et plus les amateurs la trouvent à leur goût. Son plumage est uniformément fauve, sans excep-tion; sa chair est *plus fine* et d'un meilleur goût que celle du coq, qualité qui se conserve dans la poule, tandis qu'elle se perd chez le coq quand l'un et l'autre sont adultes.

POIDS, DIMENSIONS ET CARACTÈRES PARTICULIERS.

Poids. — 3 kilogrammes à l'âge adulte. Passé un an, il y a poules qui atteignent 3 kilogrammes 1/2 et 4 kilogrammes.

11.

Ce poids anormal est ordinairement déterminé par un engraissement naturel, et la poule est alors excellente à manger.

Taille. — Hauteur de la tête sous les pattes, 0^m.45 à 0^m.50;
du dos sous les pattes, 0^m.23 à 0^m.28. — Largeur des épaules,
0^m.20; du développement des plumes qui forme l'ensemble
des cuisses et du cul-d'artichaut, 0^m.24.

Grav. 84. — Poule de Cochinchine fauve.

Corps. — Cubique, posé horizontalement; cou petit, épaules
et plastron saillants; cuisses énormes; pectoraux comparative-
ment plus charnus que ceux du coq; ossature moins lourde.

Tête. — Petite et admirablement faite.

Crête. — Simple, droite et extrêmement courte, 0ᵐ.02, tout au plus.

Barbillons. — Très-courts et arrondis.

Oreillons. — Rudimentaires.

Joues. — Dénudées.

Bouquets. — Semblables à ceux du coq.

Bec. — Jaune clair.

OEil. — Doux et intelligent.

Pupille. — Gris clair.

Iris. — Noir.

Patte, canon de la patte. — Court et très-fort ainsi que les doigts, le tout ayant les mêmes caractères que chez le coq.

DESCRIPTION DU PLUMAGE.

Le plumage de la poule doit être complétement *zain* (unicolore), et cela de la tête aux pattes, du poitrail à la queue. Une belle couleur jaune clair, tenant du café au lait, sans être blafarde ni rousse, est la seule qu'on doive recommander, et il est important qu'on ne voie pas la moindre tache noire.

Les taches ne sont supportables qu'aux grandes plumes de la queue, du reste presque cachées par suite de leur *exiguïté* et par l'abondance des plumes de recouvrement.

Aucune tache ne doit apparaître au camail : il faut soulever les plumes des différentes parties du corps, pour voir s'il n'y a pas à leur naissance des taches grises cachées dans les parties recouvertes, auquel cas la poule pourrait être belle comme aspect, mais compromettante pour la reproduction.

Il ne faut pas cependant être par trop difficile, et, si l'on ne comptait un peu sur le choix des élèves à venir, on trouverait rarement de quoi se satisfaire pour la pureté de la robe.

Il ne faut pas faire de différence entre les poules vraiment fauves, qu'on leur donne le nom de Victoria ou qu'on les désigne autrement.

Un grand nombre de poules ont la partie apparente du tuyau de chaque plume un peu plus claire que les barbes de la plume, ce qui donne quelquefois un aspect régulièrement et légèrement marqueté de petites taches allongées un peu plus claires que le restant du plumage. Si la poule est unicolore et d'une magnifique forme, il ne faut pas tenir compte de cette particularité.

Ponte. — Excellente. On a exagéré la productivité de la cochinchine, puisque l'on a porté à 300 le nombre des œufs qu'elle pouvait produire dans l'année, et que la nature même des faits en prouve l'impossibilité. La poule de Cochinchine pure ne pond pas plus de 16 à 24 œufs se suivant de jour en jour; après quoi elle demande à couver, ce qui arrête naturellement sa ponte. Le temps nécessaire pour la *découver* et pour qu'elle se remette à pondre, dure bien de quinze à vingt-cinq jours, et, les pontes, au fur et à mesure que l'année s'avance, étant de moins en moins productives et n'allant quelquefois qu'à 12 œufs, on peut donc conclure que plus de la moitié du temps n'est pas employée; seulement, comme il n'y a pas d'interruption de saison, quand la poule est placée dans de bonnes conditions, la ponte dure toute l'année et produit de 150 à 180 œufs, nombre malgré tout fort remarquable, et d'autant plus remarquable qu'une partie de cette production est donnée en plein hiver, au milieu des plus grands froids, au moment où nos poules sont complétement stériles.

C'est ce qui fait et fera toujours de cette poule une race pré
cieuse, que la réaction de l'engouement ne pourra pas parvenir
à faire déchoir.

Les œufs sont de force moyenne et d'inégale grosseur dans
les différents sujets; mais le jaune, la partie la plus intéres-
sante de l'œuf, est considérablement gros, — à quoi on attri-
bue le volume des poussins, — et ce qui rétablit parfaitemen
la perte illusoire d'un peu d'albumine; leur qualité n'est n
supérieure ni inférieure à celle des œufs provenant d'autres
races; elle ne dépend, chez les uns comme chez les autres,
que du genre de nourriture livrée aux poules.

Incubation. — C'est là évidemment le triomphe de cette race,
qui peut en toute saison couver, faire éclore et mener des poulets précoces ou tardifs. La rage de couver, qui est toute particulière à la cochinchine, détermine, par d'habiles croisements
chez les autres races, cette qualité de couveuse qui manque
souvent aux espèces les plus précieuses, et un certain nombre
de cochinchines pures sont maintenant indispensables dans
une grande organisation, afin d'avoir toujours sous la main des
couveuses prêtes à prendre le nid.

La cochinchine métisse ou pur sang accepte, dans les premiers jours après l'éclosion des œufs, tous les changements
ou additions de poulets que provoque la convenance de l'éleveur.

Variété rousse

C'est dans cette variété que se trouvent généralement des
sujets un peu plus élevés que dans les autres (grav. 85).

Le plumage de la poule est d'un jaune rosé vineux, celui du
coq est d'un roux ardent et doré au camail, aux épaules, aux
lancettes; le plastron, le dos, les cuisses, sont rouge brique

foncé; les flancs, l'abdomen et les plumes des pattes, d'un roux tanné; la queue, noire à reflet vert.

Grav. 85. — Poule de Cochinchine rousse.

Variété perdrix.

POULE

La poule de la variété perdrix est assez régulièrement marquée de taches qui vont du noir foncé au gris mêlé, et s'enlèvent sur un fond fauve plus ou moins foncé.

Chaque plume porte un dessin dont les détails, quoique

différents, ont une grande analogie, surtout dans chaque rè-
gion.

L'aspect général présente un bariolage dont on ne s'explique
pas la forme à première vue, mais dont on reconnaît le méca-
nisme en inspectant chaque plume.

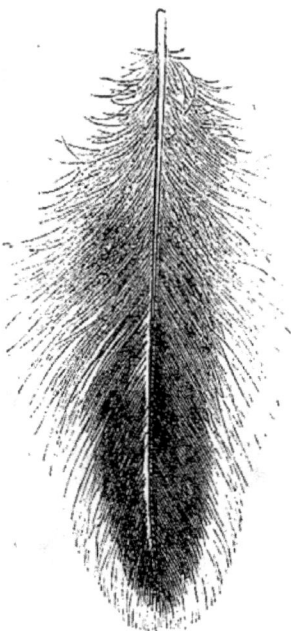

Grav. 86. — Plume du camail.

Les plumes du *camail* (grav. 86) sont presque couvertes
d'une grande tache noire qui en occupe le milieu d'un bout à
l'autre, et à laquelle les bords de la plume forment un entourage de couleur fauve.

Les plumes du dos, du recouvrement de la queue, des
cuisses, des pectoraux, et celles qui entourent l'anus, ont une
grande analogie (grav. 87). (Trois bandes demi-elliptiques gris
foncé, sur fond fauve.)

Elles différent seulement un peu dans les détails ou dans les proportions, et les taches diminuent d'intensité au fur et à mesure qu'elles gagnent les régions inférieures du corps.

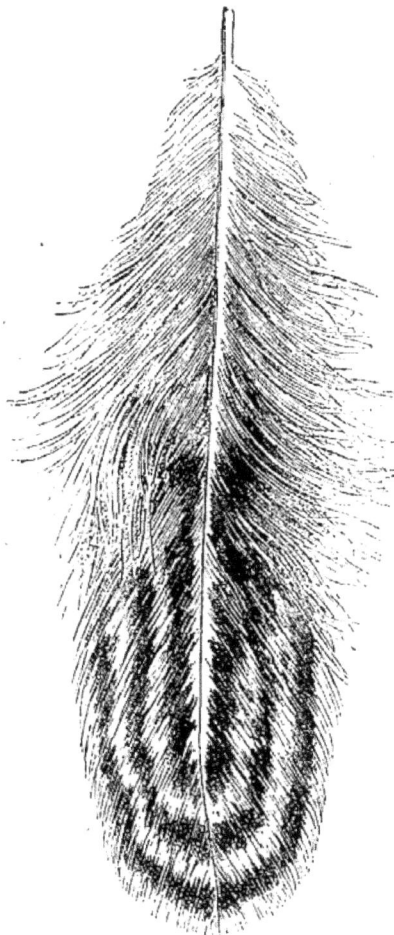

Grav. 87. — Plume de la cuisse.

Les plumes du devant du cou sont fauves et presque unies; celles de l'abdomen, des flancs, de l'intérieur des cuisses, et celles des pattes, sont d'un jaune grisâtre brouillé.

Les plumes du recouvrement de l'aile (grav. 88) ont un dessin qui leur est propre (deux bandes demi-elliptiques presque noires, sur fond fauve).

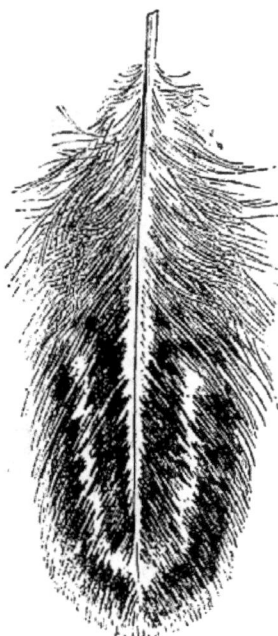

Grav. 88. — Plume du recouvrement de l'aile.

Les grandes plumes de l'aile (grav. 89) et surtout du bras sont, dans la partie cachée (quand l'aile est ployée), d'un noir brun, et, dans la moitié visible, marquetées d'une façon analogue au reste du plumage.

Les grandes plumes de la queue (grav. 90), quoique très-sombres, ont encore les mêmes dessins caractéristiques.

COQ.

On reconnaît bien dans le plumage du coq le principe de celui de la poule; mais c'est sur un fond tanné sombre qu'appa-

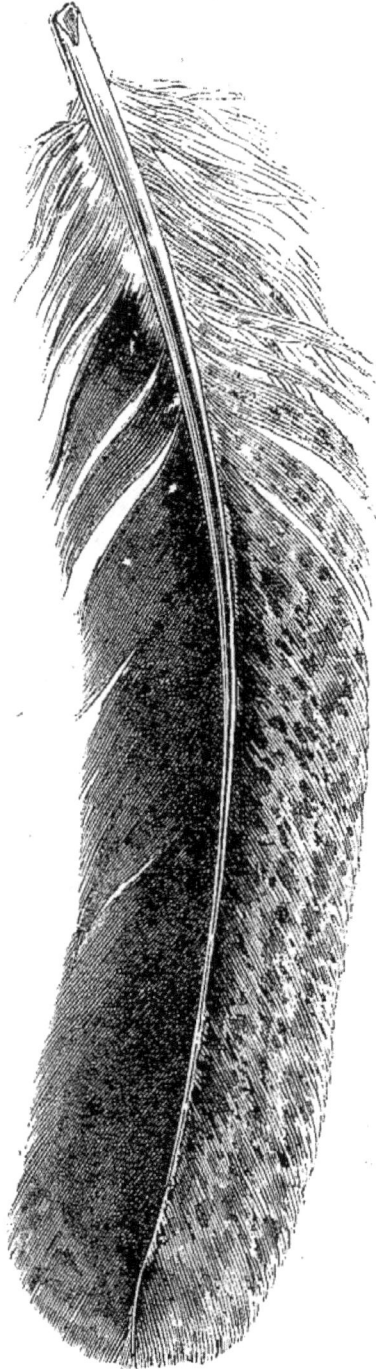

Grav. 89. — Grande plume de l'aile.

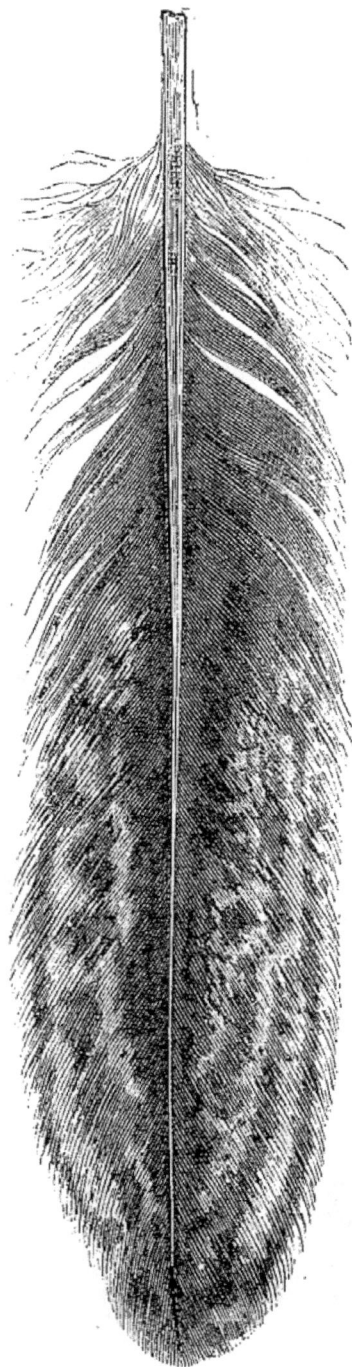

Grav 90. — Grande plume de la queue.

raissent çà et là, et d'une manière douteuse, les marques caractéristiques, qui sont plus sensibles surtout au poitrail, au cul-d'artichaut, aux cuisses et aux plumes des pattes. Les épaules, le dos, le recouvrement des ailes, sont d'un rouge acajou foncé; le camail et les lancettes sont d'un rouge ardent et doré foncé; la queue est noire bronzée.

En Angleterre, où cette belle variété est fort recherchée, on préfère les sujets dont le poitrail est le plus foncé possible et tient plutôt du noir que du brun.

Les trois variétés, rousse, fauve et perdrix, sont certainement naturelles à l'espèce, et semblent ne provenir d'aucun croisement.

Variétés blanche, noire et coucou.

Ces trois variétés, qui doivent être pour la forme absolument semblables aux précédentes, ont été très-probablement obtenues artificiellement, c'est-à-dire par suite de croisements successifs et intelligents de cette variété avec d'autres espèces de poules.

VARIÉTÉ BLANCHE.

On a supposé que la blanche, qui doit être pure de toute tache, avait été obtenue avec le cochinchine jaune clair et la poule blanche malaise, et par suite d'accouplements consanguins. Il revient, en effet, assez souvent des tons roux ou café au lait à des sujets de cette variété. Il est bien entendu qu'on doit les écarter de la reproduction. Un parc de cochinchines blancs d'un grand choix offre l'aspect le plus distingué et le plus élégant qu'on puisse imaginer.

VARIÉTÉ NOIRE

La variété noire semble avoir été obtenue avec le coq cochinchine roux foncé et la poule de Bréda, qui est d'un beau
noir et ne manque pas d'analogie avec la poule de Cochinchine.

Cette variété est des plus recherchées et des plus estimables,
tant par sa beauté que par sa production. Mais elle a deux défauts qui font le désespoir des amateurs. La majeure partie des
coqs est ordinairement marquée de rouge au camail et quelquefois aux épaules et aux lancettes.

Les coqs sont, en outre, et cela sans exception, plus ou
moins marqués de blanc à la naissance des plumes de la queue,
dites faucilles; ces taches se dissimulent difficilement, parce
que les marques se prolongent ordinairement jusqu'au milieu
des plumes.

Des marques de blanc apparaissent également aux plumes
des pattes chez les coqs et chez les poules, et cela surtout après
la mue de la deuxième ou troisième année.

Mais ces inconvénients, attachés à cette variété, n'en rendent
les sujets purs de toutes taches que plus précieux, et on les
recherche avec d'autant plus de passion qu'ils sont plus difficiles à obtenir.

Certains amateurs commencent, au reste, à admettre, pourvu
qu'il soit beau de forme, le coq de Cochinchine noir à camail
rouge. Et voici leurs raisons :

1° Le blanc apparaît moins ordinairement chez les sujets
issus du coq à camail rouge; 2° c'est presque toujours parmi
ceux à camail rouge que se trouvent les plus beaux de forme
et les plus gros; 3° ces coqs rouges reproduisent aussi bien des
coqs noirs que les noirs; 4° ils reproduisent des poules plus
fortes, mieux faites et d'un noir pur.

Ces raisons sont fortement controversées par d'autres amateurs très-compétents, qui assurent que l'on doit toujours et toujours appuyer sur la couleur noire aussi bien que sur la forme, et que ce n'est qu'à force de s'y tenir qu'on fixera cette variété.

Quant à moi, je suis de l'un et de l'autre avis, et ne saurais donner qu'un conseil : essayer de l'une et de l'autre manière.

Une question bien plus importante, à mon avis, est le débat survenu à l'occasion de la couleur des pattes. Les uns prétendent qu'elles doivent êtres jaunes; d'autres, qu'elles doivent être noires. Ici, il n'y a plus d'hésitation à avoir. La patte noire est tout à fait conforme à la couleur entière de la bête, et de plus elle désigne une chair fine, excellente à manger, et à graisse blanche, ce dont on s'assurera aisément en inspectant des sujets à pattes jaunes et d'autres à pattes noires.

Les poulets en naissant sont tachés de blanc et de noir, mais le blanc disparaît petit à petit.

VARIÉTÉ COCHINCHINE COUCOU.

La variété coucou est la plus nouvelle, la plus rare et par conséquent la plus recherchée.

Rien n'est aussi curieux, en effet, que cette variété uniformément marquée comme la poule de Gueldre, dont elle est sans doute issue avec le cochinchine fauve, ou blanc, ou noir, mais plutôt noir.

Les coqs sont généralement de deux robes distinctes, les uns à robe coucou grise, et à camail, épaules et lancettes d'un beau jaune paille criblé de tachettes tout du long des plumes; les autres à robe entièrement gris coucou.

Si ces derniers ne sont pas les plus riches, ils sont certainement les plus purs; mais les goûts sont partagés.

En se reportant à l'article Bréda, variété de Gueldre ou de Bréda coucou, on trouvera la plume qui fait le fond du plumage de la gueldre. Elle est identiquement la même que celle qui fait le fond du plumage du cochinchine coucou, coq et poule.

Le dessin de cette plume se répète sur toute la poule, et cela d'une façon bien nette et en simulant des sortes d'écailles. Les taches sont naturellement proportionnées à la dimension des plumes.

Il en est de même chez le coq, excepté que les plumes du camail, des épaules et des lancettes sont tiquetées d'un bout à l'autre, et que, dans les petites et grandes faucilles, les marques sont en nombre et en dimension proportionnés à la longueur des plumes.

Cette variété, la plus nouvelle de toutes, est naturellement la moins fixée et reproduit assez inégalement; ainsi j'ai obtenu, en 1857, sur vingt sujets, dix cochinchines coucous, six noirs, quatre mélangés roux et gris.

Voici quelle est son origine en France.

Je savais qu'il en existait en Angleterre un coq et trois poules que j'avais vus. Je fis beaucoup de démarches pour avoir des œufs et je finis par avoir les sujets eux-mêmes, au commencement de 1857.

J'en ai peu fait couver, parce que j'avais vendu les œufs, et, si les résultats obtenus chez moi n'ont pas assuré l'établissement définitif de cette variété, j'ai su qu'ils avaient encore été moins heureux chez les personnes à qui j'avais envoyé des œufs. J'ai gardé, dans l'année 1858, deux coqs et quatre poules; deux des poules sont mortes d'accident.

Comme j'avais vendu le père et les trois mères 1,000 francs, en vente publique, et que je sais que les trois mères sont mortes; comme on m'a, de partout, demandé des sujets de cette variété; comme j'en ai fait chercher en Angleterre et qu'on n'en a pas pu retrouver, j'en fais élever le plus possible pendant la bonne saison. Un assez grand nombre de poulets coucous sont issus de ce troisième élevage, et j'ose espérer que la variété sera fixée définitivement l'année prochaine.

CONSIDÉRATIONS GÉNÉRALES SUR L'ESPÈCE.

La race cochinchinoise est introduite depuis peu en Europe.

Les premiers sujets qu'on ait vus en France, ceux rapportés par l'amiral Cécile, venaient réellement de la Cochinchine et ne ressemblaient pas tout à fait à ceux que nous connaissons maintenant, qui ont plus de poids, diffèrent un peu par la forme et viennent plus particulièrement de Changaï, lieu d'où ils sont probablement originaires.

On les a de suite croisés avec des espèces analogues mauvaises et déjà répandues, et ce trafic a produit un grand nombre de sujets abâtardis, qui ont plus contribué, par de déplorables résultats, à faire déprécier qu'à faire apprécier cette excellente poule; mais on commence à connaître les caractères qui lui sont propres, et les personnes qui savent ce qu'elle vaut l'entretiennent avec le soin qu'elle mérite.

Rien n'est plus faux que les idées émises sur sa délicatesse de tempérament, sur la difficulté de la faire reproduire, enfin sur la presque impossibilité de son acclimatation.

A part les soins qu'exigent les poulets précoces élevés dans les temps froids ou pluvieux, soins exigés pour tous les autres poulets, mais plus particulièrement pour ceux-ci au moment de la mue du duvet; à part la goutte, qui est propre aussi à plusieurs autres espèces et qui est, la plupart du temps, causée par l'humidité glaciale d'une basse-cour mal entretenue ou d'un parc boueux pendant l'hiver; à part, dis-je, ces deux cas, auxquels on peut fort bien apporter un remède, il n'existe pas une race *indigène* dont les sujets soient aussi rustiques et dont les élèves résistent mieux aux différentes révolutions qu'amène la croissance.

On a voulu élever (et presque tous les éleveurs ont passé par là) un beaucoup trop grand nombre de poulets sur des terrains restreints et bientôt infectés, et l'on n'a pas manqué d'attribuer à la délicatesse originelle de la race ce que l'on ne devait attribuer qu'à l'ignorance et à la cupidité de l'éleveur. Le tiers, la moitié et quelquefois les deux tiers des élèves périssaient, le reste venait mal. Qu'on essaye donc de répéter l'expérience avec des crève-cœur, des bréda, des la flèche, etc., et l'on verra si *un seul* élève y résiste.

Je soutiens fermement, et j'aurai pour moi le témoignage de tous les bons éleveurs, que c'est avec et *après* le Brahma, qui n'est certainement au reste qu'une variété du changaï, l'espèce la plus rustique et la seule vraiment rustique, et qu'elle communique à nos espèces si délicates une grande partie de sa rusticité.

Le coq de Cochinchine n'est pas aussi doux qu'on l'a prétendu; s'il n'est pas aussi féroce et aussi batailleur que beaucoup d'autres, il n'en est pas moins à l'occasion un brave combattant, surtout avec de nouveaux arrivés. La poule même, dont le regard est doux, se bat avec fureur contre toute nouvelle arrivante, et j'en ai vu périr à la suite de paralysies déterminées tout à coup par un combat désespéré.

L'espèce est extrêmement sédentaire, ne pille pas et ne va pas au loin compromettre les semis ni dévaster les jardins, que la moindre barrière protège suffisamment.

Un coq est bon pour la reproduction quand il n'a pas de maladies déclarées, comme la goutte, par exemple, jusqu'à quatre, cinq et six ans, et la poule est bien productive jusqu'à trois ou quatre ans.

On a dit qu'elles étaient usées en deux ans, et l'on n'a pas considéré qu'on les avait souvent usées en leur faisant faire cinq ou six couvées dans l'année, les laissant souvent, pendant trois ou quatre couvées successives, sur un nid où toutes les conditions destructives venaient les assaillir.

En somme, la beauté, la variété et l'utilité incontestable de cette espèce la feront toujours cultiver par les amateurs intelligents.

Quand les coqs ont atteint le poids de 4 kilogrammes 1/2

dans la *première année*, les poules celui de 3 kilogrammes dans
la *première année*, et qu'ils sont d'une forme parfaite, il n'y a
plus qu'un mérite qui puisse leur faire préférer d'autres sujets,
c'est l'augmentation sensible du poids, jointe toutefois à une
excellente forme; mais qu'on fasse bien attention que, pour
juger de la valeur réelle de ce poids, il faut qu'il soit acquis
dans la première année.

CHAPITRE XII

Race dite de Brahma-Pootra.

Un nuage épais enveloppe l'origine de cette espèce, qui nous
paraît n'être qu'une variété du changaï.

Introduite en France vers 1853, et peu de temps avant en
Angleterre, la beauté de son plumage, la taille du coq et de la
poule, qui dépasse celle de toutes les autres espèces, sa chair,
préférable peut-être à celle du cochinchine ordinaire, en ont
fait vivement rechercher la possession par un nombre immense
d'amateurs.

La rage d'en posséder, jointe à l'appât que promettait une
reproduction forcée et à la façon déplorable d'en élever les
produits, contribua à amener rapidement l'abaissement de cette
race, dont on croisa de suite des sujets inférieurs faciles à acquérir, avec le cochinchine blanc, le malais blanc, etc., de
mauvaise origine.

Les premiers spécimens que j'aie vus, et qui étaient réellement ce que doit être le brahma-pootra, avaient exactement la
forme et les caractères du cochinchine le mieux fait, si ce n'est

que les caractères étaient encore plus développés et le volume encore plus fort.

La forme du coq surtout n'avait presque aucun rapport avec celle de la presque totalité des coqs répandus à foison aujourd'hui.

Le dos parfaitement horizontal; les épaules larges; la partie postérieure, formée par l'énorme épanouissement des plumes de l'abdomen ou cul-d'artichaut et les plumes des cuisses, extrêmement large; la queue très-courte; la jambe ou pilon courte et forte, *presque entièrement cachée* par les plumes des cuisses; le canon de la patte très-gros et très-court, caché sous un épais matelas de plumes s'étendant jusque sur les doigts; la tête et le cou *proportionnellement* petits : tels sont les principaux caractères de forme qui distinguent l'espèce.

La couleur du plumage n'est pas moins caractéristique. Chaque plume du camail (coq) doit être fortement marquée d'une tache noire allongée, dont la similaire se reproduit sur une partie du dos, des épaules et des lancettes (grav. 94).

Des plumes marquées d'un dessin gris analogue à celui de la cochinchine perdrix se retrouvent au côté du plastron, près des épaules, aux petites faucilles, à la partie postérieure des cuisses, et jusque sur les plumes des pattes; les plumes du cul-d'artichaut et des flancs sont d'un gris mêlé de blanc; le plastron est blanc, les plumes de recouvrement des ailes sont marquées de taches noires; les moyennes et grandes faucilles sont de couleur vert bronzé, et le dessous de toute la robe doit être entièrement grisâtre, ce qui s'aperçoit à travers le plumage blanc, fin et transparent de ce bel animal.

La forme de la poule est celle de la plus belle cochinchine qu'on puisse imaginer; plus elle est basse, large, ramassée, plus ses pattes sont fortes, courtes, emplumées et cachées sous les plumes des cuisses, et plus elle est parfaite.

Son plumage, encore plus caractéristique que celui du coq, a une grande analogie pour le dessin avec le plumage de la cochinchine perdrix, et j'ai vu et possédé des sujets dont la robe était complétement identique, la couleur exceptée, de façon qu'on eût pu raisonnablement nommer l'une cochinchine perdrix tannée, l'autre cochinchine perdrix grise. C'est à cette dernière que nous donnerons le nom de brahma perdrix ; mais la masse, celles où la robe jointe à la forme constitue la race, sont blanches au plastron, sur le dos et aux ailes ; le dessin ci-dessus mentionné ne se fait remarquer qu'aux côtés du plas-

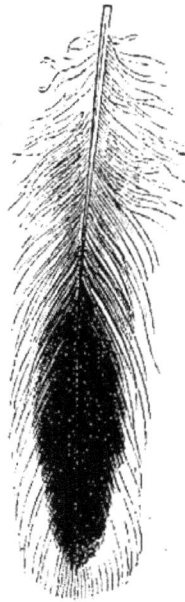

Grav. 91. — Plume du camail.

tron, aux épaules, au recouvrement de la queue, aux cuisses et aux pattes ; les plumes du vol et de la queue sont noires, et celles du camail sont tachées régulièrement de noir, comme chez le coq. Le cul-d'artichaut est fortement mêlé de gris, et la même couleur perce encore plus que chez le coq à travers toute la partie blanche du plumage. — La crête doit être *droite* et *simple*, pour le coq comme pour la poule.

Il faut que, chez le coq, le camail, le dos, les épaules et les lancettes ne soïent pas jaunâtres, comme il arrive souvent dans les sujets inférieurs ; c'est à peine si une teinte d'un jaune extrêmement fin peut être admise.

On a fait avec le cochinchine noir et le brahma une variété qu'on nomme brahma inverse. Le corps est entièrement noir, et le camail, semblable à celui du brahma ordinaire, se détache alors en clair sur le fond vigoureux du plumage.

Les amateurs se sont bravement mis en tête que le vrai brahma-pootra devait (poule et coq) avoir un plumage entièrement blanc, marqué de noir seulement au camail, au bout des ailes et à la queue.

On leur en a fait tant qu'ils en ont voulu avec le cochinchine blanc, le malais blanc, etc. Il en est venu des petits, des gros, des courts, des longs, à crête simple, à crête double, etc., etc.

Maintenant il en reste de l'ancien type, mais, hélas! bien peu.

La plupart des coqs sont de la forme de ceux que l'on nomme, par dérision, lanciers.

La crête est ordinairement double (malais); le dos est à angle de 45 degrés au lieu d'être horizontal, le derrière est étriqué; la jambe (pilon) est allongée, à plumes collantes, et se détache de l'ensemble des plumes de la cuisse ; la patte est longue et dégarnie de plumes.

Ces animaux, quelque gros et quelque pesants qu'ils soient, sont bons tout au plus à faire les délices d'une cantine, et la masse de leurs os à enrichir une fabrique de noir animal.

Cette espèce, qui, je le crois, n'est qu'une variété de la cochinchine ou changaï, est *peut-être* la meilleure des différentes variétés. Les pontes sont plus longues (40 à 60 œufs); la chair est bonne, et la poule surtout a la propriété d'acquérir un poids supérieur à celui des autres cochinchines. Les petits sont extrêmement rustiques, et dans des conditions de liberté convenables; on peut dire que tout ce qui éclôt bien portant s'élève.

Quant au nom de Brahma-Pootra qu'on a fastueusement donné à cette espèce, nom d'un fleuve de l'Inde, il n'est pas

12.

plus raisonnable d'y croire que de croire, comme on l'a affirmé, qu'elle est originaire de l'Amérique, ce qui du reste ne ferait qu'embrouiller son origine; mais qu'elle s'appelle Joseph ou Auguste, là n'est pas la question, elle est toute dans l'avantage qu'on peut tirer de son croisement avec le crève-cœur, le houdan, le caux, etc., croisement que je conseille vivement par le coq indigène et la poule exotique.

CHAPITRE XIII

Race malaise.

COQ.

PROPORTIONS ET CARACTÈRES GÉNÉRAUX

Le corps moins volumineux que celui du Cochinchine, taille plus élevée que dans toutes les autres races; chair médiocre, lourde, serrée, compacte et dense; plumes allongées et étroites, collant sur le corps; cuisses, jambes et pattes fortes et allongées; épaules saillantes; queue grêle et courte; crête triple et très-épaisse; peau rouge; bec et pattes jaunes.

POIDS, PROPORTIONS ET CARACTÈRES PARTICULIERS

Poids. — 5 kilogrammes.

Taille. — 0^m,75 de la tête sous les pattes.

Corps. — Conique, large en avant et diminuant jusqu'à la partie postérieure, qui devient pointue. Cette forme est si fortement déterminée, le plumage est tellement glissant et collé sur l'animal, qu'il est difficile de le retenir dans les mains, dont il s'échappe au moindre mouvement. Le corps est très-incliné de haut en bas, et le dos, qui est sensiblement bombé, forme un angle de 45 degrés. Les cuisses sont longues, fortes et épaisses, ainsi que la jambe ou pilon. Il n'y a pas d'espèce qui ait autant de chair aux ailes et à la poitrine (pectoraux, filets). L'apparence du corps ne fait pas pressentir son poids. Les ailes sont tenues très-haut et très-serrées contre les flancs, ce qui rend les épaules extrêmement larges.

Tête. — Forte, courte et conique, aplatie sur le crâne et très-large d'un œil à l'autre. C'est dans cette espèce que la partie rouge charnue qui enveloppe toute la tête est le plus apparente.

Crête. — Épaisse, en un seul lobe, de la catégorie des crêtes triples, recouvrant la base du bec et s'arrêtant au milieu du crâne.

Barbillons. — Moyen

Oreillons. — De longueur proportionnée aux barbillons.

Joues. — Larges et nues, présentant une grande surface rouge.

Bec. — Court et conique, extrêmement fort et courbé par-dessus, de couleur jaune clair.

OEil. — Sinistre, ayant l'apparence de celui de l'aigle. Extrêmement enfoncé dans l'orbite, et recouvert par des arcades sourcilières tellement développées que, lorsque l'animal est vu de face, l'œil disparaît complétement. Le regard est toujours sauvage et menaçant.

Iris. — Jaune aurore.

Pupille. — Noire.

Patte, canon de la patte. — Très-long et très-fort, de couleur jaune clair éclatant.

Doigts. — Forts, longs et bien onglés, de même couleur que la patte.

ALLURE, MŒURS ET PHYSIONOMIE.

Le coq malais est un de ceux qu'on peut hardiment compter au nombre des coqs de combat. Son allure est celle d'un animal inquiet et querelleur; sa physionomie est cruelle, impatiente, féroce. Il porte la tête haute; son cou droit et mince fait ressortir la forme anguleuse de ses épaules; son corps, très-élevé en avant et porté sur de longues jambes, se termine par une queue grêle, horizontale, composée de plumes courtes, étroites et pointues.

Quoique charnu et gros de corps, son plumage est tellement serré et collant, qu'il semble maigre auprès des autres espèces, et que la chair apparaît en plusieurs places, comme aux articulations des ailes qui forment les épaules, au jabot, etc.

DESCRIPTION DU PLUMAGE

Les plumes, de nature toute particulière, sont très-allongées, très-étroites, sans duvet, serrées et plaquées au corps comme des écailles de poisson. Elles semblent vernies et sont très-glissantes.

Il y a des malais de beaucoup de couleurs, mais les principaux types sont :

La variété blanche, couleur la plus estimée par beaucoup d'amateurs, pour le bel effet que produisent, dans une réunion de coqs et de poules de cette variété, le blanc pur du plumage, le jaune vif du bec et des pattes, et le rouge qui entoure la tête ;

La variété noire, dont le coq est toujours marqué de roux aux épaules, quoique le reste de son plumage soit noir, et dont la poule est toute noire ;

La variété rousse, dont le plumage est d'un roux ardent au camail, aux lancettes et aux grandes plumes de l'aile, d'un roux foncé acajou aux épaules, au poitrail et aux cuisses, d'un roux plus sali aux flancs, à l'abdomen et aux jambes, et d'un vert brillant au recouvrement des ailes et à toute la queue. La poule de cette variété est entièrement rousse, avec des teintes rosées par places dans toutes les variétés. Les plumes du camail sont courtes et font paraître le cou très-allongé. La queue est grêle et courte.

La poule malaise a les mêmes caractères que le coq, dont elle partage les habitudes batailleuses. Elle a comme lui la forme conique, le maintien féroce, l'œil enfoncé et cruel.

Les plumes du camail, extrêmement courtes et comme collées sur le cou, donnent à cette partie une apparence très-mince, qui fait, encore pius que chez le coq, ressortir la proéminence des épaules; elle pèse de 3 kilogrammes à 3 kilogrammes 1/2; pond en assez grand nombre des œufs dont la coque jaunâtre est très-solide, couve bien et mène bien ses petits.

OBSERVATIONS GÉNÉRALES SUR L'ESPÈCE.

Les Anglais estiment beaucoup cette race, dont ils se servent dans les croisements pour donner du poids aux races
destinées à la consommation.

Je crois qu'il faut en user avec une grande discrétion, surtout quand on possède le cochinchine et le brahma. C'est le
malais que les marchands vendent maintenant sous le nom de
coq du Brésil, sous celui de coq du Gros-Morne, qu'on a dernièrement envoyé à la Société d'acclimatation sous celui de
coq de la Réunion, et qu'un amateur, membre de cette Société, voudrait, sous prétexte d'une différence qu'il a peine à
rendre appréciable, désigner sous le nom de Malaca.

Somme toute, en dehors de la question de curiosité, l'espèce
est inutile, et ses mœurs féroces en font un habitant impossible au milieu de nos volailles indigènes.

Il faut se défier de ces différentes étiquettes que mettent les
marchands à des produits semblables à ceux déjà connus, et
qu'ils parviennent à faire passer pour des nouveautés.

Les détestables animaux connus sous les noms fallacieux de
poules du Gange, poules du Bengale, poules russes ou améri-
caines, etc., etc., sont des produits dégénérés ou mêlés, issus
du vrai malais, dont ils n'ont aucun des avantages, et dont
ils possèdent tous les défauts

CHAPITRE XIV

Race de Padoue. — Race hollandaise huppée

Dans la plupart des espèces d'agrément, la poule a un plumage beaucoup plus riche et plus caractéristique que celui du coq, et, comme le principal intérêt qui s'y attache réside dans le plaisir que procure leur vue, nous commencerons par décrire la femelle avant le mâle, puisque c'est chez elle que nous trouvons les caractères les plus prononcés.

Quoique ces races soient presque toutes essentiellement destinées à l'embellissement des volières, elles n'en sont pas moins excellentes pour la consommation. Leur chair est d'une grande finesse, et la plupart sont d'excellentes pondeuses; les petits sont très-précoces, leur élevage est assez difficile à cause de leur extrême délicatesse. Mais, au bout de quelques générations dans une même contrée, ils deviennent plus rustiques.

Race dite de Padoue ou de Pologne.

Ces noms, qui semblent indiquer une provenance, n'ont pas plus de signification que les recherches de Buffon, de Cuvier et d'autres naturalistes sur la prétendue origine de cette espèce. Vouloir remonter à la source de chacune de ces races, qui n'ont fini de se former qu'à la longue, par de nombreux mélanges et sous la pression du caprice des amateurs, est la plus plaisante des manies étymologiques. Les padoues sont ce qu'elles sont, et l'on n'a de règle à suivre pour les décrire que

celles déterminées et arrêtées par le goût des amateurs : chercher au delà serait une insigne puérilité.

L'espèce est une des plus fortes parmi les poules d'agrément. La chair est délicate, la ponte remarquable, l'incubation
nulle. Elle est l'espèce huppée par excellence, et ce qui fait
son ornement principal en fait aussi une race impropre à la
vie de basse-cour, car sa huppe si belle, si développée par le
beau temps, ne devient plus, par la pluie, qu'un masque mate-
lassé et impénétrable qui lui enveloppe la tête ; son plumage
est aussi un des plus riches comme des plus variés, et présente, avec ceux du bentam et du hambourg, l'exemple d'une
régularité merveilleuse. Trois points essentiels caractérisent
cette jolie poule : la huppe, le plumage, et l'*absence complète*
de caroncule, de crête, d'oreillon ou barbillon, ce que les
amateurs désignent par l'expression *sans chair*. Les barbillons seulement apparaissent un peu chez le coq. La huppe,
extrêmement développée dans l'un et l'autre sexe, ne présente
pas chez tous les deux les mêmes caractères ; chez le coq, elle
est composée de lancettes disposées en parasol et formant un
ensemble bien plus large que chez la poule, où elle se trouve
parfaitement arrondie et comme séparée en deux lobes par une
espèce de gouttière qui part du bec et se perd en s'élevant.
La huppe est énorme de volume, pousse sur une masse charnue nommée champignon qui recouvre le crâne, et se tient
légèrement renversée en arrière, de façon à dégager les yeux.
Ce champignon doit nécessairement être très-volumineux dans
les sujets choisis de pure race ; c'est le seul signe auquel on
reconnaisse les reproducteurs qui fourniront de la huppe ; un
sujet très-huppé, dépourvu de cette masse charnue, ne donnerait que des produits à peine huppés.

Chaque plume de la huppe est comme arrondie, et, dans la
variété argentée, entourée de blanc, puis marquée de noir,
puis blanche au milieu (grav. 92).

Dès les deuxième et troisième mues, une partie des plumes
de la huppe blanchit, ce qui augmente toujours en vieillissant.

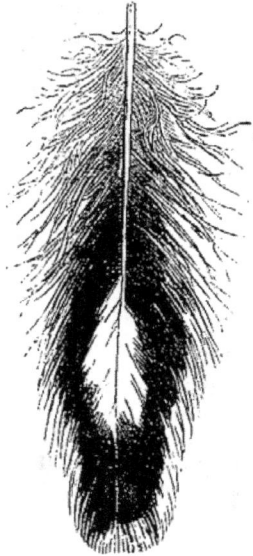

Grav. 92. — Plume de la huppe.

Les plumes du camail (grav. 93) sont analogues à celles de la huppe, mais plus pointues.

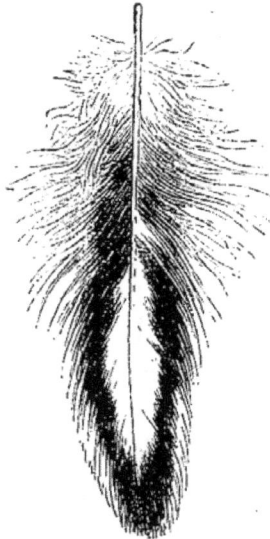

Grav 93. — Plume du camail.

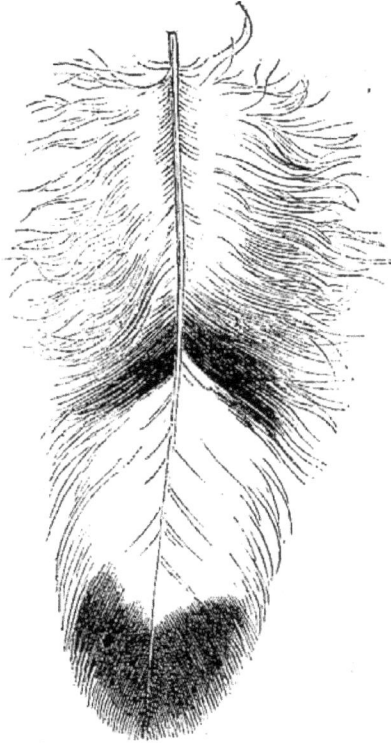

Grav. 94. — Plume du dos.

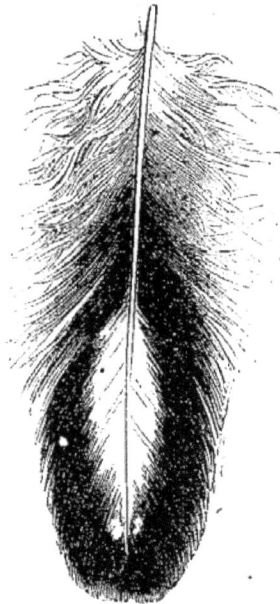

Grav. 95. — Plume des épaules.

Les plumes du dos (grav. 94) et celles du plastron sont pailletées par le bout et barrées par le milieu sous le recouvrement.

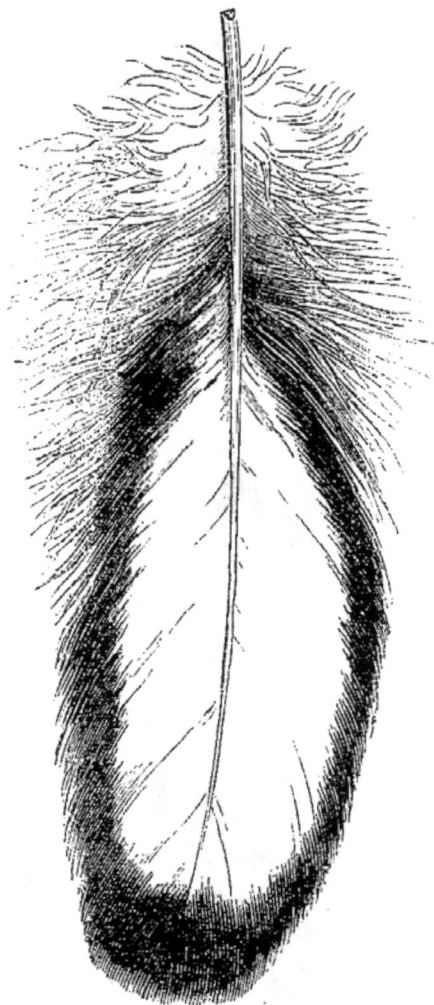

Grav. 96 — Plume de la queue.

Celles des épaules (grav. 95), blanches au milieu, sont entourées d'une large bordure noire.

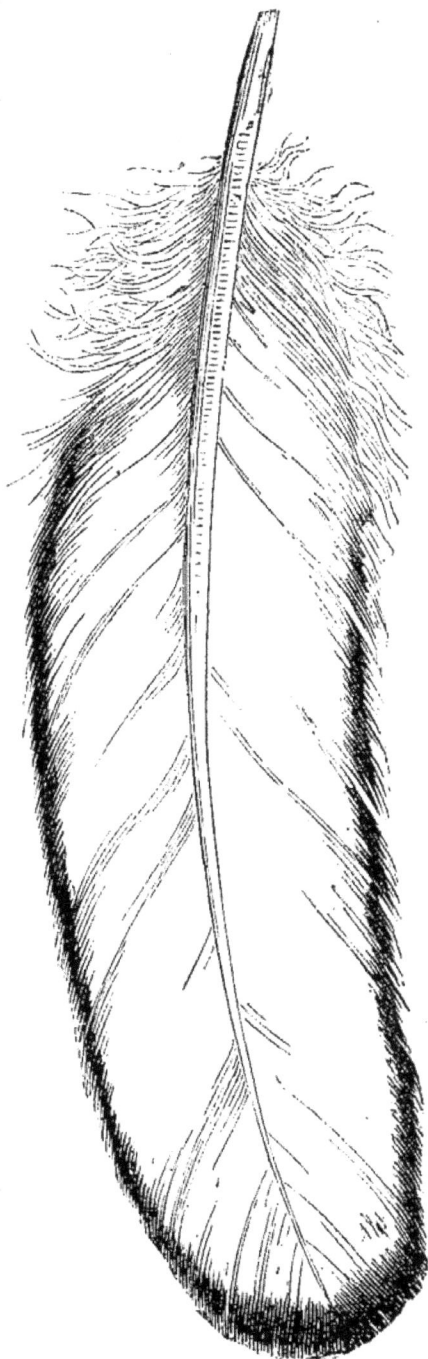

Grav. 97. — Grande plume de l'aile et de la queue.

Cette bordure s'amincit aux plumes de recouvrement de la queue (grav. 96) et devient à l'état de liséré aux grandes de l'aile et de la queue (grav. 97).

Les plumes des flancs et du cul-d'artichaut tournent au duvet et sont d'un gris brouillé.

Un collier de petites plumes courtes et retroussées enveloppe les joues et le dessous du bec.

L'œil est très-grand, et la pupille est rouge-brique.

La patte est bleue dans toutes les variétés.

Les variétés sont toutes identiques pour la forme.

Le coq des variétés dorée et argentée diffère essentiellement de la poule pour le plumage.

La huppe, le camail, les lancettes et les épaules sont d'un blanc luisant paillé, sur lequel on aperçoit à peine quelques petites taches noires ; les marques noires caractéristiques apparaissent seulement au recouvrement des ailes, et les grandes plumes des ailes sont bordées comme chez la poule. Le collier est noir et très-vivement indiqué ; tout le plastron et le sous-plastron doivent être pailletés comme dans la poule.

Les petites faucilles sont d'un noir bronzé, et, au fur et à mesure qu'elles deviennent plus longues, elles prennent du blanc, jusqu'à ce qu'enfin les grandes faucilles, devenues presque blanches, n'ont plus de noir qu'aux extrémités.

La variété *dorée* est marquée de noir sur fond chamois vif.

La *blanche* est blanche d'un bout à l'autre.

La *noire* est noire d'un bout à l'autre.

La *périnné*, une des plus jolies variétés, a le plumage entièrement coucou ; la huppe est coucou par la moitié antérieure, et blanche par la moitié postérieure.

Il faut, pour que les coqs perinnes soient parfaits, qu'ils soient aussi bien marqués que les poules.

La *chamois* est ou de cette couleur unie ou chamois maillé. La maille est plus claire que le fond du plumage.

La padoue chamois présente cette particularité, qu'elle donne des poules très-bonnes couveuses.

Race hollandaise huppée.

Cette espèce a une si grande analogie avec la padoue, que beaucoup de personnes prennent l'une pour l'autre; mais bientôt on s'aperçoit que des points différents en font des espèces bien à part, et qui chacune ont leur mérite particulier. La hollandaise est également huppée, mais elle l'est beaucoup moins.

Elle n'a que trois variétés :

La bleue à huppe bleue ;
La bleue à huppe blanche ;
Et la noire à huppe blanche.

Sa taille est un peu au-dessous de celle de la padoue.
La huppe a cela de différent, qu'elle est aplatie en forme de parasol et qu'elle couvre la tête en tombant en avant, aussi bien qu'en arrière et de côté. Les barbillons, extrêmement volumineux et pendants chez le coq, se trouvent chez la poule dans les rapports ordinaires d'un sexe à l'autre.

L'espèce est plus rustique, plus vive et plus farouche que la padoue; elle pond bien, mais ne couve jamais.

CHAPITRE XV

Race de Hambourg.

La race de Hambourg comporte plusieurs variétés bien tran-chées, dont les principales sont :

La hambourg papillotée ou pailletée, argentée, et la ham-bourg papillotée ou pailletée, dorée.

Ce nom de papillotée et de pailletée vient des taches en forme de paillettes qui couvrent une grande partie de leur plu-mage;

La hambourg noire;

La campine argentée et la campine dorée, désignation qui vient de la province dont elles sont soi-disant originaires. Cette variété est connue aussi dans plusieurs pays sous le nom de *Poule pond tous les jours.* Les Anglais la nomment *ham-bourg crayonnée.*

Il en existe d'autres variétés, mais elles sont obtenues avec des espèces différentes ou avec les variétés ci-dessus mention-nées, et ne méritent pas d'être cataloguées.

Variété de Hambourg papillotée ou pailletée, argentée.

Variété de Hambourg papillotée ou pailletée, dorée.

POULE.

PROPORTIONS ET CARACTÈRES GÉNÉRAUX.

C'est avec la poule de Padoue que cette ravissante espèce a le plus de ressemblance. Plumage blanc et noir papilloté; crête frisée; allure extrêmement vive et très-élégante; forme moelleusement arrondie.

POIDS, DIMENSIONS ET CARACTÈRES PARTICULIERS.

Poids. — 2 kilogrammes.

Taille. — Un peu au-dessous de la moyenne.

Tête. — Forte, aplatie par-dessus.

OEil. — Énorme, de couleur foncée, très-brillant, et donnant à un groupe de cette variété une physionomie toute particulière.

Iris. — Brun foncé.

Pupille. — Noire.

Joues. — Rouges et dégarnies autour de l'œil, parsemées de petites plumes fines et blanches dans les autres parties.

Crête. — Frisée, régulièrement hérissée de petites pointes longues de deux millimètres, et formant ensemble une surface presque aplatie, oblongue, arrondie en avant, pointue en arrière, recouvrant la base du bec, diminuant de volume au fur et à mesure qu'elle gagne l'arrière de la tête, qu'elle dépasse de très-peu.

Barbillons. — Placés bien au-dessous du bec, parfaitement arrondis et creusés, affectant la forme d'une feuille de buis (un centimètre carré de superficie environ).

Oreillons. — Blancs, nacrés, posés à plat sur la joue, très-petits (un demi-centimètre carré de superficie environ).

Bouquets. — Blancs.

Bec. — Blanc, légèrement bleuâtre à la base.

Patte, canon de la patte. — De taille proportionnée et de couleur bleu cendré.

Ponte. — Excellente; œufs très-délicats et de taille moyenne.

Incubation. — Nulle.

DESCRIPTION DU PLUMAGE.

Plumes de la tête, aux abords de la crête et à la partie supérieure antérieure du cou, blanches.

13

Plumes du camail (grav. 98), blanches. marquées d'une tache noire intense à l'extrémité.

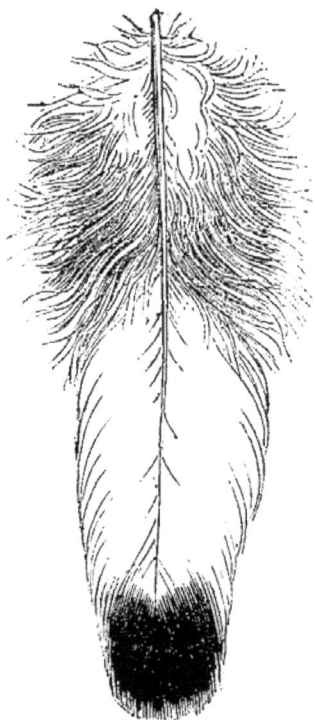

Grav. 98. — Plume du camail.

Comme les premières plumes supérieures du camail près de
la tête sont extrêmement petites et qu'elles augmentent de
taille au fur et à mesure qu'elles gagnent la base du cou, la
dimension de chaque tache est proportionnée à celle de chaque
plume, seulement ces taches sont plus allongées dans cette
région que dans les autres.

Les plumes du plastron (grav. 99) ont une grande analogie
avec celles du camail, et sont d'un dessin plus régulier et plus
uniforme.

Celles des reins, des épaules, du recouvrement de la queue, des cuisses et des jambes, doivent, utant que possible, être semblables à celles du dos et du plastron.

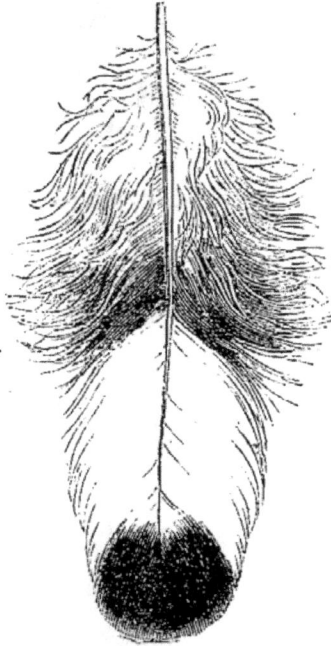

Grav. 99. — Plume du dos et du plastron.

Grandes plumes de l'aile (grav. 100), blanches, entourées d'un cercle mince très-étroit sur les bords latéraux, plus large aux extrémités.

Grandes du vol, toutes blanches.

Grandes caudales (grav. 101), blanches, à l'exception des extrémités, marquées régulièrement d'une bande noire.

Les plumes des flancs et de l'abdomen sont d'un gris brouillé.

Le tissu du plumage entier de ces charmantes bêtes est

d'une finesse et d'une transparence extraordinaires ; le blanc

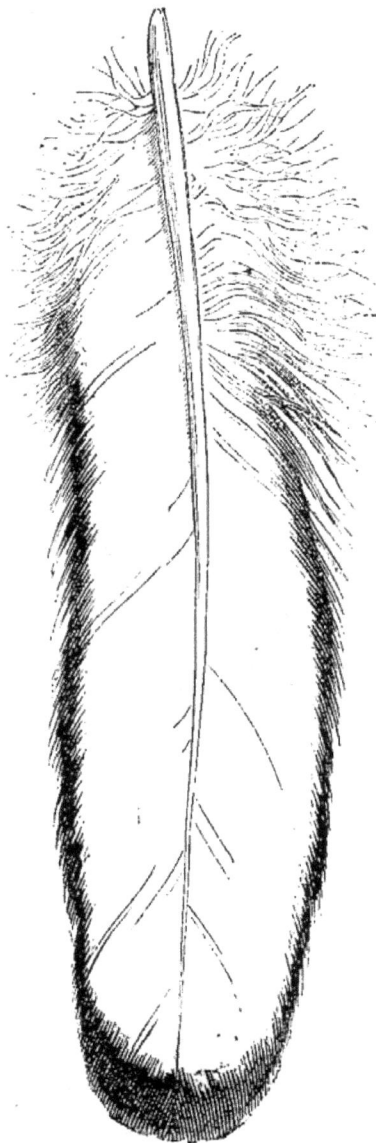

Grav. 100. — Grande plume de l'aile.

est pur et lustré comme de la belle cire ; le noir est reflété de
vert violacé très-foncé.

Il est passablement rare de trouver des sujets parfaitement
réguliers, mais des reproducteurs ordinaires peuvent donner

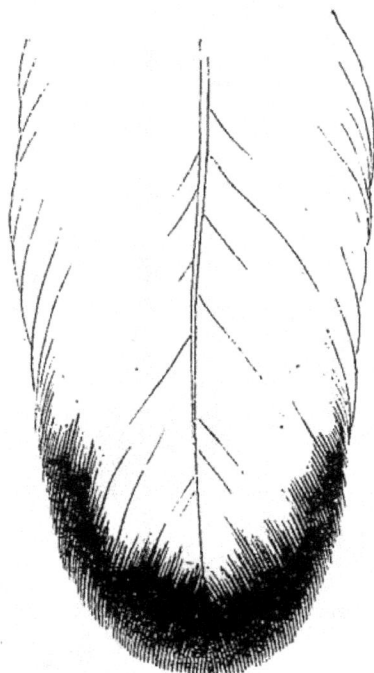

Grav. 101. — Grande plume caudale.

de très-bons produits, pourvu qu'ils proviennent eux-mêmes
de beaux animaux.

COQ.

Le coq est un peu plus gros que la poule, et l'ensemble de
son plumage est plus clair, parce que les plumes du camail,
du dos, des épaules et des lancettes, toutes abondantes, sont
blanches. très-légèrement teintées de jaune-paille et marquetées seulement de petites taches noires, longuettes, écartées

les unes des autres au camail et aux lancettes, un peu plus rapprochées sur le dos, au bas du camail et aux épaules. Les grandes plumes de l'aile sont blanches, à l'exception de quelques-unes qui sont un peu marquées aux extrémités. Toutes les faucilles sont blanches, excepté les pointes, marquées de noir. Les plumes du plastron, du recouvrement de l'aile, des cuisses, des jambes et les grandes caudales sont régulièrement marquées aux extrémités de la tache caractéristique. Les plumes du recouvrement de l'aile ont chacune, à leur extrémité, une bande noire régulière. La réunion de ces bandes forme deux barres parallèles, bien apparentes, qui traversent l'aile.

La crête, bien plus considérable que celle de la poule, se prolonge beaucoup en arrière; les barbillons sont longs et pendants, ainsi que les oreillons, qui doivent être blancs.

La variété noire est identiquement semblable pour la forme, et son plumage est magnifiquement lustré.

Les hambourgs sont beaucoup plus vigoureux et plus grands que les campines, et les Anglais les réclament comme étant originaires de leur pays. En tout cas, ils y sont connus depuis très-longtemps et extrêmement reproduits dans les comtés de Lancashire et York-shire.

Quant à la variété de Hambourg papillotée ou pailletée, dorée, elle est identique pour la forme à la variété argentée; seulement le dessin de son plumage, au lieu de s'élever sur fond blanc, se détache en noir sur fond chamois.

Une espèce qui a beaucoup de rapport avec la hambourg, et que l'on désigne en Angleterre sous le nom de poule faisanne, est identiquement pareille pour le plumage et la forme; elle diffère par le volume, qui est plus petit, ainsi que par la tête, qui est surmontée d'une petite crête double en forme de cornes pointues, dans le genre de celle du crèvecœur, et de quelques petites plumes rares renversées en arrière en forme de huppe. Les joues et le cou sont entourés d'un collier de petites plumes noires retroussées et bouffantes; les barbillons sont plus longs, les oreillons sont rouges. Il y a deux variétés, l'une dorée, l'autre argentée.

Toutes deux viennent de Hollande.

Campine, variété argentée. — Campine, variété dorée.

POULE.

Elle est plus petite que la hambourg.

Tête. — Proportionnée à son volume et semblable à celle de la poule de Hambourg.

Crête. — Frisée, semblable à celle de la hambourg. Cette caroncule présente souvent, dans la campine, une forme vas-culaire, ce qui est regardé comme un défaut.

Oreillons, Barbillons et Bouquets. — Comme chez la hambourg.

Patte, canon de la patte. — Bleu.

DESCRIPTION DU PLUMAGE.

Le plumage de la variété argentée ne diffère de celui de la dorée que par la couleur du fond, sur lequel s'enlève la belle marqueterie qui distingue l'espèce.

La variété argentée est d'un beau blanc; la dorée, d'un jaune chamois vif.

Dans l'argentée, les plumes du camail et de la tête doivent être d'un blanc net sans la moindre tache (grav. 102), et cela

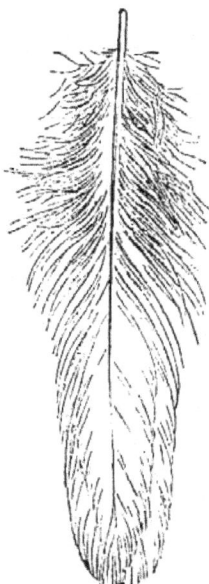

Grav. 102. — Plume du camail.

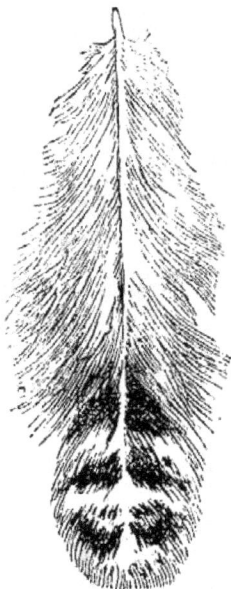

Grav. 103. — Plume du dos.

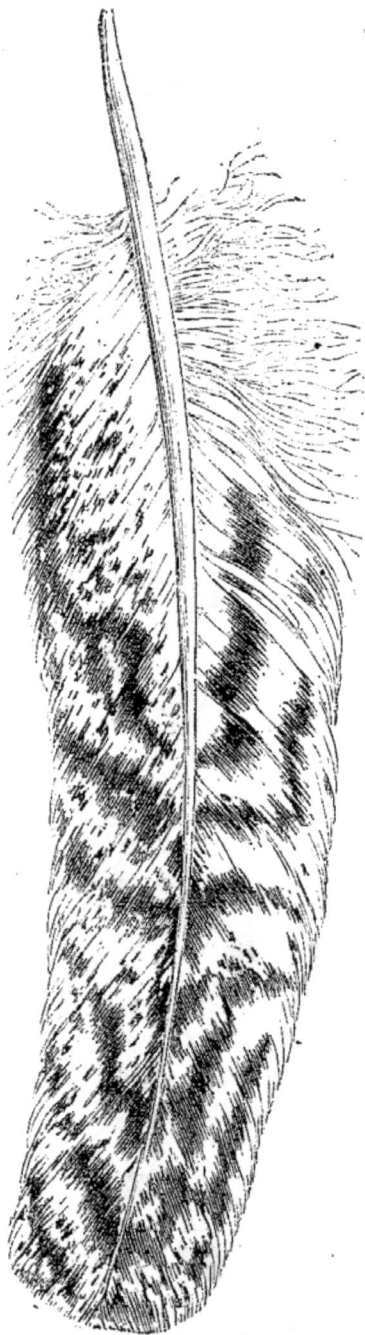

Grav. 104. — Grande plume de l'aile.

jusqu'au dos et aux épaules, où commencent les beaux dessins noirs que présentent les plumes du dos (grav. 103).

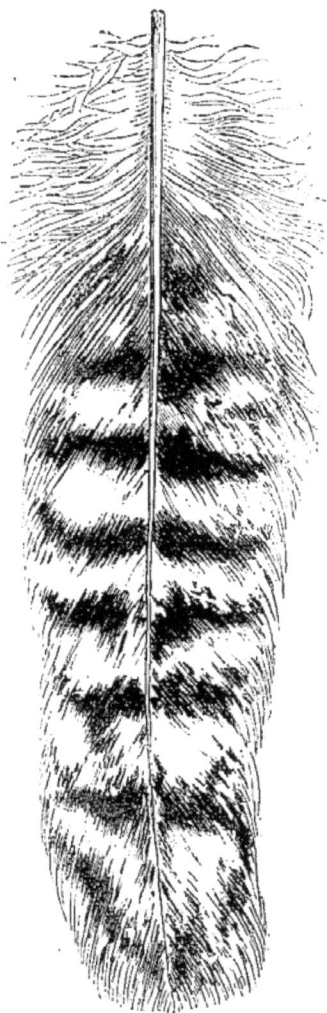

Grav. 105. — Grande plume caudale.

Ces dessins se répètent aux plumes des épaules, aux plumes
de recouvrement des ailes, à celles du plastron et des cuisses;
mais les marques diminuent un peu d'intensité dans la couleur

et de netteté dans la forme, au fur et à mesure que les plumes se rapprochent des parties inférieures, et elles finissent par se brouiller aux flancs et à l'abdomen.

Le même dessin se répète aux plumes de recouvrement de la queue, mais les taches s'y multiplient quand les plumes, devenant de plus en plus longues, se rapprochent des grandes caudales, dont elles recouvrent la naissance.

Les grandes de l'aile (grav. 104) sont nettement, mais un peu irrégulièrement marquées de nombreuses taches transversales.

Les grandes caudales rappellent plus régulièrement les dessins caractéristiques, et ont une grande analogie avec les grandes plumes de recouvrement de la queue (grav. 105).

Le devant du cou est blanc comme le camail, de façon qu'il forme avec lui et la tête une partie entièrement blanche, qui se détache en cercle du reste du corps.

COQ.

Dans la campine, encore plus que dans la hambourg, le plumage du coq est plus clair que celui de la poule.

Le camail, le plastron, le dos, les cuisses et les épaules sont d'un blanc pur.

Les grandes de l'aile sont entourées de noir, ainsi que les plumes de recouvrement de l'aile, qui, réunies, forment, comme chez le coq de Hambourg, deux barres bien distinctes quand l'aile est fermée.

Les faucilles grandes, moyennes et petites doivent toutes être noires à reflets verts. Les lancettes sont noires et entourées d'un petit filet blanc. L'allure du coq est très-fière.

L'espèce est plus petite que la hambourg et d'une fécondité inouïe, car la poule pond jusqu'à trois cents œufs par an. Elle ne couve jamais

Les campines sont très-délicats, surtout quand ils sont originaires de Hollande, d'où ils nous viennent à peu près tous. Mais, s'ils se montrent très-susceptibles dans les changements de climats, leurs petits deviennent très-rustiques quand ils restent sur le sol où ils ont été élevés.

Toutes les variétés de Hambourg et de Campine sont précoces, excellentes pour la table, et produisent beaucoup d'œufs, qui, quoique petits, sont d'un volume assez raisonnable pour entrer très-utilement dans la consommation.

CHAPITRE XVI

Race dite de combat anglais.

Cette race comprend deux variétés, savoir :

BLAK-BREASTED RED GAME. (Combat doré à poitrine noire.)

DUCK WINGED GAME. (Combat argenté à aile de canard.)

Il n'y a guère de pays qui n'aient eu des spectacles sanglants, et partout les hommes ont fait une étude approfondie de l'art de s'égorger en gros et en détail; mais en Angleterre, cette terre classique des boxeurs, la civilisation moderne interdit maintenant, comme presque partout ailleurs, le droit de s'échiner en détail.

On a supprimé toute espèce de lutte d'hommes et de combats d'animaux.

On n'a pas même laissé aux Anglais, comme fiche de conso-
lation, le droit *de faire battre les coqs*. C'est vraiment bien
dommage, car les coqs de combat ne semblent naître et vivre
que pour se donner bientôt la mort.

Il est impossible de se faire une juste idée du vertige qui
s'empare de ces animaux lorsqu'ils peuvent se joindre. Rien
n'égale leur impétuosité, la rapidité de leur attaque ; la rencontre est tellement furieuse, que les premières passes sont
indescriptibles. Les combattants ne forment pendant un instant qu'une espèce de pelote, où têtes et queues se con-
fondent. C'est à peine si, aussitôt qu'on vient de les lâcher l'un
sur l'autre, on a le temps de les séparer avant qu'ils se soient
porté des coups dont la force égale la vitesse. *Un bon coq*, en
se précipitant sur son adversaire, le saisit rapidement avec le
bec à la tête, qu'il trouve moyen de retenir par quelque coin,
malgré la suppression habituelle de la crête et des caroncules,
et en un clin d'œil douze à quinze coups des terribles éperons d'acier dont on les arme sont portés à la tête. Les éperons
y restent quelquefois si fortement engagés, que, malgré la vio-
lence de leurs mouvements, les combattants ne pourraient les
arracher sans les efforts de l'homme qui surveille le combat.

Au reste, ces gaillards ne cherchent à tromper personne, et
leur mine répond à leurs mœurs. L'œil est sinistre, la démarche inquiète et féroce, et les battements réitérés de leurs
ailes dénotent leur monomanie furieuse.

Les poules chaussent aussi l'éperon et se livrent des combats à mort.

On a beaucoup parlé de l'utilité de ces volailles, dont on a
vanté, avec raison, la fécondité, la délicatesse et les qualités
maternelles ; mais leur sauvagerie et leur méchanceté en in-
terdisent l'emploi dans les basses-cours. La curiosité que leurs
mœurs peuvent exciter, la richesse incontestable de leur plumage, et l'attrait de la conservation d'une race si tranchée,
peuvent néanmoins encourager les amateurs à ne pas laisser
perdre cette espèce.

Voici les caractères principaux des deux variétés les plus estimées :

Combat doré à poitrine noire.

COQ.

Taille. — Ordinaire.

Poids. — 3 kil. Il y a des sujets de dimension et de poids très-différents.

Tête. — Petite, allongée, aplatie, comme celle d'un serpent.

Cou. — Haut et droit.

Corps. — Incliné et bien pris.

Cuisses. — Bien proportionnées.

Pattes. — Solides et nerveuses, de couleur grise.

PLUMAGE DU COQ.

Camail. — Très-épais et long. Rouge ardent.

Épaules. — Rouge foncé.

Lancettes. — Rouge ardent.

Poitrine, abdomen, cuisses et jambes. — Noirs.

Recouvrement de l'aile. — Noir.

Grandes plumes de l'aile. — Jaune foncé.

Queue. — Vert bronzé.

POULE.

Taille. — Moyenne.

Poids. — 2 kil. 1/2.

Corps. — Bien pris, de forme élancée.

Le plumage de la poule, jaune, assez clair et assez brillant à partir de la tête, s'assombrit graduellement en passant par tout le corps et jusqu'à la queue, où il devient brun mat grisâtre. Un petit dessin, très-régulier, analogue à celui de la cochinchine perdrix, suivant en proportion la dimension des plumes, se répète par tout le corps, depuis le haut du camail jusqu'à l'extrémité de la queue. L'aspect général est d'un jaune neutre. Le camail est la partie la plus claire, la queue la partie la plus foncée, le cul-d'artichaut est un peu plus grisâtre que le reste.

Combat argenté à ailes de canard.

COQ.

Plumage infiniment plus brillant que dans le coq doré.

Camail. — Jaune-paille très-vif.

Dos et lancettes. — Jaune doré.

Épaules. — Rouge ardent.

Recouvrement de l'aile. — D'un noir violet, brillant et intense.

Grandes plumes de l'aile. — Blanches.

Petites faucilles. — Noires, à bordure jaune.

Grandes et moyennes faucilles, et grandes caudales. — D'un beau noir à reflets violacés.

Plastron, cuisses et jambes. — D'un noir intense.

Couleur de la patte. — Gris clair.

Le camail de la poule, jaune-paille, marqué d'une tache noire allongée à chaque plume, se détache plus énergiquement que dans la variété dorée sur le reste du plumage, qui est brun roux, surtout au plastron. La queue est d'un brun plus foncé et plus rompu que dans le reste du corps, et le cul-d'artichaut plus gris que les autres parties.

CHAPITRE XVII

Races diverses

J'ai réuni dans un chapitre unique les races de poules d'agrément qui ne m'ont pas paru mériter une étude aussi complète que les précédentes.

Race de Jérusalem.

Cette espèce vient-elle de Jérusalem ou n'en vient-elle pas ? C'est ce que je n'ai jamais pu savoir.

La seule chose certaine est qu'il y a une espèce qui porte ce nom, qui paraît être depuis longtemps fixée, et ne manque pas de caractères propres.

Selon certaines personnes, la jérusalem est une poule blanche comme la neige, avec le camail herminé foncé, très-tranché, et la queue presque noire ; la crête est simple, la patte bleue ; elle pond bien, est très-bonne à manger, et sa taille est un peu au-dessous de la moyenne. Le coq tout pareil.

Selon d'autres, en France au moins, la poule de Jérusalem est une assez forte poule qui présente à peu près les mêmes caractères que ci-dessus, mais dont la robe blanche est teintée d'une nuance jaune rosée, très-claire, à peine appréciable, et se trouve tiquetée de petites tachettes noires, espacées.

Les avis sont tellement partagés, que je n'ai pas pu me fixer davantage.

VARIÉTÉS DE POULES A PLUMAGE COUCOU

Ces poules coucou ne forment pas précisément des races bien distinctes, ce sont plutôt des variétés provenant de différentes races, mais dont il n'est pas possible de retrouver exactement l'origine. Comme elles sont du reste charmantes, et que les caractères de leur plumage sont assez fixés, j'ai cru devoir leur consacrer quelques lignes.

Coucou de France, ou Ombrée coucou française.

Cette race mérite d'être remarquée pour ses excellentes qualités, sa charmante forme et son riche plumage, dont l'aspect général et les dessins particuliers la rapprochent des différentes variétés de poules dites Coucou. Des marques noires transversales, très-distinctes, se détachent sur un fond blanc assez clair (grav. 106).

Voici la description que M. Letrône donne de cette espèce :

« La poule *Coucou*, ainsi désignée à raison de la ressemblance de la coloration et de l'agencement des teintes de ses plumes avec celles qui recouvrent l'oiseau de ce nom, possède encore un caractère très-distinct par la conformation de sa crête, qui est très-épaisse, granulée, finissant par une pointe ou crochet en arrière, et qui recouvre toute la tête. Cette forme, bien que très-caractéristique, ne se transmet pas toujours aux sujets issus des croisements ; mais on remarquera que la couleur blanche rosée des pattes ne fait jamais défaut. C'est un excellent signe, comme on le sait, pour décider de la finesse et de la bonne qualité de la chair chez les volailles. Précisément à cause de cette propriété de transmettre régulièrement la couleur du plumage et celle des pattes à tous les sujets provenant du croisement de cette race, il paraîtrait difficile de distinguer le type vrai d'avec les variétés, si d'autres signes bien évidents, quoique moins perceptibles, ne nous

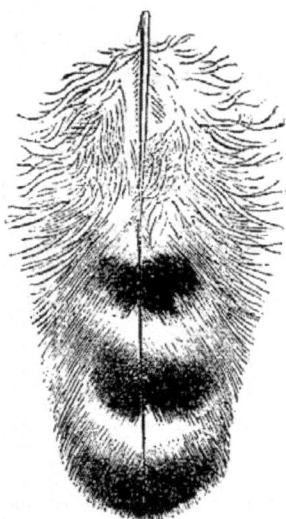

Grav. 100. — Plume de la poule ombrée coucou de France.

venaient en aide. Pour cela, nous reconnaissons comme absolument nécessaire d'entrer dans une description très-détaillée pour bien faire connaître ce type.

COQ.

DIMENSIONS ET CARACTÈRES PARTICULIERS.

« *Taille*. — De la partie supérieure de la tête jusque sous les pattes, dans la position du repos, 0^m.38; dans la position fière, 0^m.50; du dos sous les pattes, 0^m.28.

« *Poids.* — A l'âge adulte, 2 kil.; charpente osseuse très-légère, muscles bien développés, chair fine et très-blanche.

« *Corps.* — Circonférence prise au milieu du corps, $0^m.42$; longueur, $0^m.20$.

« *Crête.* — Double, surmontée de globules charnus informes et divisés en dessins vermiculés, se terminant par une pointe renversée dépassant l'occiput, et prenant naissance à un centimètre de la pointe du bec.

« *Barbillons.* — Charnus, d'une belle forme, assez développés, à deux divisions se soudant sous le bec. Oreillette peu apparente.

« *OEil.* — Grand, d'une couleur rouge-brique tirant sur le jaune.

« *Iris.* — Noir. Regard doux.

« *Bec.* — Semblable pour la forme à celui du dorking; narines peu saillantes; couleur blanche, ombrée de noir; longueur, $0^m.03$.

« *Patte.* — Canon de la patte : circonférence, $0^m.04$; longueur, $0^m.09$. Patte pourvue de quatre doigts bien proportionnés. Couleur de chair.

« *Éperons.* — Faibles, aigus et très-recourbés.

DESCRIPTION DU PLUMAGE.

« La tête est garnie de plumes fines et courtes qui, comme
les plus grandes, doivent avoir une coloration par plaques d'un
noir bleu plus ou moins foncé, se dégradant par demi-teintes
sur un fond blanc et se reproduisant à des distances à peu près
égales, et à raison de la longueur des plumes, depuis le duvet,
qui est d'un gris bleu clair, jusqu'à leur extrémité. Les plumes
du cou sont longues, fournies et fines ; — la nuance ombrée
s'y reproduit; — mais elles prennent un aspect argenté par la
finesse des détails d'ombre un peu moins accusés. Il en est de
même pour cette sorte de plumes légères qui recouvrent la
queue. Les plumes de la poitrine sont celles qui présentent le
plus de régularité, bien qu'elles soient partout d'un même aspect, toujours attrayant à l'œil. Les plumes caudales possèdent
aussi dans leur développement toutes ces nuances d'ombre
bien uniformément tracées. Il en est de même pour celles de
l'aile, du bras et de l'avant-bras, internes ou externes. Chez
certains sujets, les plumes de l'avant-bras sont parfois blanches;
ce léger défaut n'a pas de signification, parce qu'à la mue elles
peuvent renaître avec plus ou moins de taches ombrées. Il
arrive aussi que toute la queue varie du noir au blanc. Le système de coloration dans le plumage de cette sorte de volaille
est général sur les moindres parties du corps, et très-persis-
tant, comme nous l'avons dit.

POULE.

« Les dimensions de la poule étant dans le plus parfait rapport avec ceux du coq, suivant les règles générales et propor-
tionnelles que la nature a établies entre les mâles et les femelles.

14.

dans l'espèce galline, nous ne voyons pas qu'il soit bien nécessaire de lui donner un article minutieusement détaillé; nous
dirons seulement que la poule coucou donne un poids normal
et approximatif de 1 kil. 500 gr.; que sa crête est moins
grande que celle du coq, bien qu'également double; que dans
sa structure les proportions sont parfaites; que son bec est
toujours demi-blanc rosé, et que son plumage est entièrement
et partout nuancé de la façon la plus régulière par des taches
d'un noir bleu, faisant ombre sur un fond blanc symétrique-
ment partagé.

« Cette volaille est très-robuste, sobre, *pondeuse des plus
remarquables*, donnant de beaux œufs. C'est avec raison la
poule de prédilection, et qu'adoptent nos petits ménages ru-
raux dans la partie nord-est de la Sarthe et dans plusieurs
communes du sud-est de l'Orne, où son élevage est en constant
progrès. La chair de cette volaille est très-blanche et délicate,
son engraissement assez avantageux. Son croisement avec des
races plus fortes fournit d'appétissants produits pour la table,
et, par ces motifs, elle est d'une vente facile sur les marchés
du pays.

Ombrée coucou de Rennes.

« Une variété de cette race est élevée en Bretagne dans les
environs de Rennes; elle se distingue par des caractères exté-
rieurs peu différents sous le rapport du plumage et du volume.
Chez le coq, les plumes fines du cou et du recouvrement de la
queue sont d'un jaune-paille parsemé de taches nuancées
d'un brun roux qui donnent des reflets dorés à cette sorte
d'ornement. Toutes les autres plumes ont la même couleur
nuancée de l'espèce précédemment décrite. La crête du coq
coucou de Rennes est simple, grande et solide, parfaitement
droite et à dentures excessivement profondes et aiguës, pour

le moins autant développée que celle du coq espagnol. Les barbillons sont amples. La poule ne se distingue de l'autre espèce
que par sa crête simple et droite. On estime autant cette variété que la première pour la production et la qualité de la
chair. Comme l'autre, c'est une volaille d'un moyen volume,
mais possédant des muscles bien fournis et délicats, attachés
sur des os d'une excessive légèreté. Les pattes sont d'un rose
couleur de chair. Les Bretons apportent une grande attention
à la reproduction de cette race remarquable.

« Ces deux variétés de volailles sont très-faciles à élever; les
poulets ne sont ni tardifs ni précoces. C'est un tendre et succulent manger lorsqu'ils ont atteint l'âge de cinq ou six mois.
Ils croissent parfaitement sans qu'il soit besoin d'y apporter
des soins particuliers. Ces volailles vivent et produisent longtemps sans s'épuiser. Nous connaissons un coq, parfait cocheur, âgé de cinq ans, chez qui l'ardeur première et les
vertus prolifiques n'ont rien perdu. Cette qualité persistante de
forces doit être regardée comme précieuse, surtout à l'égard
des croisements avec des races s'usant vite.

« Nous possédons, dans un parfait état de pureté, les deux
variétés de cette race, que nous nous sommes permis de nommer pour les distinguer : la première, poule coucou de *France*;
la seconde, poule coucou de *Rennes*. C'est après avoir eu la
facilité de les étudier l'une et l'autre que nous avons cru devoir leur accorder un article spécial, afin d'engager les éleveurs à les étudier à leur tour pour les propager ensuite. A
notre avis, ce sera une des bonnes acquisitions que pourront
faire ceux qui, tout en cherchant l'ensemble des qualités,
tiendront particulièrement au plus réel produit, l'abondante
fourniture d'œufs s'accordant avec la plus économique nourriture.

Ombrée coucou hollandaise

« Cette espèce semble être à peu près la même que l'espèce
française. La crête demi-double est pendante et de côté, la
patte est blanche. »

Nous ne pensons pas, ainsi que nous l'avons dit plus haut,
comme M. Letrône, que ces poules forment des races; ce sont
de simples variétés de poules ordinaires, qu'il est bon de décrire parce qu'elles sont jolies, à plumage fixe, et en même
temps bonnes à manger; mais elles n'ont pas la moindre importance dans la question des croisements.

Il n'y a pas non plus de conséquence générale à tirer de
leur plumage, dont beaucoup d'espèces possèdent l'analogue.

CHAPITRE XVIII

Les races naines

Beaucoup de races naines sont originaires des côtes d'Afrique, quelques-unes le sont d'Asie, d'autres, et c'est la majorité,
sont de fabrication humaine.

Il est difficile de se débrouiller dans le chaos produit par
les noms multiples qu'on leur donne dans les différents pays
où on les cultive. Beaucoup ont été perdues ou ont passé de
mode; nous nous bornerons donc à donner un aperçu des es-

pèces bien caractérisées existant aujourd'hui et connues en France.

Race dite de Courte-Patte.

Beaucoup de localités dans la Bretagne, dans la Sarthe, dans l'Orne, possèdent des courtes-pattes; mais la véritable race, celle autrefois répandue dans l'Orne, et dont on tirait ces délicieux et précoces poulets dits poulets à la reine, est à peu près perdue.

Nous l'avons cependant retrouvée, et elle est sous nos yeux.

Le coq pèse 1 kil. 1/2, la poule 1 kil.; l'un et l'autre sont si courts et si bas de pattes, qu'ils marchent comme le canard et que les plumes du cul-d'artichaut posent et traînent à terre malgré tous les efforts qu'ils font pour s'élever sur leurs jambes. La crête du coq double (2 crêtes) est accompagnée d'une demi-huppe en arrière; le plumage est caillouté blanc et noir foncé d'un bout à l'autre, à l'exception de la queue, qui est noir bronzé. Les faucilles sont longues et fournies, la patte est noire.

La poule ressemble beaucoup au coq, et sa queue très-longue forme un étrange contraste avec ses pattes presque invisibles.

La couleur des pattes est noire.

Cette espèce pond très-bien et couve admirablement de très-bonne heure; elle fournit d'excellents petits poulets extrêmement précoces autrefois très-estimés et destinés aux tables riches dans la saison du printemps, où la plupart des volailles ne sont plus mangeables.

Race dite de Bantam

On affirme que cette petite race a été complétement fabriquée en Angleterre. Si le fait est vrai, il prouve l'empire de l'homme sur la constitution artificielle d'espèces nouvelles. Rien de plus merveilleusement joli que la forme toute particulière de cet animal, rien de plus riche, de plus soigné, de plus méthodique que son admirable plumage.

C'est l'espèce dans laquelle la différence des sexes est le moins sensible. Le plumage y est le même, et le coq est dépourvu comme la poule des plumes de la queue qu'on nomme faucilles.

Le coq est un peu plus gros que la poule, il a l'air extrêmement fier et laisse pendre ses ailes à terre.

La crête est frisée, oblongue, d'un volume raisonnable, légèrement aplatie, pointue en arrière.

La patte est bleue.

L'œil très-grand, la pupille rouge-brique.

La poule, très-petite et d'une forme ravissante, pond et couve très-bien. Autrefois il y avait peu de coqs qui fussent bons pour la reproduction, mais il paraît qu'ils sont devenus meilleurs.

Les variétés, au nombre de quatre, sont :

La bantam argenté,

La bantam doré,

La bantam noir,

La bantam blanc.

Elles doivent toutes quatre être identiques pour la forme

La variété la plus jolie et la plus recherchée est l'argentée,
parce que c'est chez elle que la beauté du plumage est le plus
apparente.

Les plumes du camail (grav. 107), depuis la plus petite jusqu'à la plus grande, portent toutes le même dessin, avec
bord éclairci.

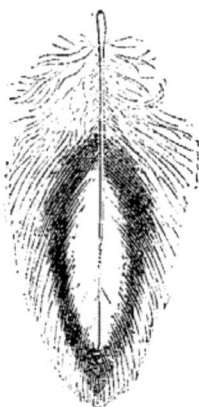

Grav. 107. — Plume du camail.

Celles du cou et du plastron (grav. 108) sont d'une grande
régularité, ainsi que celles du dos, des épaules et du recouvrement de la queue (grav. 109).

Celles du recouvrement de l'aile ont le liséré plus étroit
(grav. 110), ainsi que les grandes de l'aile et de la queue
(grav. 111).

Celles de la cuisse (grav. 112) ont le liséré plus large, et
leur ensemble forme une région plus foncée.

Les plumes des flancs et du cul-d'artichaut sont d'un gris
mêlé.

On voit que cette ravissante espèce est encore plus règu-
lièrement maillée que la padoue, puisque le pailletage n'apparaît jamais sur sa robe.

La variété argentée est d'autant plus belle que le fond du

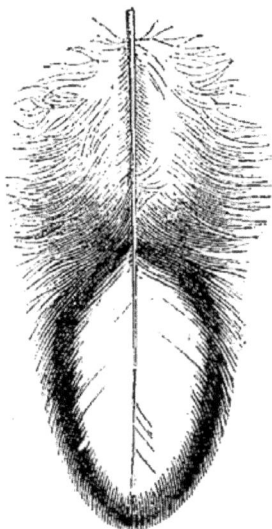

Grav. 108. — Plume du cou et du plastron.

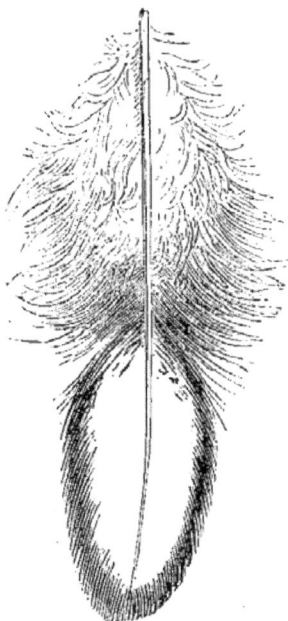

Grav. 109. — Plume du dos, des épaules et du recouvrement de la queue.

plumage est plus clair et que les dessins sont plus réguliers.

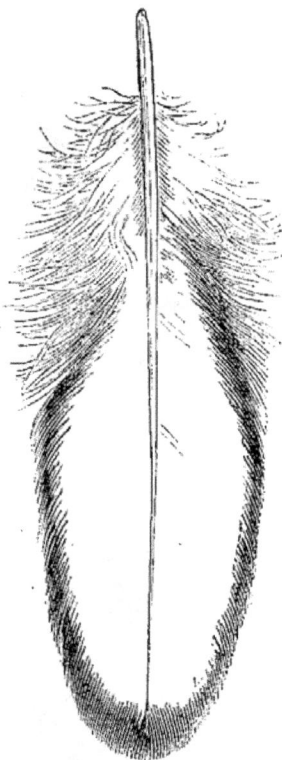

Grav. 110. — Plume du recouvrement de l'aile.

La variété dorée a le fond du plumage chamois très-vif.

Le fond du plumage de l'une et de l'autre ne doit pas être maculé.

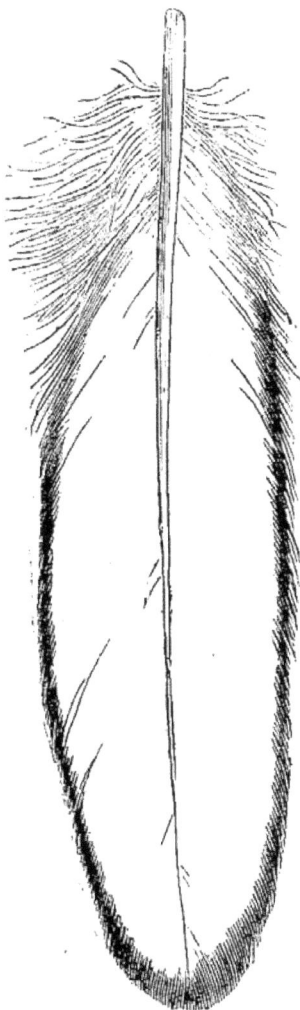

Grav. 111. — Grande plume de l'aile et de la queue.

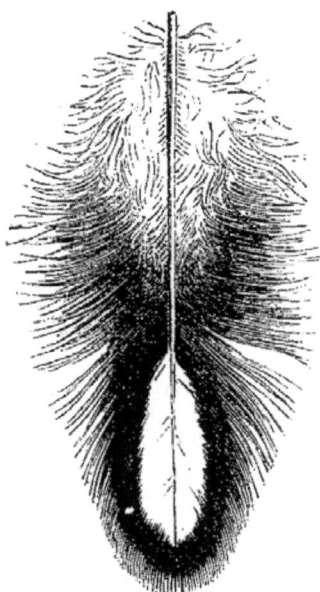

Grav. 112. — Plume de la cuisse.

Race nègre. — Poule naine de soie à peau noire.

Voici, parmi les espèces naines, la plus nouvelle, la plus curieuse et une des plus jolies qu'on puisse voir.

Extrêmement petits et légers, coq et poule ont la forme *exacte* et peut-être *exagérée* des cochinchines les mieux faits. Chaque partie du corps se détache en un lobe distinct, et son plumage de soie, extrêmement fin et blanc, accompagné d'une forte demi-huppe renversée un peu en arrière, forme le plus étrange contraste avec ses joues, ses barbillons, sa crête frisée d'un rouge sombre presque noir et son oreillon d'un bleu de ciel verdâtre et nacré.

La couleur de sa peau, qui est par tout le corps d'un bleu foncé noirâtre, ne s'aperçoit qu'aux pattes, qui sont à cinq doigts, courtes et bordées extérieurement de petites plumes soyeuses.

La poule, aussi douce et aussi familière que la coch.nchine, est, parmi les poules naines, la plus féconde, la meilleure couveuse et la meilleure mère. Les petits sont très-rustiques et très-faciles à élever.

La couleur noire de la peau se retrouve dans le bec, dans le gosier, dans l'anus et jusque dans les intestins, et la chair n'est pas très-bonne à manger. Les sujets sont adultes en trois ou quatre mois. Les poules pondent et couvent l'hiver comme les cochinchines, et l'espèce est originaire du même pays.

Race naine coucou dite d'Anvers.

Cette charmante petite race a été, croit-on, nouvellement fabriquée en Hollande. Son plumage, entièrement coucou, est plus sombre que celui des autres espèces coucou (grav. 100), et porte quatre marques très-distinctes, gris foncé sur fond gris clair.

L'espèce est pourvue d'un petit collier de plumes qui entoure les joues.

L'œil est grand, et la pupille jaune;

La patte est blanche.

Ponte bonne, incubation médiocre.

Race naine pattue, dite anglaise

Cette petite espèce, extrêmement répandue en France, est très-appréciee pour sa fécondité, sa précocité et son aptitude couver.

Coq et poule sont à crête simple, courts de pattes, à plumage blanc très-collant. Le plumage s'épanouit en gagnant les
parties inférieures, les plumes du calcanéum s'allongent énor-
mément en forme de manchettes, et les pattes sont couvertes
extérieurement, et jusque sur les doigts, d'un épais matelas
de longues plumes, qui donnent à ces petits animaux une tour-

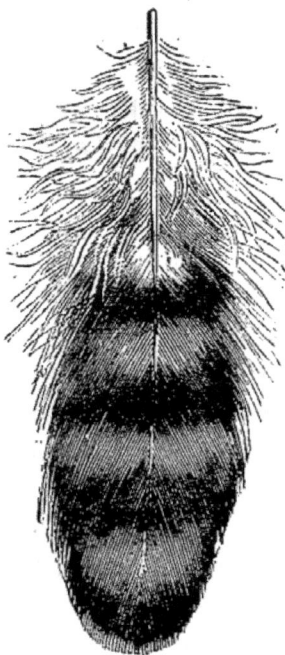

Grav. 113. — Plume de la race naine coucou.

nure toute particulière. On trouve cette espèce en assez grand
nombre dans beaucoup de campagnes où l'on met à profit sa
faculté d'incubation hâtive, et où son exiguïté l'a presque partout préservée des croisements.

Croisée par le coq avec des poules françaises de petites dimensions et avec des poules de combat anglaises, cette race

donne des couveuses moyennes et légères extrêmement recherchées par les faisandiers.

Il y a, en Angleterre, une variété brune et une variété jaune
de cette espèce.

FIN DE LA DEUXIÈME PARTIE

TROISIÈME PARTIE

CROISEMENTS. — ENGRAISSEMENT. — MALADIES

CHAPITRE PREMIER

Des Croisements.

Beaucoup de personnes m'ont pressé de leur donner des indications pour la marche qu'elles auraient à suivre dans le repeuplement de leur basse-cour, décidées qu'elles sont à convertir d'une façon profitable cette masse de nourriture employée, dans la plupart des grandes comme des petites fermes, à entretenir des animaux d'un rapport inférieur à leur consommation. Il convient, en effet, de remplacer ces indignes parasites par des espèces de volailles qui, employées avec discernement, doivent donner des produits en rapport avec ceux que fournit notre gros bétail.

Ceux qui voudront suivre hardiment mes avis trouveront, dans cette branche de l'industrie agricole, un bénéfice qui dépassera de beaucoup, proportion gardée, celui que donnent les autres animaux de la ferme. La production assurée des grands animaux a fini par établir et fixer des cours, tandis que les produits en volaille de premier choix, comme taille et qualité, sont et seront encore longtemps destinés aux tables somptueuses, qui se les disputent à prix d'or. Les volailles de moyenne force, mais excellentes, comme la moins grosse variété des poules de la Flèche, comme la crève-cœur moyenne, etc., etc., donnent cependant un bénéfice considérable, puisque beaucoup de personnes les élèvent de préférence. En effet, ces volailles sont encore délicieuses, elles sont plus précoces et d'un débit général, à cause de leur moindre volume. Quoi qu'il en soit, grosses et moyennes variétés sont, dans les pays d'élèves, le sujet d'un commerce très-lucratif, tant pour les éleveurs que pour les engraisseurs.

Partout où l'on élève et engraisse bien, on voit chaque semaine, au marché, des milliers de pièces grasses ou demi-grasses de tout prix.

Si l'on ajoute aux considérations ci-dessus que les nombreuses personnes qui ont pris le goût de la campagne consacrent maintenant une partie de leur intelligence à la culture des choses utiles, qu'il est du meilleur goût de s'occuper un peu de ce qu'on dédaignait si ridiculement autrefois, et que, parmi les occupations de la vie des champs, celle d'élever de bonnes volailles est une des plus amusantes, on trouvera que plaisir et utilité sont attachés à notre sujet. Cherchons donc les moyens d'atteindre le but proposé, de produire ces délicieux morceaux qui flattent l'œil, l'odorat et le goût de ceux qui les achètent, moyennant une rémunération en rapport avec le soin et l'intelligence de ceux qui les produisent.

Il n'est point embarrassant de trouver d'excellentes races, elles abondent dans les grandes circonscriptions, qui semblent en avoir le privilége. Ainsi le nord de la France compte un grand nombre d'admirables variétés dont le crèvecœur est le principal type. En Hollande et en Belgique, nous trouvons la bruges, la bréda, la gueldre; en Angleterre, la dorking, cette volaille aristocratique; dans le centre de la France, la fléchoise, et au midi de l'Europe, l'espagnole. J'espère que voilà de quoi mettre en branle toutes les fourchettes. Si donc quelqu'un voulait peupler sa basse-cour ou sa ferme de bonnes volailles, il penserait sans doute, comme on l'a pensé jusqu'ici, qu'il n'y aurait que l'embarras de choisir la plus grosse, la plus belle, la plus précoce, la plus délicieuse de ces races, et que le tour serait fait.

Eh bien, il faut qu'on le sache, il n'en peut être ainsi. L'espèce de poules qui réunit le plus de qualités dans son pays peut être détestable ailleurs. Mais ce qu'on a cent fois constaté, sans en tirer profit, c'est que des races étrangères, croisées sur un sol étranger, donnaient toujours d'excellents résultats, pourvu que ces résultats fussent l'objet d'une culture sensée et suivie, et qu'on ne refusât pas de faire les sacrifices nécessaires.

Pourquoi voudrait-on que les poules rapportassent, plutôt qu'autre chose, sans nourriture et sans soins suffisants? Fait-on venir du blé dans un champ mal fumé et mal façonné?

Parmi les nombreuses races de volailles, il y en a d'excellentes, mais elles le sont pour les pays qui les ont constituées et qui les conservent par des traitements rationnels. Ces races peuvent servir comme souche aux pays qui veulent faire de leurs poulaillers improductifs une source de profits et d'agréments, mais non servir de race définitive; il est un fait avéré, c'est qu'au bout de quelques générations une race transportée dégénère fatalement. Que faire alors? Il faut s'en faire une. Comment s'y prendre? C'est ce que nous allons voir.

Beaucoup de personnes ont fait venir des poules indigènes de différentes races des contrées qui les produisent, ou en ont acheté aux marchands. Certains amateurs sont parvenus, en prenant les précautions nécessaires, à conserver plus ou moins longtemps ces poules dans un état de pureté convenable (quand

elles étaient déjà pures, s'entend). Mais la plupart des essais
d'acclimatation ont échoué, surtout dans les fermes. Ainsi j'ai
parfaitement su que la poule houdan, si précieuse, si complète
dans son pays, avait bientôt donné des produits inférieurs dans
différentes localités de la France, principalement dans le Nord
et la Picardie, où l'on a essayé de la répandre, et ainsi des
autres espèces. Mais c'eût été une circonstance tout particulièrement heureuse qui eût déterminé la réussite de ces essais,
et je ne comprends pas que les gens spéciaux n'aient pas
bientôt reconnu les raisons de pareils résultats.

Les races diverses se sont constituées sous certaines influences climatériques et par une continuité de nourriture
propre à chaque pays, ce qui fait que, dans la contrée même
où elles se sont formées, une promiscuité considérable ne saurait en détruire le type, tandis qu'il n'en peut être ainsi dans
une basse-cour composée d'animaux étrangers au pays, où un
lien d'étroite parenté unit tous les reproducteurs, où la nourriture et l'air ne sauraient être semblables à ceux du pays d'où
on a fait venir ces producteurs.

L'expérience a démontré que les essais tentés à différentes
époques dans chacune des contrées où l'on a cultivé les poules
avaient eu pour résultat de constituer et de fixer chaque race
à la suite d'un mélange résultant de plusieurs variétés de bonnes poules introduites dans ces moments d'essais, les sujets
définitif sayant été triés par un choix judicieux.

L'expérience a encore démontré, quoique récemment, que
les deux espèces exotiques cochinchine et brahma-pootra [1]
donnaient en Europe des produits d'une force et d'une rusticité bien au-dessus de la force et de la rusticité des produits
des espèces indigènes, surtout quand ces dernières ont changé
de contrées; que la cochinchine et le brahma-pootra commu-
niquaient aux produits des espèces indigènes un poids et un

[1] Cette dernière variété de Cochinchine est presque perdue par l'in-
ourie et la cupidité des éleveurs

volume considérables, ainsi qu'une fécondité et une aptitude à couver souvent inconnues chez ces dernières, sur leur sol même, et cela sans changer d'une façon dangereûse la finesse de la chair et l'aptitude à l'engraissement.

Mais cette vérité a été reconnue par quelques amateurs qui ont pu disposer de beaux sujets, et non par la masse des éleveurs qu'on a saturés d'horriblés animaux soi-disant pourvus de précieuses qualités, mais bien plus faits pour détruire les basses-cours que pour les rétablir.

Je dois dire que le brahma et la cochinchine *pures de race* donnent de bonnes volailles, non pas à l'état d'engraissement, mais comme poulets de grain. Leur engraissement n'est praticable qu'après croisement. Mais, je le répète, il faut qu'elles soient pures et non indignement dégénérées.

La plupart du temps on a pris, pour faire des croisements, de mauvaises poules de Cochinchine déjà croisées avec des poules dites russes, ou, si l'on veut, avec des malaises dégénérées elles-mêmes. A l'exception de rares personnes, la plupart des amateurs n'ont expérimenté qu'avec ces animaux déplorables, et c'est un fait acquis que dans toutes les variétés de Cochinchine, et surtout dans la variété fauve qui est si répandue maintenant, il se trouve peut-être une bête pure entre cent mille horriblement dégénérées. Que conclure d'expériences faites avec de pareils éléments?

Il n'est pas difficile de déduire de ce qui précède que, lorsqu'on veut établir une basse-cour d'un grand produit, tant pour la ponte que pour le volume, l'excellence et la précocité des volailles, il faut prendre des poules indigènes, c'est-à-dire d'Europe, comme la dorking, l'andalouse, la houdan, la crève-cœur, la bruges, etc., dont l'excellence est parfaitement reconnue, quand elles sont pures, et croiser ces espèces avec des coqs de Brahma-Pootra et des coqs de Cochinchine de n'importe quelle variété, mais de sang pur et d'une belle taille, c'est-à-dire pesant de 4 kil. 1/2 à 5 kil., lorsqu'ils ont atteint leur entier accroissement.

- - -

Ces croisements donnent des produits énormes, précoces et
délicieux, si l'on nourrit les élèves à satiété, et s'ils sont tenus
dans de bonnes conditions hygiéniques. Au bout de deux ans
l'on doit détruire les coqs et jeter de nouveau quelques étalons
de race dans la basse-cour, afin de renouveler le sang. Mais il
est préférable d'employer, dans cette opération, les coqs indigènes crèvecœur, houdan, dorking, une espèce après l'autre,
chacune pendant deux ans et ensuite le coq exotique, cochinchine, pour le même temps. De cette façon, on entretient la
basse-cour dans un état splendide; on peut même, dès la première année, si l'on a deux fermes, ou deux basses-cours, en
peupler une par le moyen ci-dessus, et l'autre, en y mettant
les poules exotiques avec les coqs indigènes, ce qui fera la
contre-partie, et sera un intéressant sujet d'étude. C'est ici
l'occasion de faire une remarque bien importante :

On sait que les espèces indigènes donnent presque toutes
des produits assez difficiles à élever, surtout en dehors de leur
pays, et l'on sait aussi, mais à n'en pas douter, que la cochinchine et la brahma donnent des poussins d'une rusticité inouïe.
Sur trente brahmas et dix cochinchines élevées dans un clos
de huit ares environ, bien fourni de gazon, il s'est élevé trente
brahmas et dix cochinchines tous beaux, vigoureux, sans un
seul accident et sans une seule maladie. Quoique je n'aie pas
fait l'expérience avec des races indigènes, il n'est pas probable
que, si elle avait été faite, ce résultat eût été obtenu. Je pense
donc que les produits venus de poules indigènes et de coqs
exotiques doivent être d'une éducation bien plus difficile que
ceux venus de poules exotiques et de coqs indigènes, sans qu'il
y ait grande raison de croire ces derniers inférieurs aux premiers. Mais, malgré toutes probabilités, il ne faudrait pas aban-
donner un essai pour faire l'autre; il faut les faire tous les
deux, ou s'entendre avec quelqu'un pour partager les sujets
qu'on aura obtenus, de façon que la première expérience soit
faite par l'un et la seconde par l'autre.

Ce n'est pas sans de très-sérieuses raisons que je recommande les grands mélanges et le renouvellement tous les deux ans, tantôt par une espèce, tantôt par l'autre; outre l'avantage, incontesté par les connaisseurs, du croisement de deux espèces transportées sur un nouveau sol, outre la grande probabilité de la réunion des qualités de chacune des espèces réunies dans les produits définitifs, il y a une raison déterminante au premier degré; c'est que tous ces enfants venus de mères si éloignées, ne pouvant avoir aucun lien de parenté entre elles, et de pères différents, ne se trouvent cousins et cousines, et rarement frères et sœurs qu'après plusieurs générations; ce qui établit un renouvellement de sang continuel, surtout si tous les deux ans on introduit de nouveaux étalons; et, d'ailleurs, il est aussi facile de mettre avec un coq brahma et un coq cochinchine deux poules dorking, deux andalouses, deux houdans, deux bruges et deux crévecœur que cinq poules de l'une ou l'autre de ces espèces avec un brahma ou un cochinchine.

Vingt à trente bêtes suffiraient pour monter, dès la première année, une immense basse-cour, si l'on voulait faire couver le millier d'œufs fournis dans la bonne saison.

Des soins intelligents doivent aussi présider aux choix des sujets à garder pour constituer définitivement la basse-cour. Il faut préférer dans chacun des croisements les sujets les plus lourds, les plus larges, les mieux portants, ceux qui ont la peau la plus blanche, et les pattes roses, grises, noires, blanches, etc., indices de la meilleure qualité; les poules qui pondent le plus d'œufs et les plus gros (ce qui promet un meilleur emplacement pour les poulets); les coqs les plus ardents et les plus forts; enfin, écarter toujours le type cochinchine et ramener aux qualités des indigènes les sujets définitivement gardés. A la longue, et peut-être après un, deux ou trois renouvellements de sang, ces animaux, sous l'influence de nouveaux climats et de différentes nourritures, constitueront sans doute de nouvelles et puissantes races qui feront d'un produit la plupart du temps négatif un produit important.

Une quantité considérable de nourriture, gaspillée par de détestables poules, servira à produire d'excellentes et magnifiques volailles qui remplaceront ces affreuses cocottes dont le souvenir ne restera, pour les générations de gourmets à venir, que dans les anciens tableaux. On dit que les artistes regrettent le perfectionnement des animaux, parce que ces animaux ne prêtent plus au pittoresque. Je ne suis, ma foi, guère de l'avis de messieurs les artistes, car les bestiaux qui figurent dans les concours me semblent bien plus beaux et d'une allure bien plus noble que ces pauvres bœufs, soi-disant pittoresques, où la peau et les os jouent un plus grand rôle que les muscles. Est-ce que Géricault n'a pas fait d'aussi belles choses avec ses magnifiques chevaux que Dujardin, Pierre de Laer et Paul Potter avec leurs chevaux usés? S'il leur est quelquefois inférieur, c'est par le talent, mais jamais dans les moyens pittoresques. D'ailleurs, que les peintres se consolent, ils pourront au moins manger leurs modèles après s'en être servis, et si les choses tristes et malheureuses disparaissaient de la terre, entraînant avec elles leurs impressions poétiques, il n'y aurait pas de quoi s'en chagriner beaucoup, puisque leur reproduction ne serait plus un besoin. Mais revenons à nos poules.

Dans les essais et les croisements, il ne faut rien précipiter, surtout quand on opère sur une assez grande échelle, ce que *toutes* les fermes finiront bien par être forcées de faire.

Ainsi, quand on entend parler d'une nouvelle espèce, il ne faut pas, à tout hasard et sans l'avoir éprouvée, la jeter au milieu de sa basse-cour, à moins qu'elle n'ait été l'objet d'une étude spéciale et sincère d'hommes sérieux et compétents.

D'après notre méthode de croisements, on peut avec avantage essayer plusieurs espèces indigènes dont nous donnons la nomenclature, ainsi que les deux grandes espèces exotiques et leurs variétés.

Nous avons parlé des grandes organisations et des grandes basses-cours, touchons un mot des petites.

Une douzaine d'animaux suffisent pour monter dans une saison la basse-cour d'une grande maison ou d'une petite ferme : deux coqs exotiques et dix poules indigènes. On voit bien qu'il n'y a rien d'effrayant dans cette opération, devant laquelle on recule longtemps, parce que les premiers reproducteurs coûtent fort cher, et parce qu'on craint d'être trompé, même en y mettant le prix. Mais il faut espérer que, lorsque les types seront bien connus, et que des éleveurs auront su se monter d'espèces absolument pures, ce qui est encore, on doit en convenir, extrêmement rare; il faut espérer, dis-je, qu'on ne reculera plus et que ceux qui sont à la tête d'exploitations rurales se mettront au courant, pour cette branche de leur industrie, comme ils le font ou l'ont déjà fait pour les autres.

Au reste, les croisements, quels qu'ils soient, pourvu qu'ils proviennent de sujets de bonnes races différentes, mais sans parenté ou de parenté éloignée, ne peuvent donner que d'excellents résultats.

On verra dans la note suivante, insérée au Bulletin de la Société d'acclimatation, toute l'importance qu'y attache l'auteur de cette note, ainsi que les hommes pratiques qui en ont ordonné l'insertion.

Cette note, due à M. le docteur Ch. Aubé, a pour objet les inconvénients qui peuvent résulter du défaut de croisement dans la propagation des espèces animales :

« Dans une des réunions de la Société, M. Guérin-Menneville l'a entretenue des maladies qui accablent le ver à soie et des moyens qu'on pourrait mettre en pratique pour parer à un mal si préjudiciable à notre industrie. M. Guérin insiste avec beaucoup de raison sur les moyens préventifs, qui ont une bien une autre valeur que ceux qu'on peut considérer comme curatifs. Prévenir est plus rationnel que guérir. Je regrette cependant que notre habile collègue, qui a étudié avec tant de soin les questions qui se rattachent à toutes les branches de la sériciculture, ait négligé de signaler un procédé que j'ai indiqué il y a plus de deux ans, et qui a été, d'un autre côté spontanément, je crois, mis en pratique par des éleveurs italiens : je veux parler du croisement des races; non que je veuille revendiquer le mérite d'en avoir eu la première idée, puisque, si j'ai parlé le premier, d'autres ont probablement agi avant la publication de ma note. Je ne pense pas non plus voir dans ce moyen un remède infaillible contre toutes les affections qui peuvent atteindre le ver à soie; mais je crois fermement qu'en en faisant une application judicieuse l'on devra rendre cet insecte plus vigoureux et plus apte à résister aux influences fâcheuses.

« En indiquant le croisement comme pouvant contribuer à soustraire les vers à soie à la destruction qui paraît les menacer, ce n'est pas une application restreinte que je propose; c'est un grand principe que je défends; et, à ce sujet, je demande la permission d'entrer plus avant dans la question, de l'examiner d'une manière générale, et de signaler les désastres résultant des infractions aux lois immuables de la nature, qui défendent impérieusement les alliances successives entre parents, sous menace de destruction complète. Le but de cette note n'est pas de donner un traité de la matière, je n'ai pas étudié, j'ai regardé; je n'ai pas cherché les faits, je les ai rencontrés; je viens naïvement raconter ce que j'ai vu.

« Lorsque les animaux, l'homme compris, abandonnés à eux-mêmes dans des conditions de séquestration restreinte, sont obligés, pour répondre au but de la nature, de s'unir entre parents, il en résulte toujours, pour les produits, des altérations plus ou moins profondes : chez les mammifères, disposition à la cachexie ganglionnaire et tuberculeuse, aux hydatides du foie, etc.; chez les autres animaux, diminution dans la taille, altération dans les formes, état maladif et souvent stérilité complète. Mais ce qui est digne de fixer notre attention, c'est la tendance bien marquée à la dégénérescence albine, qu'on observe dans ce cas, et surtout chez les animaux à sang chaud.

« Cette altération, fréquente dans certaines espèces, ne se produit que difficilement chez d'autres ; quelques-unes enfin semblent y échapper tout à fait, si l'on ne veut voir d'albinos que là où toute couleur a disparu, et où même la matière colorante de l'œil fait défaut. Quant à moi, j'envisage la question sous un point de vue plus large, et je tiens pour albinos, ou au moins en vue d'albinisation, une grande partie de nos races blanches, dont les types, dans la nature, sont toujours colorés. Ce qui donne quelque force à ma manière de voir, c'est que toutes ces races sont plus petites, plus chétives et d'une éducation plus difficile. Nos volailles blanches, poules, dindons et canards, n'arrivent jamais à l'état adulte dans les mêmes proportions numériques que nos volailles aux brillantes couleurs. J'ai vu beaucoup de ces sujets albins, et tous provenaient d'unions successives entre proches parents. J'ai même produit, à ma volonté, des albinos, et cela à la quatrième ou cinquième génération, chez le lapin domestique, cette pauvre victime qui se prête si docilement à toutes nos expériences d'histoire naturelle, de médecine et de physiologie.

« L'homme nous offre des exemples encore assez frappants d'albinisme, et cette altération se rencontre surtout chez les peuplades peu nombreuses et à demi sauvages où les unions entre parents doivent être fréquentes; nous l'observons également dans les pays civilisés, et principalement dans les petits centres de population, où certaines familles cherchent volontiers des alliances dans leur propre sein. J'ai été à même de voir trois albinos humains, deux nés de la même mère, mais dont l'origine paternelle est restée couverte d'un voile qu'il n'a pas été possible de soulever. Le troisième provenait d'un mariage entre cousins germains, qui habitent une commune du département de l'Oise; comme ses semblables, il était d'une bien chétive constitution, et traîna sa triste existence jusque vers sa seizième année, époque à laquelle il mourut.

« Chez les animaux, nous trouvons des sujets albins dans nos parcs trop restreints et dans nos basses-cours, lorsque la reproduction, entièrement abandonnée à elle-même, ne reçoit aucune direction. En 1848, j'ai vu à la montre d'un restaurateur de Paris, exposés derrière les vitres, deux daims albinos, provenant de la destruction du gibier faite à cette époque dans le parc du Raincy. Je ne crains pas d'attribuer l'état de ces animaux à la cause que je signale.

« Les lapins dans leurs cabanes, les furets dans leurs tonneaux, où nous les tenons ordinairement renfermés, passent très-vite à l'albinisme. Le dernier de ces animaux se présente même plus fréquemment sous ce dernier état que sous celui qu'il nous offre dans la nature, à tel point que Linné, et après lui Cuvier, en le décrivant, le premier, dans son *Systema naturæ*, et le second, dans le *Règne animal*, lui donnent pour caractères un pelage d'un blanc jaunâtre et les yeux roses, tandis que tout nous porte à croire que notre furet n'est en réalité qu'un putois (*mustela putorius*) depuis longtemps domestiqué.

« Les paons, faisans et pintades, que nous avons seulement pour l'ornement de nos maisons de campagne et que nous ne possédons qu'en petit nombre, s'albinent aussi très-rapidement Je possède actuellement chez moi des pintades à plumage mélangé de blanc, provenant d'une troisième génération seulement, et il est probable que, si je n'apporte aucun remède à ce commencement d'altération en changeant les mâles, cet été ou le suivant m'offrira des albinos complets.

« Les souris et les rats blancs, que nous montrent sur les places publiques les jongleurs et les charlatans, proviennent d'éducations claustrales, et ont tous le même genre primitif d'origine; je dis primitif, parce que, ainsi que les lapins et quelques autres animaux arrivés à cet état, ils conservent encore la force de se reproduire.

« Comme je l'ai dit précédemment, le lapin est un des animaux mammifères qui se modifie avec le plus de rapidité;

mais ce qu'on ne remarque pas sans étonnement, ce sont les changements de couleur qui s'opèrent successivement dans son pelage avant qu'il soit arrivé à les perdre toutes. Ainsi, lorsqu'on fait couvrir une femelle par un mâle de la même portée, les petits sont ou gris maculés de blanc, ou, plus fréquemment encore, d'un roux pâle avec ou sans maculature ; si l'on accouple deux individus provenant de cette union, l'on obtient des lapins noirs ou noirs et blancs ; l'expérience poursuivie, la quatrième génération offre des sujets d'un gris ardoisé bleuâtre, résultant du mélange de poils noirs et de poils blancs ; si, enfin, l'on réunit encore deux élèves de cette dernière portée, il est à peu près certain qu'il naîtra des albinos parfaits, c'est-à-dire entièrement blancs avec les yeux roux.

« La singularité du passage au blanc par l'intermédiaire du noir est un phénomène bien digne de remarque et qui se présente d'une manière peut-être plus curieuse chez notre mouton. Lorsque, par négligence ou économie mal entendue, les béliers d'un troupeau, n'ayant pas été changés, ont servi à la saillie de brebis issues d'eux-mêmes, ou qu'un jeune mâle, conservé intentionnellement, a dû couvrir ses sœurs, il naît souvent de ces alliances des agneaux d'un brun noir. Nous voyons ici le noir servir de passage du blanc naturel au blanc albin, car, tout en paraissant en contradiction avec moi-même, je ne puis voir dans nos belles races de moutons que des variétés fixées de l'espèce primitive et que je pense être le mouflon d'Europe.

« La dégradation albine n'est pas renfermée dans le cercle de nos éducations particulières ; elle se rencontre également dans la nature, où, sans être fréquente, elle n'est cependant pas très-rare. A ce sujet, je crois avoir remarqué qu'elle affecte principalement les oiseaux et surtout les espèces qui se cantonnent et quittent peu les lieux qui les ont vus naître : les perdrix dans nos champs cultivés, les choucas qui établissent leurs habitations dans les clochers des églises, et les moineaux dans les villes et villages qu'il abandonnent peu. En effet, j'ai eu occasion de voir trois perdrix, un choucas et deux moineaux entièrement blancs.

« Recherchons maintenant quelles sont les altérations que peuvent présenter les animaux à sang froid, non soumis au renouvellement du sang. Mes observations, quoique peu nombreuses, peuvent avoir cependant quelques résultats économiques. J'ai été à même, en ma qualité de propriétaire d'étangs et de pisciculteur praticien depuis plus de quinze ans, d'observer des faits qui démontrent jusqu'à l'évidence que la loi des croisements est universelle, et que toujours, et partout, elle doit être respectée, chaque fois que l'homme veut intervenir pour se procurer certains produits particuliers ou des produits en plus grand nombre que les conditions naturelles ne le permettent.

« Si dans un étang d'une étendue déterminée et propre à la reproduction des carpes, prenons deux hectares, l'on veut obtenir un grand nombre d'alevins, acceptons ici le chiffre de quinze mille, un mâle seul et deux femelles, s'il ne leur arrive pas d'accident, suffiront amplement. Les carpillons qui en naîtront, ne pouvant rester plus de deux ou trois ans dans un aussi petit volume d'eau, devront, au bout de ce laps de temps, être retirés, placés ailleurs ou vendus ; ils sont alors superbes, d'une forme bien allongée et d'un beau jaune brun doré. Supposons encore que, l'étang devenu libre, l'on veuille l'utiliser à la production de nouvel alevin, et qu'on suive les mêmes errements, en n'y mettant encore que trois de ces carpeaux de trois ans (c'est à cet âge qu'ils sont préférables), les produits seront plus courts, plus plats et moins colorés. Si enfin, poursuivant le même principe, l'on continue de prendre sur soi la reproduction dans les conditions numériques indiquées précédemment, les carpes deviennent blafardes, plates, raccourcies et stériles, avec les ovaires et les testicules presque entièrement atrophiés. Les marchands de poisson les disent brêmées, en raison de l'analogie de formes qu'elles offrent avec la brême ; dans le département de l'Oise, elles sont considérées comme appartenant à une espèce distincte, portant le nom de carouges, nom qui ne doit s'appliquer qu'au *cyprinus carassius*, avec lequel, il est vrai, les carpes ont quelques points de ressemblance. Elles sont généralement rejetées comme poissons inférieurs.

« Si, dans ces conditions, la forme et la couleur ont subi des modifications fâcheuses, la chair n'a pas été plus épargnée : elle est molle, fade, et n'offre jamais, chez les individus de quelques kilogrammes, cette belle teinte rose saumoné et le goût fin qui font le mérite des carpes de ce volume et de bonne nature. On a donc par ce moyen, et en quelques années, complétement annihilé ses produits, et l'on se trouve contraint de chercher ailleurs d'autres types dont l'origine est souvent inconnue, et qui peuvent déjà porter en eux un commencement d'altération.

« Si les altérations que je viens de signaler chez les carpes se rapprochent beaucoup de la dégénérescence albine, que faudra-t-il penser de celles que présentent les magnifiques cyprins de la Chine, aux couleurs si vives et si brillantes, et qui, renfermées dans nos bassins, leur reproduction livrée à toutes les chances du hasard, deviennent entièrement blancs? Sont-ce là de véritables albinos? Je ne conserve aucun doute à cet égard.

« Je dois, pour compléter la série de mes observations, vous signaler encore ce qui se passe dans l'élevage des insectes, qu'en raison de mon goût pour l'histoire naturelle entomologique j'ai dû pratiquer assez souvent. Si, après avoir trouvé une femelle fécondée d'un lépidoptère considéré comme rare, l'on veut élever les chenilles nées des œufs qu'elle aura pondus, les produits, si tous les soins qu'ils réclament leur ont été donnés, sont aussi beaux que ceux qu'on rencontre dans la nature. Élève-t-on des vers provenant de cette première éducation, l'on éprouve plus de difficulté pour en amener un certain nombre jusqu'au moment de leur transformation en chrysalides, et les papillons sont généralement plus

petits et moins vivement colorés que leurs ascendants ; si enfin
l'on obtient de ces derniers des accouplements et des œufs fécondés, l'esclavage des chenilles est impossible, ces vers
meurent tous dans la crise des mues et des transformations.
Ces faits ont été observés par tous les lépidoptérologistes,
parmi lesquels je citerai M. Boisduval, si compétent en cette
matière, et M. Bélier de la Chavignerie, président actuel de la
Société entomologique de France, et qui chaque année élève
un nombre considérable de chenilles.

« Quoique l'albinisme doive être généralement repoussé de
nos éducations, il est cependant des cas exceptionnels où
l'homme peut en tirer un grand parti pour obtenir un produit
plus recherché ou d'un prix plus élevé; mais, dans le cas où
les sujets doivent être conservés, il faut qu'il le dirige avec
sagesse et sache l'arrêter à temps. Qui se refuserait à voir
un albinos imparfait dans cette belle race de chèvres d'Angora,
telle que nous l'a si bien dépeinte M. Bourlier dans notre précédente séance? Ce pauvre et chétif animal, nous offrant dans
sa dégradation une toison si fine et si soyeuse, mérite bien de
fixer notre attention, comme elle a su fixer celle des peuples qui
le possèdent. Ces peuples comprennent parfaitement qu'ils
ont affaire à un animal en voie de dégénérescence, et que, si
l'on veut ne pas le perdre tout à fait, il faut pour ainsi dire le
retremper de temps à autre, en faisant couvrir par des boucs
angoras des chèvres à poils rudes et coloriés, et prises en dehors du troupeau.

« Nous trouvons encore un exemple du parti qu'on peut
tirer des animaux dégénérés dans ces éducations de volailles
blanches pratiquées en grand par certains cultivateurs de la
Brie, dans le but presque exclusif de les plumer deux fois, et
souvent trois, dans le cours d'une année et d'en vendre
les dépouilles à des prix qui dépassent souvent celui de
l'animal vendu comme aliment; il peut même être quelquefois
nécessaire de provoquer l'albinisme, lorsque, pour se procurer un produit tout spécial, le sacrifice de l'animal est in-

dispensable; dans l'emploi, par exemple, de la peau du lapin blanc, soit comme fourure, soit en en feutrant le poil pour la chapellerie.

La dégénérescence albine n'est pas la seule altération qui puisse dériver du défaut de croisement chez les animaux, dont quelques-uns sont pour ainsi dire réfractaires à cette affection, du moins dans sa manifestation la plus complète; ce qui pourrait trouver son explication dans le défaut de temps accordé aux générations qui se succèdent et dont les dernières, devenues stériles, ne permettent pas de continuer l'observation. Je n'ai jamais vu de moutons avec les yeux roux; peut-être faut-il l'attribuer à l'état de débilité qui doit chez eux précéder l'albinisme qui les fait livrer préventivement à la boucherie. Échappent-ils à cette cause de destruction, ils sont atteints de diverses affections qui les font rentrer dans la loi commune, telles que la phthisie pulmonaire, et l'altération qui porte le nom de pourriture, caractérisée surtout par la présence d'hydatides dans les lobes du foie. Les chèvres d'Angora, en Asie Mineure, où elles sont cependant l'objet de soins tout particuliers, sont souvent affectées de pleuro-pneumonie qui les fait périr et qui est due très-probablement à la présence de tubercules dans les poumons.

« J'ai été témoin, il y a quelques années, d'un fait relatif à la race canine, qui doit ici trouver sa place, et prouve une fois de plus l'importance du croisement. Un cultivateur avait reçu en cadeau une paire de magnifiques chiens couchants, griffons blancs, de très-haute taille et à poils très-rudes; ces chiens, mâle et femelle, provenant d'une même portée, étaient parfaits pour trouver, arrêter et rapporter le gibier; ils joignaient à cela une force de résistance telle qu'ils étaient toujours prêts à suivre le maître. L'on comprend que, possesseur d'une race de chiens aussi précieuse, ce cultivateur ait voulu la reproduire et la répandre; il fit donc couvrir la sœur par le frère, les produits furent de suite modifiés: perte de taille, tête et train de derrière relativement plus forts que chez d'autres chiens de leur taille ; colonne vertébrale en arc de cercle à convexité inférieure, forme dite ensellée : telles étaient les altérations produites chez ces animaux ; ils avaient conservé leurs principales qualités, mais perdu leur aptitude à résister à la fatigue. A la troisième génération, soit qu'on eût allié le père et la fille, ou un frère à sa sœur, je ne puis le dire, la race était perdue ; les produits moururent jeunes.

« Je ne crains pas d'affirmer qu'au moyen de croisements bien entendus et successifs l'on eût pu fixer cette belle race, comme ont été fixées beaucoup d'autres, le carlin, par exemple, qui lui aussi a disparu, et peut-être par la même cause, à une époque où les besoins si impérieux de la mode, poussant à la reproduction rapide, firent négliger les conditions de conservation. Ce n'est pas du reste que cette race soit en quoi que ce soit regrettable.

« Que conclure de ce qui précède, si ce n'est que, sans croisement, aucun animal ne peut résister ; il faut qu'il disparaisse ; que de l'alliance successive entre proches parents découle l'albinisme, qui peut-être même n'a pas d'autre cause ; que nous devons éviter avec grand soin ce dernier degré de la dégradation physique de l'animal, et qu'enfin nous pouvons toujours l'éviter dans nos éducations, puisque notre seule volonté suffit, et que les moyens sont toujours à notre disposition.

« Nous trouvons encore dans l'examen des faits un enseignement qui peut avoir son application immédiate ; je veux parler des soins que doivent recevoir les animaux appartenant à notre société de la part des personnes auxquelles ils sont confiés, soins qui, négligés, devront amener des insuccès complets qu'on ne manquerait pas d'attribuer à des causes climatériques, tandis que notre négligence seule les aurait provoquées.

« Je conseille donc, pour assurer l'acclimatation de nos yaks, de déplacer les produits obtenus dans un de nos dépôts et de les diriger vers un autre, pour les unir aux produits de ce dernier, et, par ce moyen, éviter les alliances entre ascendants et descendants, et entre frères et sœurs. Je demande en outre, si la chose est praticable, que la Société fasse tous ses efforts pour obtenir un ou deux autres mâles nés au Thibet et pris dans deux localités différentes (toutes conditions égales d'ailleurs, les foncés en couleur devront être préférés). Ces mâles pourraient servir à de nouveaux croisements avec nos remelles primitives ou celles nées en France. C'est avec toutes les précautions et des soins bien dirigés que nous pourrons obtenir un jour assez de branches collatérales éloignées pour que tout rapprochement cesse d'être à craindre. C'est alors, et seulement alors, que l'acclimatation sera complète, si d'autres causes ne viennent l'entraver.

« Ce que je dis ici doit nécessairement s'appliquer à tous les animaux dont la Société poursuit avec tant de zèle l'introduction et l'acclimatation. »

CHAPITRE II

Engraissement par entonnage.

Il y a trois sortes d'engraissement : la première, naturelle, consiste dans la nourriture donnée à des animaux libres, dans l'absorption volontaire d'une nourriture particulièrement propre à produire cet effet, comme le maïs cuit, le riz, le sarrasin, etc. Il faut encore que l'animal soit d'une santé, d'une nature et surtout d'un âge qui le portent à la graisse, car, chez les poulets non adultes, la nourriture tourne presque toute au développement des os et des muscles.

Ce n'est que chez les poules faites et dans les espèces comme le crèvecœur, le dorking, le houdan, etc., que ce phénomène a lieu, si l'on ne rationne pas et surtout si l'on n'écarte pas certaines nourritures.

La seconde sorte d'engraissement se fait par absorption et consiste dans l'*empâtement*, intromission forcée à heures fixes de pâtons composés de farineux. Ce mode d'engraissement est décrit avec soin à l'article *la Flèche*.

La troisième sorte est l'*entonnage*, intromission forcée, au moyen d'un entonnoir, de farineux à l'état liquide. C'est ce dernier mode qui finira par prévaloir partout, tant il est simple, facile et rapide.

Voici comme on le pratique :

Celui qui veut engraisser des poulets se munit de farine d'orge et non d'orge cassé, car il ne faut pas que la farine soit accompagnée de son; elle doit, au contraire, être convenablement tamisée au moulin. On prend de la farine que l'on délaye sans grumelots dans un liquide composé de lait et d'eau coupés par parties égales. Ce brouet doit avoir l'épaisseur d'une bouillie claire qui commence à cuire, et, je le répète, il ne doit pas y entrer plus de lait que par moitié, car l'expérience a démontré que, dans le cas contraire, l'engraissement s'arrêtait au bout de quelques jours, et que le sujet finissait par décroître et mourir.

On se procure en outre un entonnoir en fer-blanc, dont la capacité puisse contenir ce qu'il faut donner par repas à chaque sorte de volaille (grav. 108, 109, 110).

L'ouverture supérieure de l'entonnoir a 0^m.10 de largeur et 0^m.06 de profondeur en mesurant son axe. Le tuyau ou goulot mesure 0^m.09 de longueur. La partie supérieure du tuyau ou goulot, celle qui tient au récipient, a 0^m.025 de large extérieurement, et le bout inférieur à 0^m.015 extérieurement. Ce bout, destiné à entrer dans le gosier des animaux, est coupé en diagonale et retroussé de façon à former un petit rebord arrondi. Ce rebord est en outre bien adouci par une petite couche d'étain habilement fixée au fer à souder.

Au bord supérieur de l'entonnoir est fixé un petit anneau destiné à recevoir l'index de la main droite, mais la place de cet anneau est loin d'être indifférente, car il faut que, tenant d'une main la tête de la volaille, on puisse de l'autre entrer l'entonnoir dans un sens voulu, ce qui se fait naturellement quand l'anneau est convenablement placé.

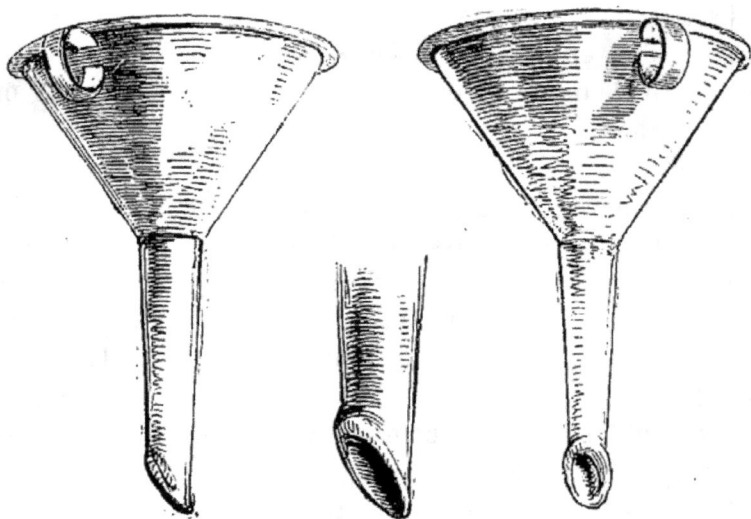

Grav. 114, 115 et 116. — Entonnoir.

L'orifice du bout inférieur de l'entonnoir (qui, comme nous l'avons dit, est coupé en diagonale) *doit* être tourné du côté de celui qui opère, c'est pourquoi l'anneau en question est soudé sur le bord supérieur de l'entonnoir, à $0^m.05$ à droite de la direction de l'orifice inférieur du goulot.

Les personnes qui ont une grande habitude se servent de l'entonnoir sans aucun danger, mais celles qui n'en font pas continuellement usage risquent d'érailler les parois du gosier; aussi est-il excellent d'en entourer l'extrémité d'un bout en caoutchouc qui en augmente le moins possible le volume, et cette précaution évitera les accidents pouvant déterminer des maladies.

Tout cela est très-simple, et je ne m'étends longuement sur cette opération que pour la faire bien comprendre, et parce qu'elle est de la dernière importance.

La pâtée préparée est placée dans un vase où elle puisse être facilement puisée avec un récipient en forme de cuiller à pot profonde ; puis, quand tout est prêt, on saisit l'animal par les ailes près des épaules, et on le place la tête en avant entre les genoux, de façon à le tenir sans le blesser ni l'étouffer. Il fait quelques contorsions les premières fois, mais il s'habitue bientôt. Lorsqu'il est bien calme, on passe l'index de la main droite dans l'anneau de l'entonnoir, on saisit la tête du poulet de la main gauche, et, allongeant bien son cou, on lui ouvre le bec en s'aidant de la main droite, toujours armée de l'entonnoir.

Quand le bec est convenablement ouvert, on s'arrange de façon à le maintenir un instant dans cette position en employant seulement la main gauche, et l'on introduit rapidement l'entonnoir de tout le goulot, en ayant soin de ne pas offenser l'intérieur du gosier.

La main gauche tient tout aisément, la tête du poulet dans la paume de la main et les trois derniers doigts, l'entonnoir soutenu par le pouce et l'index.

On prend alors la pâtée, dont on verse plein l'entonnoir, sans que ce soit trop au bord et maintenant toujours le cou convenablement allongé. On remet la cuiller qui a servi à prendre la pâtée, et de la main droite on soutient le jabot du poulet jusqu'à ce qu'on le sente s'emplir, ce à quoi on peut l'aider par quelques maniements. Alors on remet la volaille entonnée, et l'on passe à une autre.

La quantité de pâtée que doit contenir l'entonnoir et absorber le poulet est d'environ un huitième de litre, mais on n'en donne que la moitié au premier repas, et l'on n'arrive à donner la ration complète que le troisième jour, encore faut-il avoir soin de l'augmenter ou la diminuer, suivant la force de l'animal.

Les repas se font régulièrement trois fois chaque vingt-quatre heures, et à huit heures de distance; à six heures du matin, à deux heures de l'après-midi et à dix heures du soir dans les maisons bourgeoises; à quatre heures du matin, à midi et à huit heures du soir dans les fermes.

Pour faciliter l'opération de l'entonnage, et pour éviter des accidents d'oubli ou des recherches qui fatiguent et effarouchent les poulets, il faut avoir une organisation convenable qui consiste, suivant le nombre des animaux à engraisser, en deux, trois ou quatre caisses à claire-voie très-serrée, dans lesquelles ils ne doivent pas être plus de dix ensemble.

Ces caisses, isolées de terre, sont placées à un endroit calme, dans une écurie ou tout autre lieu *tempéré*, à l'abri des courants d'air, et l'on doit toujours en avoir en plus une qui reste vide.

Quand tout est bien préparé, on garnit le fond des caisses de paille fraîche, et l'on procède ensuite à l'entonnage en passant chaque poulet, après qu'il est entonné, dans la caisse restée vide. On continue ainsi jusqu'à ce que toutes aient été transvidées l'une dans l'autre, et le changement de paille, qui a lieu tous les jours, se fait au fur et à mesure qu'une d'elles se trouve débarrassée.

La paille, ai-je dit, doit être changée tous les jours, parce que les bons éleveurs, et surtout ceux qui élèvent pour eux, n'adoptent jamais le système de laisser les animaux sur leur fiente, ce qui leur communique toujours un mauvais goût.

Il faut suivre attentivement le progrès de l'opération, et, si l'on s'aperçoit qu'un animal reste stationnaire, on doit le tuer.

Il faut même ne choisir, pour les soumettre au traitement, que des animaux en bon état et d'une bonne santé, car on agirait en vain sur des poulets faibles, qui, au lieu de s'engraisser, tomberaient malades et périraient sans aucun profit pour l'éleveur.

La durée de l'engraissement est de quinze à vingt jours, suivant les sujets et les races ; une plus longue durée ne servirait qu'à faire maigrir les animaux engraissés,

---

CHAPITRE III

Maladies. — Parasites.

DES MALADIES

J'ai dit que ce chapitre serait aussi court que possible, et ce n'est pas sans de bonnes raisons.

La plupart des maladies viennent le plus souvent de la mauvaise constitution des sujets, laquelle est due d'abord à des accidents dont la cause échappe, puis à la mauvaise santé des parents, à l'insuffisance de soins et de nourriture pendant la croissance, à une longue suite de mauvais traitements, etc., etc.

Mais, quelle que soit la cause déterminante de la maladie chez une poule, il n'en est pas moins vrai que, si l'on veut essayer de la rétablir, il faudra tout autant de science, de soins assidus, de dépenses, qu'en demanderait un cheval malade qu'on voudrait guérir.

Comme la chose est impossible, le plus court et le plus simple de tous les remèdes est de lui couper le cou ; on aura tout avantage à ne pas garder un animal improductif, capable seulement de propager dans le poulailler le mai dont il est infecté.

Quand des animaux robustes deviennent malades, c'est presque toujours par suite de la saleté de l'eau ou des poulaillers, de l'infection des espaces restreints où ils sont confinés, et de la privation de substances qu'ils sauraient bien trouver en liberté.

C'est donc par les soins hygiéniques de toute sorte, indiqués dans le cours de cet ouvrage, qu'il faut prévenir les affections qui, la plupart du temps, deviennent contagieuses et causent dans les grandes fermes des ravages vraiment dommageables, et chez les amateurs des pertes souvent irréparables.

Quelques indications que nous croyons utiles peuvent servir en certains cas à la guérison d'animaux precieux.

Les maladies les plus fréquentes sont le catarrhe nasal (écoulement par le nez), le chancre (aphthes) à la langue, dans le gosier, et enfin l'ophthalmie.

Ces affections sont presque toujours l'indice d'une constitution primitivement mauvaise ou viciée; elles peuvent être aussi déterminées par des courants d'air, par des logements ou des terrains infectés, par une nourriture ou de l'eau malsaines, et, dans les espèces délicates, comme le crèvecœur, le hambourg, le dorking, etc., par un simple changement de localité et d'habitudes.

Dans le premier cas, elles sont presque toujours incurables, et, dans les autres, la première condition de traitement est l'isolement par un, deux ou trois sujets, dans de petits compartiments planchéiés, tenus très-propres et sablés.

Les narines, les yeux, l'intérieur du bec, sont lavés tous les matins avec de l'eau légèrement acidulée.

Si le chancre produit des mucosités épaisses ou des matières couenneuses, elles sont enlevées au moyen d'une spatule coupante en bois; la place est lavée, et, si l'on peut, cautérisée au nitrate d'argent.

Une nourriture rafraîchissante, comme le millet, la pâtée de tarine d'orge, des herbages et de l'eau très-propre, est le complément du traitement.

Au fur et à mesure que les animaux se guérissent, on les lâche, pour les refaire, dans des endroits enherbés les plus vastes possibles.

Une coutume barbare, aussi ridicule qu'abominable, consiste à arracher, dans la maladie qu'on nomme pépie et qui n'est autre chose que le chancre ou aphthe, la partie cornée de la langue, partie aussi naturelle de cet organe que l'ongle l'est du doigt. J'ai vu des gens prendre une poule malade, lui visiter l'intérieur du bec, puis, s'apercevant qu'elle était affectée du chancre ou aphthe, s'armer promptement d'une épingle et arracher à la malheureuse bête le bout de la langue.

Par précaution, on visitait les volailles de la cour. Toutes ayant le bout de la langue corné, il était décidé que toutes avaient ou allaient avoir la *pépie*, et alors tout le monde de se mettre à la besogne et d'estropier la basse-cour entière.

Cette blessure est toujours longue à guérir, et souvent incurable.

Une des affections les plus dangereuses, parce qu'à la longue, et sans qu'on s'en aperçoive d'abord, elle finit par envahir toutes les volailles d'un établissement, petit ou grand, est une maladie que je nommerai le *blanc*. C'est une espèce de gale, causée évidemment par des acares ou des végétations invisibles, qui apparaît d'abord aux pattes, à la crête, aux barbillons, aux joues, aux oreillons, sous la forme de petites plaques farineuses. Ces plaques s'étendent et s'épaississent graduellement jusqu'à boucher tout le conduit auditif, à former des croûtes aux caroncules, à faire des bourrelets aux pattes, à en soulever et faire tomber les écailles, et enfin jusqu'à envahir entièrement l'animal.

Aussitôt qu'on s'aperçoit de l'apparition du *blanc*, il faut y apporter remède au moyen d'un spécifique certain, qui n'est autre chose que de la pommade soufrée, dont la recette suit ·

Soufre en poudre ou fleur de soufre, ⎫
Graisse de porc, saindoux,   ⎭ En quantités égales.

Ces deux substances, longtemps pétries ensemble, doivent former une pommade très-épaisse, qui sera appliquée abondamment. Si le blanc est déjà ancien et très-farineux, il faut prendre un instrument tranchant, gratter presque jusqu'au vif, même dans les endroits les plus difficiles, appliquer la pommade en quantité et recommencer tous les trois jours, jusqu'à entière guérison. L'application de la pommade aura lieu partout le corps, si tout le corps est envahi, en ayant soin de soulever les plumes par couches, afin de ne pas trop graisser l'animal.

La goutte est une maladie qui appelle le couteau, comme la consomption, les engelures, les convulsions, les fractures, etc.

Somme toute, et règle générale, toute volaille affectée d'une maladie quelconque, et dont on désire le rétablissement, doit être soumise à la séquestration avec la nourriture indiquée. Ce moyen m'a presque toujours réussi sans autre traitement.

PARASITES ET PICAGE.

Une des plus terribles causes de destruction est l'envahissement des poulaillers par les mites. Lorsque cet affreux insecte vient à paraître, il pullule avec une si grande rapidité, que sa présence est bientôt signalée par les désastres qu'il cause.

En effet, ces dégoûtants parasites viennent dans l'ombre, après le coucher des volailles, s'emparer de leur proie, et rentrent avant le jour dans les retraites nombreuses et cachées qu'offrent toujours les poulaillers *mal construits*; malheur aux poules qui couchent par terre ou restent dans les nids, sollicitées par l'envie de couver. Des bandes innombrables de ces

vampires viennent les trouver, et chaque matin des volailles
bien portantes la veille sont étendues mortes ou mourantes
à la place qu'elles ont occupée pendant la nuit.

Le feu, le soufre en poudre brûlé ou non brûlé, les poudres
pour détruire les insectes, la chaux, rien, rien ne peut débarrasser les poulaillers, les paniers à couveuses, les boîtes à
élevage de cet insupportable insecte, si ce n'est le soin continuel de changer les pailles, de nettoyer à fond, et de boucher
toute espèce d'interstice pouvant leur servir de retraite.

Trois autres espèces de parasites s'attachent à la volaille et
vivent toujours sur son corps. Il y a peu de poules qui en
soient exemptes, et les animaux mal portants et rassemblés
en grand nombre en sont infestés. La liberté, la propreté, la
séparation, peuvent les débarrasser de cette vermine, surtout
si l'on a la précaution de leur enduire tout le corps d'une légère couche de pommade soufrée, en ayant soin de soulever
les plumes par couches, pour ne pas en inonder le plumage.

Les volailles enfermées dans des parcs étroits, ennuyées
d'une longue captivité, privées de substances calcaires, d'herbages, ou, comme nous l'avons déjà dit à la page 94, habituées à manger de la viande, et par la suite privées de cette
nourriture, finissent souvent par s'arracher les plumes une à
une, les avaler, attaquer la chair et se dévorer les unes les
autres jusqu'à ce que mort s'ensuive; cette étrange maladie
se nomme le picage.

Deux seuls moyens peuvent y apporter remède :

La liberté ou le couteau.

RAGE DE COUVER.

On peut presque ranger au nombre des maladies la rage de
couver qui s'empare de certaines poules, surtout dans les espèces exotiques, rage à laquelle aucun dérangement ne saurait les arracher; le remède est d'une grande simplicité. Il

faut avoir un petit parc exprès, avec un bout de hangar pour les pluies. On y jette les poules qu'on ne veut pas laisser couver. Aucune nourriture ne leur est donnée pendant quarante-huit heures; au bout de ce temps, on peut être sûr qu'elles ont à peu près abandonné leur projet de couver. Il est bon de leur donner alors une petite pincée de graine chaque matin, pour qu'elles reprennent petit à **petit** leur somme ordinaire de manger. Au bout de quatre à cinq jours, elles sont remises à leur cour ou à leur parc, et, huit ou dix jours après, elles reprennent leur ponte. De l'eau fraîche doit être donnée en abondance aux poules qu'on met à découvert.

FIN DE LA TROISIÈME PARTIE

QUATRIÈME PARTIE

UTILISATION DES PRODUITS. — INCUBATION ARTIFICIELLE

———

CHAPITRE PREMIER

Sacrifice et préparation des volailles.

Ce n'est pas par un massacre qu'il faut terminer la carrière de ces beaux animaux qui nous auront donné tant de peine à élever, et que nous aurons vus tant de fois accourir au son de notre voix amie. Les animaux que nous tuons doivent mourir noblement, et j'ai un grand respect pour l'*intention* des juifs qui les font immoler par un sacrificateur. L'action de donner la mort à un être admirablement constitué et plein de vie a quelque chose de si terrible, et répond à une nécessité si cruelle, que nous ne devrions accomplir cet acte qu'avec dignité, et, de plus, avec une conscience scrupuleuse, c'est-à-dire en employant les moyens et les outils les plus propres à abréger l'horrible agonie de ces pauvres êtres.

17

Que de souffrances atroces et inutiles ! que d'indifférence, et, j'oserais dire, que de mépris pour toutes ces destructions !

Je ne trouve rien de plus ridicule que la sentimentalité; mais l'idée humaine qui a guidé les fondateurs de la Société protectrice des animaux est, à mon avis, bien plus noble, bien plus religieuse que tant de grandes et fastueuses conceptions.

Nous dirons donc, pour en venir à notre sujet : l'humanité exige qu'on prenne les ménagements nécessaires pour ne pas soumettre à des tortures préalables les malheureux poulets voués à la mort, de ne pas les attacher, par exemple, par bottes, comme des salsifis qu'on envoie au marché, de ne pas les laisser tourmenter par les enfants, etc., etc., enfin de ne pas s'en tenir à cette fameuse raison que donnent des idiots cruels et ignorants : *C'est pour tuer !* Comme si avant de *tuer*, il fallait nécessairement faire *souffrir !*

L'humanité commande, en outre, que les instruments destinés à donner la mort soient parfaitement affilés et établis de la façon la plus propre à opérer rapidement, à coup sûr, et aussi que les personnes qui sont chargées de tuer soient enseignées par des opérateurs instruits.

Nous osons espérer qu'un jour viendra où des gens exercés sous les yeux de vétérinaires habiles auront seuls le droit de tuer ces êtres, qui meurent tous les jours par milliers pour entretenir notre existence, et qu'on ne verra plus sur les marchés cet horrible spectacle d'une vieille femme égorgeant lentement un malheureux animal, dont un vieux couteau, démanché et sans tranchant, ne peut venir à bout de décoller la tête.

Écoutons les préceptes donnés à cette occasion par MM. Allibert et Mariot-Didieux, tous deux vétérinaires.

M. Allibert s'exprime ainsi :

MANIÈRE DE TUER ET DE PRÉPARER POUR LA VENTE LES VOLAILLES GRASSES.

« Comme les animaux de boucherie, les volailles grasses ne doivent être tuées qu'après un jeûne d'environ vingt-quatre heures, qui permette au jabot et aux intestins de se vider. L'extraction de ces derniers est alors plus facile. On tue les volailles maigres ou demi-grasses en les égorgeant, c'est-à-dire en leur coupant les troncs veineux près de la tête et les tenant ensuite suspendues par les pattes, afin de faciliter l'écoulement du sang, et ainsi de donner plus de blancheur à la viande. Mais les volailles de prix réclament plus de soins et sont tuées à l'aide d'un couteau effilé ou de la lame aiguë d'une paire de ciseaux que l'on enfonce par le palais jusque dans le cerveau, puis en coupant en dedans de la gorge les grosses veines du cou sans entamer la peau; on fait ensuite saigner complètement en suspendant l'animal par les pattes, après quoi on lave le bec.

« Aussitôt après la mort, on extrait les intestins par le cloaque; à cet effet, on introduit le doigt par cette ouverture jusque dans le rectum, que l'on renverse en le ramenant au dehors; alors on coupe cette partie circulairement autour du doigt, en ayant soin de retenir le bout de l'intestin; puis, tirant ensuite sur l'intestin avec précaution, on le ramène entièrement au dehors et on le coupe à son origine, près du gésier. Le foie et le gésier doivent rester dans l'abdomen. Ce vidage est indispensable : car, si l'intestin séjournait pendant quelque temps dans l'animal mort, l'odeur et la saveur des matières stercorales se transmettraient à la viande, la rendraient détestable, et de plus faciliteraient sa décomposition. Le vide laissé par l'enlèvement des intestins est comblé à l'aide de boulettes de papier gris que l'on introduit par le cloaque;

ce remplissage maintient le volume et conserve la forme de la
pièce.

« Les volailles doivent être plumées lorsqu'elles sont encore
chaudes. Dans cette opération, il faut éviter avec le plus grand
soin les déchirures de la peau, qui dépareraient la pièce et
nuiraient à sa vente. Après avoir été plumée, la pièce est mise
à refroidir dans l'eau fraîche si l'air est chaud, sinon on se
contente de la laver, de l'essuyer et de l'envelopper dans un
linge. Les femmes de la Bresse cousent leurs volailles de prix
dans un linge fin en leur donnant la forme ovale, ensuite elles
imbibent le linge avec du lait, dans le but de donner plus de
blancheur et de souplesse à la peau.

« On ne doit emballer ces produits qu'après leur complet
refroidissement : chaque pièce est enveloppée dans du papier
gris; on les expédie ordinairement dans des bourriches.

« Les volailles que l'on expédie vivantes dans des cages dites
à *poulets* doivent être placées sur un bon lit de paille ou de
foin, si l'on veut éviter qu'elles s'écorchent le dessous de la
poitrine. »

Voici maintenant ce qu'ajoute M. Mariot-Didieux :

« SAIGNÉE POUR DONNER LA MORT.

« On tue la plus grande partie des volailles qui sont destinées à la vente au loin. Ceci dépend un peu de l'usage des
localités.

« La volaille bien saignée est plus propre, plus marchande
et se conserve plus longtemps.

« Cette saignée se pratique le plus ordinairement avec des
ciseaux pointus des deux branches et bien tranchants.

« C'est au fond de la bouche, derrière le palais, qu'on va

pratiquer la section complète des deux artères carotides. Quand le sang est écoulé complétement, on enlève les caillots qui peuvent rester au bec et au fond de la bouche. On lave cette partie avec du vinaigre. Cette saignée artérielle donne lieu à l'écoulement complet du sang sans laisser de traces visibles au dehors.

« Presque toutes les volailles. qui arrivent sur les marchés de Paris sont saignées différemment.

« Ces saignées se font en leur coupant le cou à moitié à la base de la tête. Cette plaie rouge, d'un vilain aspect, salie de sang, est non-seulement désagréable à la vue, mais, frappée par l'air, la putréfaction s'en empare, elle dégage une mauvaise odeur, et souvent l'acheteur refuse d'en faire l'acquisition pour ce seul motif. Pratiquée comme nous venons de le dire, nous répétons que le cadavre est plus propre, plus marchand, et se conserve plus longtemps; ce qui est d'une grande importance pour les expéditions lointaines.

« PRÉPARATION DES PRODUITS.

« Les produits engraissés et tués doivent subir une certaine préparation pour être livrés avec plus d'avantage au commerce.

« C'est à l'éleveur à connaître les goûts des localités où il vend.

« Dans certains pays, les consommateurs aiment à rencontrer des volailles aux formes rondes et allongées, comme les formes naturelles du canard; dans d'autres pays, on aime les formes aplaties, et dont la saillie du *bréchet* ait, pour ainsi dire, disparu; chez d'autres encore, on aime les formes courtes, rondes, trapues, carrées du derrière.

« Toutes ces petites circonstances de goût doivent être prises en sérieuse considération par les engraisseurs, et, si les vo-

lailles qu'ils vendent pour la consommation n'ont pas les formes recherchées, un grand nombre d'entre eux savent les leur
donner aussitôt qu'elles sont tuées.

« Presque toutes les volailles vendues à Paris ont les formes
aplaties. L'engraisseur ou le vendeur leur donnent cette forme
en les pressant fortement sur la poitrine, et en brisant, pour
ainsi dire, l'os qui fait saillie en dehors.

« Après cette préparation, on les met à la presse en les couchant sur le dos et en les surchargeant d'un poids proportionné. Cet aplatissement se fait quand l'animal est encore
chaud, en refroidissant, le corps se durcit et conserve la
forme donnée. Sous le poids qui surcharge l'animal, on place
un linge, plus ou moins grossier, qui s'imprime sur la graisse,
et lui donne un aspect de *chagrin* qui plait à la vue.

« En Bresse, dit M. Chanel de Bourg, on ne s'imagine pas,
« hors du pays, tous les soins que prend la fermière qui en-
« graisse la volaille pour la tuer proprement en la saignant au
« palais, sans qu'elle porte de marque, puis pour la plumer
« sans faire d'écorchures, ce qui devient une tare qui lui ôte
« de sa valeur vénale; après quoi elle l'enveloppe, toute chaude
« encore, dans un linge bien fin trempé dans du lait, et qu'elle
« coud un peu ferme pour lui donner une forme ovale, allon-
« gée, flatteuse à l'œil, et conséquemment avantageuse à la
« vente. »

« Le linge fin trempé dans le lait par les fermières de la
Bresse, pour servir de bandage propre à allonger les formes
de volailles, donne de la blancheur à la peau, et en même
temps, un aspect *chagriné* qui semble caractériser la finesse
de la chair.

« Les volailles grasses, envoyées dans les villes éloignées,
sont ordinairement plumées, excepté la tête, le bout des ailes
et la queue. Elles sont également vidées, c'est-à-dire qu'on retire par l'anus les intestins et le foie. Le vidage des volailles
doit être pratiqué sans ouvrir le ventre ni agrandir l'anus, dans
le but de conserver l'aspect naturel de l'animal. Le foie ne doit

pas rester dans l'intérieur du corps, parce que le fiel, qui est abondant dans la vésicule, s'absorbe et communique aux chairs un goût amer et désagréable.

« On doit aussi faire dégorger les aliments contenus dans le jabot; leur séjour dans ce premier estomac les fait aigrir, ce qui communique à la viande une odeur également désagréable.

« Ainsi préparée, chaque pièce de volaille est enveloppée, excepté la tête et les pattes, d'une feuille de papier blanc, puis ficelée et emballée dans des paniers à mailles peu serrées et non dans des boîtes fermées de toutes parts. Dans les paniers l'air frais pénètre, circule; la viande se conserve mieux et plus longtemps.

« La consommation des volailles est immense en France, et le producteur, par la facilité et la rapidité des communications, est en quelque sorte assuré du débit de ses produits. Paris seul en achète annuellement pour plusieurs millions, et il est facile de les expédier de loin sans dérangement pour le vendeur.

« Les paniers de volailles, préparés comme nous l'avons dit, sont expédiés au grand marché de la *Vallée*[1], à l'adresse d'un facteur qui vend les pièces en gros et aux enchères publiques. Le produit de la vente est envoyé au vendeur.

« Quand la vente a lieu à ce marché, les droits d'octroi en sont perçus sur le prix de vente, au lieu de l'être aux barrières; mais à taux réduit. »

Enfin, ce que dit madame Millet-Robinet à cet égard peut servir de complément aux deux citations précédentes :

« On ne doit jamais tuer une volaille que lorsque la digestion est complétement achevée : le matin convient donc le mieux, et, si l'on veut tuer dans la journée ou le soir, il faut laisser

___
[1] Ce marché va être transféré aux Halles centrales.

jeûner au moins huit ou dix heures la bête. C'est ainsi qu'on agit avec tous les animaux de boucherie; on les laisse même jeûner jusqu'à ce que les intestins soient à peu près vidés. Je pense donc que huit à dix heures de jeûne seraient suffisantes pour les volailles, qui digèrent avec une grande rapidité.

« On peut tuer les volailles, soit en leur coupant la jugulaire dans le bec avec des ciseaux, soit en coupant la gorge avec un couteau *bien tranchant* après avoir arraché les plumes, afin de moins faire souffrir le pauvre animal. Dans l'un et l'autre cas, il faut tenir la bête par les pattes, la tête en bas, afin que le sang s'égoutte bien, car de cette opération bien faite dépend en grande partie la blancheur de la chair : elle doit donc être faite avec soin.

« Aussitôt que la bête est morte et qu'elle a cessé de saigner, il faut procéder à l'extraction des intestins, soin qu'on ne prend pas dans les pays où le commerce des volailles n'est pas une industrie spéciale, et cependant qui est absolument nécessaire; car la présence prolongée des intestins dans l'animal lui donne un goût détestable. Au Mans et dans les pays où l'on a poussé l'engraissement à la perfection, aussitôt que les intestins sont ôtés, on introduit à leur place du papier gris assez fin, qui contribue à la conservation de la bête et qui lui donne une belle tournure, parce que l'extraction des intestins aplatit ses flancs. Voici comment on procède : dès que la bête est morte, on introduit le doigt dans le fondement, on tourne immédiatement sur le côté et on saisit le gros boyau ; on le tire doucement en dehors, et tous les intestins suivent. Si cette opération est faite avec adresse, et elle est très-facile, les intestins ne se rompront pas ; il faut aller très-doucement. S'ils se rompent, on cherche de nouveau le bout et on parvient facilement à le retrouver. Lorsque tous les intestins sont extraits, il ne reste dans le corps de l'animal que le foie et le gésier, qui ne nuisent point à la conservation ; ces organes s'emploient en cuisine. La cuisinière les retire lorsqu'elle prépare la volaille pour la faire cuire

« Il faut plumer les volailles aussitôt qu'elles sont mortes ; lorsqu'elles sont refroidies, elles se plument beaucoup moins bien. On doit prendre très-peu de plumes à la fois, afin de ne pas écorcher la peau, ce qui ôte à la volaille une grande valeur pour la vente, et la bonne mine pour la table. »

Madame Millet ajoute ailleurs :

« On tue les poulardes en leur introduisant dans le bec un couteau très-pointu, et en poussant la pointe jusque dans la cervelle. On les laisse saigner jusqu'à ce qu'il ne tombe plus de sang. Aussitôt qu'une poularde est morte, on lui extrait les intestins, comme il a été indiqué plus haut, puis on met à la place du papier gris. On plume la bête ensuite avec le plus grand soin pour éviter de déchirer la peau, ce qui la dépare beaucoup ; s'il fait chaud, on plonge la bête dans un bain d'eau froide, jusqu'à parfait refroidissement ; on la tire de l'eau et on l'essuie avec soin. En hiver, on se borne à la laver avec un linge trempé dans de l'eau froide, et on l'enveloppe dans ce linge jusqu'à ce qu'elle soit froide. Il faut bien se garder d'emballer les poulardes avant qu'elles soient parfaitement froides. Pour les expédier, on les enveloppe dans du papier gris, et on les place dans une bourriche garnie de paille. »

CHAPITRE II

Cuisson des volailles.

Quoique je ne veuille pas faire concurrence au *Cuisinier royal*, je dois dire un mot des différentes manières de préparer les volailles pour la table. On trouve dans tous les livres de cuisine des recettes nombreuses et variées pour accommoder la volaille, mais on parle peu ou point de la façon de les faire rôtir.

Les combustibles à employer de préférence sont : le charbon de bois, sans fumerons, pour la coquille; et pour la cheminée, le bois bien sec, fendu assez menu, et produisant un feu clair et ardent.

Quand ces combustibles sont habilement employés, il n'y a pas, quoi qu'en disent de vieux et difficiles gourmets qui préfèrent le bois, la moindre différence appréciable dans le goût de la pièce rôtie.

Un poulet doit être mis à la broche après avoir été *scrupuleusement* nettoyé à l'intérieur comme à l'extérieur, et flambé convenablement avec du papier *blanc*, et non du papier gris, du papier gras ou du papier sale.

Un poulet jeune et de petite taille doit être cuit rapidement et être *saisi* par un feu clair et vif.

Un poulet moyen, gras, ainsi qu'une poularde de petite taille, doivent être mis à un feu vif, mais modéré, et rester jusqu'à ce qu'un œil exercé reconnaisse le point convenable de la cuisson, soit par la simple vue, soit par des ponctions habiles faites à l'aide d'un couteau pointu ou d'une fourchette, pour examiner la couleur du jus.

Un très-gros et très-gras poulet doit être présenté à un feu bon, mais modéré, et rester longtemps, afin que la chaleur pénètre assez avant et assez longtemps pour que les cuisses soient cuites intérieurement.

On doit, au reste, présenter de préférence, et plus longtemps que les autres, ces parties du côté du feu, en ayant soin de les incliner du côté opposé aux filets (pectoraux), afin que ces délicieuses parties ne se dessèchent pas. Du reste, l'intelligence de la personne chargée de cette mission vraiment importante peut faire d'une même volaille un manger détestable ou un mets délicieux [1].

Le poulet, en général, mais surtout le poulet très-gras, est de beaucoup préférable lorsqu'on le mange froid, et je ne me départirais jamais de cette règle, si j'étais gourmand, de mettre vingt-quatre à quarante-huit heures de distance, suivant la saison, entre la mort et la cuisson d'une volaille rôtie, et six heures au moins entre la cuisson et le moment de la servir.

Un beau poulet gras de Houdan, de Crèvecœur, de la Flèche, ou un énorme métis engraissé, cuit à point, bien refroidi, accompagné d'excellent vin blanc, de bon fromage et de café savoureux, servi à des chasseurs rassemblés sous une tonnelle, au retour d'une joyeuse ouverture de chasse, est un déjeuner aussi simple qu'appétissant.

Les poules ou coqs de deux et trois ans, engraissés naturellement et soumis à un séquestre de huit jours, dans des endroits très-propres, ainsi que de gros poulets brahmas ou cochinchines adultes, bien en chair, peuvent devenir un plat excellent, préparés de la manière suivante :

La volaille, bien nettoyée et bien flambée, doit être dépecée par morceaux moyens. La jambe en trois parties (fémur, tibia et pattes) ; l'aile en deux ; le cou en trois ou quatre ; le corps,

---

[1] Je n'admets pas le tournebroche, ce cuisinier inintelligent.

séparé en long par moitié, est ensuite coupé par morceaux
convenables, sans détacher la chair des os.

On fait revenir légèrement le tout dans le beurre ; il faut que
les morceaux soient à peine jaunis, après quoi on ajoute de
l'eau de façon que la fricassée baigne plus ou moins, suivant la
fermeté supposée du sujet ; car une volaille dure doit nécessairement rester plus longtemps, et il faut prendre ses mesures de façon qu'il ne soit jamais besoin de remettre d'eau
pendant la cuisson, et que cependant le plat soit largement
pourvu de sauce. Il faut faire cuire à très-petit feu, sans interruption, et bien couvrir, afin d'éviter l'évaporation.

Lorsque le ragoût, bien épicé, est près d'être cuit, ce qui a
lieu en une heure ou deux, suivant l'âge et la nature du sujet,
on met d'excellentes pommes de terre jaunes coupées en deux,
et on ajoute quelques oignons pour ceux qui les aiment.

Les pommes de terre doivent être mises par-dessus et cuire
sans que rien soit dérangé, afin d'éviter un mélange et un dé-
layement désagréables ; au bout d'un quart d'heure, tout doit
être cuit. Les légumes et la viande sont servis en même temps,
mais à part, afin de retrouver plus facilement les morceaux de
choix.

Un autre ragoût, que je n'aperçois dans aucun dictionnaire
de cuisine, mais que j'ai toujours vu trouver excellent, consiste à préparer un poulet jeune, d'une taille quelconque, de la
façon décrite ci-dessous :

Le poulet, coupé par morceaux et revenu, bien doré, sans
être roussi, est retiré de la casserole ; on fait un roux un peu
allongé, en employant de farine ce qui est nécessaire pour la
dimension de la pièce, ayant soin de ne pas laisser brûler, ce
qui donnerait un goût d'amertume insupportable. Les morceaux sont alors remis dans la casserole, et on ajoute des petits morceaux de lard salé de très-bon goût, non revenus et
demi-gras, des échalotes hachées menu, du sel, beaucoup de
bon poivre, un petit bouquet composé de persil, thym et un
peu de laurier. On laisse cuire une demi-heure, à petit feu et

bien couvert, après quoi on ajoute de nouveau, et toujours suivant le volume du sujet, **deux** maniveaux de champignons et de petits oignons tendres.

Lorsque le tout est cuit, on dresse sur un plat ; on pose autour, de façon que cela ait bonne mine, des cornichons coupés fin et accompagnés de ces nombreux fruits et légumes marinés, comme petits pois, petits haricots verts et en grains, petites fèves, petites carottes, petits radis, petits melons, groseilles, grains de maïs, etc., etc., etc., et l'on sert chaud.

CHAPITRE III

Conservation des œufs.

On sait que les œufs sont d'un emploi général dans la cuisine, et que les moyens de les conserver pour l'hiver sont d'une très-grande importance. M. Allibert, dans son *Guide de l'éleveur des poules et des poulets*, et M. Mariot-Didieux, dans son livre *Éducation lucrative des poules*, ont résumé à peu près toutes les recherches faites à ce sujet.

M. Allibert s'exprime ainsi :

« Les œufs sont, après la viande, le produit le plus important de la volaille ; ils constituent un aliment à la fois agréable, salubre et très-nutritif. Le blanc et le jaune d'œuf sont séparément employés dans quelques industries.

« Comme aliment, l'usage général que l'on fait des œufs et leur composition chimique établissent que leur valeur nutritive est à peu près égale à celle de la viande. Ils contiennent, en effet, les substances destinées à la formation des organes du poussin sous l'influence de l'incubation, et ces substances se retrouvent précisément dans la viande à un état peu différent : telles sont l'albumine, les graisses et les huiles, le sucre, la matière colorante, les sels de chaux, de magnésie, de potasse, de soude, le soufre, le phosphore, etc. Dans l'œuf, les substances nutritives qui le composent représentent, la coque non comprise, environ le quart de son poids après avoir été desséchées, proportion qui est aussi celle des matières solides de la viande ; les trois autres quarts sont de l'eau qui s'évapore par la dessiccation.

« Ces données peuvent faire pressentir que la production de 1 kilogramme d'œufs exige la même quantité de nourriture que la production de 1 kilogramme de viande. Ce point a été constaté par nos observations et nos calculs. Il faut que les poules pondeuses consomment une quantité de nourriture représentant l'équivalent de 10 à 12 kilogrammes de foin ou 6 kilogrammes de froment pour qu'elles puissent donner 1 kilogramme d'œufs ; quand il s'agit de bêtes qui ne pondent pas, la même quantité de nourriture, consommée dans le moins de temps possible, produit un accroissement de 1 kilogramme de viande. •

« La principale qualité des œufs destinés à l'alimentation et à l'incubation est d'être *frais*, c'est-à-dire pondus depuis peu (six jours en hiver, deux jours en été) ; en cet état, ils n'ont encore éprouvé aucune altération. Les œufs abandonnés à l'air libre, et exposés aux variations de température, perdent, par évaporation, une partie de l'eau qu'ils renferment ; le vide résultant de cette perte est comblé par la pénétration de l'air à travers la coque. La chambre d'air qui en occupe le gros bout s'agrandit ; les parties intérieures, mises ainsi en contact avec l'air, s'en pénètrent, elles changent bientôt de goût et d'odeur, et, suivant les circonstances, arrivent plus ou moins vite à la fermentation putride. Les chaleurs de l'été, les variations de température, l'incubation des œufs inféconds [1], l'incubation interrompue de ceux qui sont féconds, sont les circonstances les plus ordinaires qui accélèrent la marche de ces altérations.

« Les signes indiquant la fraîcheur, l'ancienneté ou l'altération d'un œuf sont toujours faciles à reconnaître lorsqu'il est cassé : la grandeur de la chambre d'air et l'odeur sont des caractères qni ne laissent aucun doute sur ses qualités. Mais, quand les œufs sont entiers, il faut quelque habitude pour distinguer les frais des vieux.

« Un œuf est présumé frais lorsqu'il possède les caractères suivants :

« 1° Aspect rosé, jaunâtre, et non pas légèrement vergeté de nuances livides ;

« 2° S'il a une grande translucidité, que l'on apprécie en le mirant, c'est-à-dire en le soutenant entre les deux mains disposées en tuyau et le plaçant entre l'œil et la lumière, ou mieux, en le posant sur une feuille de papier blanc, à quelque distance d'une fenêtre fortement éclairée et l'examinant sous diverses inclinaisons avec un tuyau de papier noirci à l'intérieur ; si dans cet examen on n'aperçoit dans l'œuf aucune partie nuageuse ou opaque, si l'on ne distingue pas la chambre d'air, ou si elle ne se montre que sous forme d'une bulle peu étendue, l'œuf est présumé frais ;

[1] L'incubation avance i epoque de la putréfaction même des œufs inféconds, mais non parce qu'ils sont inféconds, comme on pourrait l'entendre de ce passage ; car c'est, au contraire, à cette condition que les œufs, en tous cas, se conservent plus longuement. Il m'est arrivé fréquemment que tous les œufs clairs, réunis quelquefois au nombre de vingt à la fin d'une demi-douzaine de couvées mises ensemble, étaient, après avoir été mirés, donnés à des personnes non prévenues qui les consommaient sans s'apercevoir le moins du monde qu'ils avaient passé vingt-quatre ou vingt-cinq jours sous des poules.

Il est probable que des personnes d'un goût délicat se seraient aperçues que ces œufs n'étaient pas d'une grande finesse ; mais il est certain qu'ils étaient mangeables et que des œufs fécondés n'auraient pu l'être après l'épreuve de l'incubation.

« 3° L'œuf frais, secoué légèrement dans le sens de sa lon
gueur,.ne laisse distinguer aucun ballottement, aucun choc intérieur ; les vieux, au contraire, sont plus légers et font sentir
à cet essai un léger choc, résultant du déplacement des matières intérieures ;

« 4° Par l'essai dans l'eau salée : on se procure un œuf récemment pondu mais refroidi, puis, dans un vase ayant une
profondeur égale à quatre ou cinq fois la longueur de l'œuf, on
met de l'eau dans laquelle on fait fondre du sel jusqu'à
ce que l'œuf frais, étant abandonné doucement à la surface du
liquide, tombe avec lenteur vers le fond. On comprend que ce
liquide salé puisse ensuite servir à séparer les œufs frais des
vieux, puisque les œufs entièrement pleins, par conséquent
frais, gagneront le fond du vase, en vertu de la relation
existant entre leur poids et leur volume, tandis que les vieux,
renfermant une plus grande quantité d'air qui les rend plus
légers, resteront près de la surface, ou tomberont plus lentement que les premiers.

« Quand on plonge un œuf frais dans une quantité d'eau
bouillante représentant au moins douze fois son volume, il se
fèle et laisse échapper une certaine quantité de son contenu :
ce petit accident, qui a pour cause la plénitude de l'œuf et la
subite dilatation des parties intérieures, ne se produit pas
quand le volume de l'eau bouillante est beaucoup moindre,
parce que, dans ce dernier cas, la température du liquide est
subitement abaissée par l'immersion de l'œuf. Dans l'une et
l'autre circonstance, les œufs vieux ne se fèlent pas, par la
raison qu'ils contiennent une grande bulle d'air qui cède à la
pression, puis s'échappe à travers la coque.

« L'odeur particulière que répandent les œufs durcis par la
cuisson ou décomposés par la putréfaction est due à une com-
binaison de soufre (sulfure d'hydrogène) qui, entre autres
propriétés, possède celle de noircir les ustensiles d'argent.

« D'après ce qui précède, la conservation des œufs doit
consister dans l'emploi des moyens propres à les préserver de

l'évaporation, conséquemment de l'introduction de l'air, des variations de température pouvant déterminer l'évolution des germes ou la putréfaction.

« Les œufs pondus vers la fin de l'automne, n'étant pas exposés à un commencement d'altération comme ceux de l'été, sont, avec raison, considérés comme plus faciles à conserver. Il paraît certain, en outre, que les œufs dépourvus de germes se conservent mieux que ceux qui ont été fécondés.

« Les conditions favorables à la conservation des œufs peuvent être obtenues de différentes manières.

« On a proposé d'enduire les œufs avec des vernis, des corps gras ou plastiques, capables de s'opposer à l'évaporation et à l'introduction de l'air extérieur ; mais ces moyens ont l'inconvénient de prendre du temps et d'être dispendieux, sans mieux assurer la conservation.

« Quand les œufs ne doivent être conservés que peu de temps, on pourra se contenter de les enfermer dans des caisses ou des vases remplis, soit de son, soit de grains, de sciure de bois, de sable sec, de poussier de charbon, etc. ; ces matières pulvérulentes assurent une conservation prolongée en s'opposant à l'évaporation, surtout si les vases ont été placés dans un lieu frais et sec, à température à peu près constante.

« Mais le moyen de conservation le plus certain et le plus durable consiste à enfermer les œufs dans un vase rempli d'eau de chaux récemment préparée, et à les garder dans un endroit frais. L'eau de chaux se prépare en prenant de la chaux vive ou de la chaux éteinte depuis peu, que l'on délaye dans une quantité d'eau froide plus grande que celle qui sera nécessaire pour baigner et recouvrir les œufs ; le *lait de chaux* qui en résulte est abandonné au repos pendant quelques heures ; le liquide clair qui se sépare de l'excès de chaux employée est l'*eau de chaux*, que l'on décante pour l'usage dont il s'agit. L'eau de chaux s'oppose non-seulement à l'évaporation, puisque les œufs sont plongés dans ce liquide, mais la **terre** alcaline qu'elle tient en dissolution bouche les pores de la coquille et s'oppose à toute fermentation, soit de l'œuf, soit des matières organiques que l'eau pourrait renfermer. »

Voici ce que M. Mariot-Didieux dit à ce sujet :

« MANIÈRE DE RECONNAITRE LES ŒUFS FRAIS.

« L'œuf frais a une teinte blanche, claire ; son vernis est luisant. Si on le présente à la lumière d'une chandelle, les humeurs qu'il contient paraissent claires, transparentes, fluides. Quand cette transparence est trouble, c'est un signe d'altération qui prouve leur ancienneté. Les œufs vieux récoltés laissent voir, dans leur intérieur et un peu latéralement vers le gros bout, un vide qui donne la mesure de la perte qu'ils ont éprouvée en matière séreuse : comme ce vide est déjà sensible dans un œuf pondu depuis trois ou quatre jours, son étendue peut fournir aux personnes qui en ont acquis un peu l'habitude un moyen de juger, avec assez de précision, de leur fraîcheur ou de leur ancienneté.

« En frappant légèrement sur cette partie de l'œuf, le son qu'il rend peut également faire juger de l'étendue du vide qui indiquerait son ancienneté.

« En tournant l'œuf avec une certaine vitesse par un mouvement de rotation de côté, s'il est frais et plein, les mouvements sont réguliers, et, s'il est plus ou moins vide, les mouvements sont saccadés, irréguliers.

« DES ŒUFS CLAIRS ET DES ŒUFS FÉCONDÉS.

« Les poules, seules, abandonnées à elles-mêmes, peuvent, sans aucune communication avec le coq, pondre des œufs qui se forment sans cesse à la grappe ovarienne, y grossissent, se détachent de leur pédicule, entrent dans l'oviducte sous forme molle, forment leur coquille dans cet organe, et y restent jusqu'au moment où les fibres de ce conduit-réservoir, gênées par la présence de ces corps devenus étrangers après leur maturité, entrent en contraction, et les poussent au dehors, le gros bout le premier, selon la remarque d'*Aristote*. Mais les œufs sont *stériles* lorsqu'ils ont été pondus sans le concours du coq : l'intervention du mâle n'est nécessaire que pour féconder une petite *vésicule* lenticulaire appelée *germe* ou *cicatricule*, qui est solidement fixée à la surface des membranes qui enveloppent le blanc de l'œuf fécondé aussi bien que de celui qui ne l'a pas été.

« *La présence de ce germe ne peut donc, dans aucun cas être un signe de fécondation*, comme on le croit vulgairement.

« Les poules qui n'ont pas été fécondées pondent, comme celles qui l'ont été, la même quantité d'œufs ; à ce sujet, nous nous sommes livré à une série d'expériences concluantes. Du reste, ce fait est généralement connu depuis longtemps.

« Les œufs clairs offrent encore aux producteurs d'autres avantages que ceux qui résultent de la suppression du coq ; ils sont aussi bons que ceux qui ont été fécondés, et ils ont l'immense avantage de se conserver beaucoup plus longtemps, et de pouvoir être transportés au loin sans subir d'autre altération que celle provenant de l'évaporation des fluides.

« L'avantage des œufs clairs devient incontestable dans une exploitation en grand de ces produits, attendu que le producteur peut les mettre en réserve pour les vendre à l'époque où ils sont rares et chers.

« A cet égard, qu'on nous permette de rapporter ici un dicton populaire. Saint Augustin disait dans un de ses sermons que les dictons *populaires* referment souvent des avis *salutaires*.

« En effet, un dicton populaire rapporte que les œufs récoltés entre les deux Notre-Dame d'août et de septembre sont ceux qu'il faut conserver pour l'hiver. Un dicton acquiert une grande valeur quand il est confirmé par le raisonnement.

« Il est certain que vers le 15 août le coq se relâche dans ses amours : il semble épuisé, et la nature l'invite à réparer les pertes de neuf à dix mois de fécondité. Cependant sa galanterie habituelle ne se dément pas ; mais il se borne à des caresses, à des discours amoureux, à donner le coup d'aile. Les poules, qui ne sont pas exigeantes, pondent des œufs clairs qui se conservent longtemps. C'est aussi vers cette époque que commence la mue, maladie annuelle, et qui peut également contribuer à ce manque de fécondation.

« En 1849, nous plaçâmes sous une poule couveuse douze œufs, dont six étaient *fécondés* ou au moins considérés comme tels ; les six autres, récoltés de deux poules séquestrées depuis plus de trois mois, devaient être considérés comme *clairs* ; les uns et les autres subirent toutes les phases de l'incubation naturelle. Après vingt-deux jours, les six œufs clairs offraient seulement un blanc un peu plus liquide ; mais le jaune, qui était à l'état naturel et sans aucune apparence d'altération à l'œil, à l'odorat et au goût, s'est coagulé par la cuisson, et, sans être bon, il était mangeable.

« Quatre œufs fécondés donnèrent des poulets, mais les deux autres, dont les germes ne s'étaient pas développés, par des causes que nous ignorons, offraient dans leur intérieur leurs humeurs décomposées en un liquide homogène, ayant l'aspect et l'odeur *sui generis* des œufs pourris.

« Pendant plus de six mois, nous eûmes l'occasion de faire la même remarque sur les œufs des grands couvoirs artificiels de MM. Tricorne et Adrien jeune, à Vaugirard.

« Il résulte donc de tous ces faits et expériences très-concluantes que les œufs clairs qu'on obtient aux premières époques de chaque automne se conservent très-longtemps pour les causes susindiquées, et qu'on peut obtenir le même résultat aux différentes autres époques de l'année, par la sup-

pression des coqs dans les grands troupeaux, dont les produits
en œufs sont destinés à donner des bénéfices importants.

« ALTÉRATION DES ŒUFS.

« Le germe fécondé et organisé par la nature pour produire
sous certaines conditions, un être vivant, c'est-à-dire un poulet,
périt sans doute avec le temps. Il peut également périr à la
suite des mouvements brusques qu'on fait éprouver aux œufs,
soit en les maniant, soit en les transportant au loin : ces mouvements peuvent contribuer à faire périr ce germe, en rom-
pant les ramifications des vaisseaux fins et déliés par lesquels
il est attaché à la membrane fine et transparente du jaune.
Après la mort de ce germe fécondé, il se corrompt, ainsi que
tout ce qui l'environne. Dans ces corps organiques, la corruption commence toujours par les germes. Elle démontre
que les moyens les plus efficaces de conserver les œufs et de
pouvoir les transporter au loin sans les altérer, c'est d'empêcher leur fécondation.

« L'humidité communique aux œufs un mouvement de fermentation qui les altère ; la gelée, en fêlant la coque et désor-
ganisant l'intérieur, les dispose à se putréfier.

« Trop de chaleur leur enlève de l'humidité, et y forme le
vide qui constitue la chambre du gros bout ; l'air, y pénétrant
par les pores de la coquille, contribue à leur décomposition.

« Les œufs altérés sont sans valeur, et ne peuvent plus
servir qu'à la nourriture des poulets et des poules.

« CONSERVATION DES ŒUFS.

« Réaumur, qui croyait, non sans raison, qu'en intercep-
tant l'évaporation de l'œuf on pourrait le conserver long-

temps, a conseillé d'enduire la surface de la coquille d'un vernis imperméable à l'eau. Il prescrit pour cette opération conservatrice l'huile, la graisse ou le beurre. Il est probable que cette méthode a été reconnue insuffisante, puisqu'on l'a négligée, quoiqu'elle soit simple. Il y a lieu de penser qu'il existe d'autres causes de corruption que la perte de l'humidité, par l'évaporation et l'introduction de miasmes putrides, que les œufs reçoivent en échange.

« Les moyens indiqués pour la conservation des œufs sont nombreux, et ont occupé un grand nombre d'économistes distingués. En effet, il est d'un grand intérêt de pouvoir conserver les précieux produits récoltés abondamment pendant l'été, pour être mangés ou vendus en hiver, époque où ils sont rares et chers. La conservation des œufs est considérée comme une question tellement importante en économie domestique, qu'une de nos plus illustres sociétés savantes vient de la mettre au concours. En attendant le résultat de ce concours, nous allons donner celui de nos recherches sur ce sujet.

« Nous avons essayé différents moyens proposés par les auteurs qui nous ont précédé dans cette voie; nous avons essayé ceux proposés par Réaumur, dont nous avons parlé; nous avons également employé l'eau gommée, celle chargée et fortement saturée de sulfate d'alumine (alun); ces moyens, qui ont tous pour but d'intercepter l'introduction de l'air dans l'œuf, sont bons, mais ont trop peu de durée. La chaux sèche et en poudre, les cendres non lessivées, les balles d'avoine ou de blé, communiquent à l'œuf un goût assez désagréable. L'eau de chaux conserve assez bien les œufs pendant plusieurs mois; mais elle leur donne également un goût qui déplaît. Ils se décomposent presque aussitôt qu'on les a retirés de cette eau, et on est obligé de les employer immédiatement. C'est un moyen de marchand épicier qui vend en détail.

« L'eau fortement saturée de sel de cuisine sale un peu trop les liquides de l'œuf, durcit le jaune, et le rend impropre à différents usages culinaires.

« Un autre moyen consiste à faire cuire les œufs dans l'eau bouillante le jour même qu'ils sont pondus et au même degré que pour les manger à la coque, c'est-à-dire que le blanc albumineux doit être laiteux et légèrement caillebotté : on sait que ce temps de cuisson est de trois minutes quand ils sont mis dans l'eau bouillante. Ce degré de cuisson rend les œufs propres à tous les usages domestiques, et, pour l'obtenir juste, on a inventé des sabliers qui sont d'une grande précision. En retirant les œufs de l'eau, on les marque, afin de pouvoir les vendre ou les employer suivant leur rang d'âge, et on les met en réserve dans un lieu frais et sec. Ce procédé permet de les garder environ trois mois, après lequel temps la membrane qui tapisse l'intérieur de la coquille devient plus épaisse, ce qui dénote un commencement d'altération.

« Pour être mangés à la coaue. il ne s'agit que de les réchauffer.

« Les œufs cuits durs peu de temps après la ponte ont aussi l'avantage de se conserver environ deux mois, et d'être commodément portés en voyage.

« Si, après les avoir fait cuire, on les enduit d'une pâte faite avec de la terre grasse, des cendres ou du sel marin, ils peuvent se conserver pendant deux ans au moins.

« Un moyen qui nous est particulier, et qui jusqu'alors nous a paru le plus sûr et le plus convenable, consiste en de grandes caisses ou tonneaux garnis de papier à l'intérieur. Ainsi préparées, ces caisses sont placées dans un lieu frais sans être humide. Une couche de sel blanc fin recouvre le fond de la caisse d'un demi-centimètre d'épaisseur ; sur cette couche on dépose les œufs frais récoltés les uns à côté des autres, et on remplit les interstices des œufs de sel fin. La caisse ainsi remplie par des couches successives d'œufs et de sel est hermétiquement fermée.

« Le sel blanc des Vosges (sel gemme) est préférable au sel marin ; ce dernier contient assez souvent quelques débris marins qui communiquent à l'œuf un mauvais goût.

« Le 1er août 1849, nous avons ouvert par le fond une caisse remplie de six cents œufs récoltés pendant les mois de septembre, novembre et décembre 1848, c'est-à-dire après onze mois de conservation; nous les avons trouvés bien conservés et de bon goût, et, quoique n'ayant pas le fumet aussi prononcé que les œufs frais, on pourrait les employer à tous les usages domestiques. L'évaporation des liquides était à peine sensible à la chambre de l'œuf; mais le blanc albumineux avait une apparence un peu plus liquide qu'à l'état frais.

« Au prix actuel du sel, la dépense qu'a entraînée la conservation de ces six cents œufs s'est élevée à 4 fr. 50 c.; mais cette dépense devient insignifiante, si l'on considère qu'après ce laps de temps les œufs n'ont pas absorbé un kilogramme de sel. Ce dernier peut donc être employé à la conservation successive de plusieurs caisses.

« Le blanc albumineux de l'œuf ainsi conservé est légèrement salé. »

CHAPITRE IV

De la chaleur.

Nous avons parlé du froid, passons à la chaleur.

J'ai dû constater que le soleil n'est bon pour les poulets qu'autant que le thermomètre, à l'ombre, n'est pas à 15 degrés centigrade au-dessus de zéro. Il faut placer toutes les boîtes sous les taillis, afin qu'elles ne reçoivent qu'un soleil tamisé; c'est ici que je dois consigner les observations que j'ai faites à ce sujet.

Le terrain d'élevage dont j'ai donné le plan doit être couvert d'un bois taillis ou de nombreux arbres à fruit, afin que le soleil n'y arrive que par petites places.

Si la chaleur, même très-forte, est bonne pour la volaille, l'ombre portée par les arbres n'est pas moins utile, et l'on pourrait s'en convaincre si l'on avait vu la différence incroyable de poids, de vigueur, de précocité, existant entre des poulets venus de mêmes producteurs et élevés à la même époque, les uns dans un lieu boisé, les autres dans un terrain découvert. J'ai mis dans des bois taillis d'une dizaine d'hectares une vingtaine de grandes boîtes à élevage qu'on vient ouvrir tous les matins à six, sept, huit ou neuf heures, suivant l'état de l'atmosphère et beaucoup suivant la saison.

Chaque boîte est enfermée dans un parc grossier de six ou huit pieds carrés et de quatre pieds de haut. La poule et la couvée, en sortant, comme je l'ai dit, de la boîte Gérard, sont placées dans une grande boîte, où elles restent deux jours, la poule dans son compartiment derrière le grillage, et les poussins allant et venant dans le petit parc.

Au bout des deux jours, la poule est lâchée dans le petit parc avec ses poussins, et, deux autres jours après, le petit parc est ouvert au moyen d'une petite porte à trappe de la largeur suffisante pour donner passage à une volaille seulement. Toute la famille sort bientôt, et ne s'aventure d'abord pas au loin ; mais, au bout de quelques jours, elle parcourt en tous sens l'étendue des bois, se rencontrant impunément avec les autres couvées, car l'espace et la liberté leur ôtent ordinairement toute envie de se chercher querelle. On éloigne les parcs autant que possible les uns des autres, afin que chaque couvée reconnaisse bien son logis, et il n'arrive jamais que chacun rentre ailleurs que chez soi, même après le sevrage.

On donne à boire et à manger le matin et le soir dans la boîte à élevage. Tous les jours, le matin, on a soin d'ouvrir et de nettoyer, le soir de refermer la porte de la boîte et celle du parc. Il faut, bienentendu, que les bois où l'on abandonne

18

les élèves soient clos et préservés par quelques chiens des renards et autres animaux malfaisants. Cette condition peut se
trouver dans tous les parcs réservés, petits ou grands. C'est là
et c'est de cette façon que les propriétaires riches devraient
élever la volaille.

On ne saurait imaginer quels beaux élèves on peut faire, et
quel goût excellent acquièrent des animaux vivant en quelque
sorte dans les mêmes conditions que le gibier, nourris d'insectes, de plantes aromatiques, et, de plus, ne consommant
pas la moitié de la nourriture ordinaire qu'on est forcé de
donner à des animaux reclus.

On voit, pendant la grande chaleur de midi, les poulets
faisant la sieste par groupes, à l'ombre épaisse des buissons,
après avoir, pendant la fraîcheur du matin, dévoré les nombreux insectes qu'ils recherchent avec une activité sans égale.

En résumé, les animaux élevés ainsi atteignent leur volume
dans les deux tiers du temps ordinaire, coûtent moitié moins
cher, et fournissent un manger succulent.

Il n'y a pas pour moi le moindre doute que ces résultats ne
soient essentiellement dus à la liberté, à la nourriture riche
trouvée dans les bois, et surtout à la modification de la chaleur
solaire par l'ombre portée des feuillages.

CHAPITRE V

Couvées tardives ou précoces.

Un fait très-important, qui résulte de notre expérience, c'est que les poulets livrés au régime de la liberté dans des grands bois acquièrent au bout des deux premiers mois un volume extraordinaire ; qu'ils se couvrent rapidement de plumes, et que leur constitution devient tout de suite si robuste, qu'on peut en faire éclore jusqu'au 1er septembre, sans que l'entrée de l'hiver soit à craindre pour eux.

Arrivés au 1er novembre, ils sont assez vigoureux pour que les froids n'arrêtent pas leur croissance, si l'on continue à les laisser en pleine liberté; on peut ainsi avoir jusqu'au mois d'avril d'excellents et délicats poulets provenant des métissages par nous indiqués, et cela sans autres frais et soins que s'ils étaient élevés en saison.

Les poulets précoces doivent éclore pendant tout l'hiver, et être élevés dans les écuries. On dispose, sur la face de l'écurie mieux exposée au soleil d'hiver, une cage longue, grillée à ntérieur de l'écurie et vitrée à l'extérieur.

Le grillage n'est pas autre chose qu'une séparation à claire voie, assez serrée pour que les poulets ne puissent passer dans l'écurie, et assez solide pour résister aux pieds des chevaux.

Ces cages, aussi larges et aussi longues que possible, afin de laisser une bonne place pour la promenade, sont couvertes d'un dessus solide, qui sert de table et de planche à serrer mille objets. La moindre profondeur doit être de 1 mètre, et la moindre hauteur de 1m.33. On place, à l'un des bouts, des perchoirs bien organisés, comme il a été décrit lorsque j'ai parlé du poulailler.

Le devant, comme nous l'avons dit, est vitré d'un bout à l'autre de fort verre, dit demi-glace. On ménage un espace pour une petite porte donnant dans un terrain réservé à ces poulets, aussi grand que possible, dans lequel on les laisse sortir aussitôt que le soleil donne et quand le thermomètre placé au soleil indique au moins *tempéré*. On rentre les poulets aussitôt que le soleil disparaît. S'il ne fait pas de soleil et que les poulets soient déjà d'une certaine taille, on peut les laisser sortir, mais une heure seulement, pour prendre l'air.

La nourriture doit être bien mêlée, c'est-à-dire composée de substances échauffantes, pour faire supporter la saison, et de pâtées de farine, pommes de terre et herbages cuits pour bien entretenir le corps.

A l'heure de sortie des poulets, on étale par terre une bonne couche de litière retirée de dessous les bestiaux et que l'on aplatit convenablement; tous les *trois jours* on change cette litière, en ayant soin de balayer le fond.

Il ne faut jamais mettre ensemble qu'un nombre de poulets proportionné à la dimension de la cage et résultant d'une ou plusieurs couvées écloses le même jour; on les donne à une seule poule, afin que les poulets soient du même âge et qu'il n'y ait pas de combats entre plusieurs mères.

Le manger et le boire sont toujours distribués dans des augettes suspendues.

On ne doit élever dans les écuries qu'en hiver, parce que les mites seraient à craindre pour les bestiaux.

A deux ou trois mois on soumet les poulets au régime suivant, indiqué par madame Millet-Robinet :

« Il est fort difficile, pour ne pas dire impossible, d'engraisser parfaitement un poulet qui n'a pas atteint toute sa croissance; cependant on peut le mettre en chair et même lui faire prendre un peu de graisse. Dans cet état, il est délicieux à

manger, bien qu'il n'ait pas le même goût qu'une volaille dont
l'engraissement est complet : sa chair a un goût plus relevé.
Pour amener un poulet à cet état, il ne faut pas l'enfermer
dans une épinette, comme je l'indiquerai plus loin pour les
bêtes adultes, et comme on le fait presque généralement,
mais le laisser libre et lui donner deux fois par jour du grain
à manger, outre ce qu'il trouve lui-même. Le maïs et le sarrasin conviennent parfaitement. On peut aussi lui donner une
pâtée composée de pommes de terre bouillies et écrasées et
d'un peu de recoupe, ou mieux de farine non tamisée. On
pourrait joindre à cela, si la saison le permettait, un repas de
betteraves coupées.

« Lorsqu'on aura habitué un certain nombre de poulets à
venir recevoir cette ration à des heures régulières, ils y vien-
dront au premier appel ; mais il faudra faire bonne garde autour d'eux pendant qu'ils mangeront, car les autres volailles
auraient bientôt dévoré ce qu'on leur donnerait.

« On pourrait engraisser aussi par ce moyen des bêtes
adultes, mais l'engraissement serait beaucoup plus long et
moins parfait qu'au moyen des épinettes. Dans tout état de
cause, il est toujours convenable de commencer l'engraissement de la manière indiquée pour les poulets : douze ou
quinze jours d'épinette suffiraient ensuite pour le compléter,
tandis que, lorsqu'on met les volailles *sans chair* dans l'épinette, il faut au moins trente à quarante jours pour les amener à la perfection ; encore n'ont-elles pas toute la chair convenable ; elles peuvent être bien grasses, mais elles ne sont
pas *rondes*. »

On peut aussi employer un autre régime qui fait peut-être
de moins gros poulets, mais qui est d'une grande simplicité.
Il est indiqué par M. Routillet :

« Il faut mettre les poulets séparément dans une cage dont
je donnerai plus loin la description. Après deux mois passés

18.

dans leur cage et nourris comme je vais l'indiquer, chacun de ces poulets sera devenu une excellente volaille.

« Le son et la pomme de terre sont les deux seuls aliments qui leur conviennent parfaitement, soit sous le rapport hygiénique, soit sous celui des avantages. Ce genre de nourriture et ce régime rendent leur chair toujours délicate, et la font préférer aux volailles élevées dans les basses-cours.

« Faites chaque jour de la pâtée avec du son et des pommes de terre dans la proportion d'un demi-boisseau de l'un et d'un demi-boisseau de l'autre par cinquante têtes. Divisez cette quantité en trois parties, et distribuez-la trois fois par jour : à six heures du matin, à midi, et le soir entre cinq et six héures. Cette nourriture n'est propre qu'aux poulets depuis deux mois jusqu'à quatre, c'est-à-dire depuis le moment où ils sont enfermés dans leurs cages. Après les deux premiers repas, il faut les mettre dans l'obscurité pendant une heure entière, et, après celui du soir, les priver entièrement de lumière jusqu'au lendemain matin. Ayez soin de ne leur donner à manger qu'une heure après leur lever. Ce régime à suivre est celui de l'été. Pendant l'hiver, il n'y aura qu'un plus grand nombre d'heures à consacrer au sommeil, et à rapprocher celles des repas. Le local ne devra être ni humide ni froid.

« Les cages doivent être en bois de sapin, placées sur des pieds de 40 centimètres de hauteur, avec des fonds à barreaux de bois, plats, larges d'un pouce, placés à une distance égale, et assez espacés pour que les excréments puissent tomber, et disposés en travers de chaque case; que les parois soient en planches, et non en barreaux, afin que chaque poulet soit parfaitement isolé; les dessus en grosse toile tamis, pour qu'ils aient le plus d'air possible. Devant et derrière il faut des barreaux et une trappe en planche ; elle doit servir à les mettre dans l'obscurité, ainsi que nous l'avons dit précédemment. Le devant est percé d'un trou par où la tête de l'animal peut passer.

« Donnez à chaque case qui doit renfermer un poulet une

largeur de 22 centimètres sur 33 centimètres de hauteur et 50 de profondeur. Il est facile de mettre de quatre à cinq cages les unes sur les autres; chacune d'elles peut avoir de dix à quinze cases. Au-dessous du trou par où passe la tête de l'animal, établissez une petite auge qui règne tout le long des cellules, dont une partie sera réservée pour mettre de l'eau fraîche renouvelée chaque jour, et la plus grande partie sera destinée à mettre la pâtée qui doit servir à nourrir les poulets. Disposez au-dessous de chaque cage, à 25 centimètres de distance du fond, une planche attenant aux quatre pieds pour recevoir la fiente. Il faut avoir soin de laver cette planche tous les matins, et l'intérieur des cages tous les huit jours. Ces cages doivent être placées dans un endroit chaud et obscur. »

CHAPITRE VI

Incubation artificielle.

Tant de personnes s'intéressent à la question de l'incubation artificielle, et s'imaginent qu'elle peut être féconde en résultats heureux, que ce serait une lacune impardonnable de ne pas les mettre à même de juger elles-mêmes en leur donnant l'exposé des travaux exécutés jusqu'à ce jour dans l'espérance d'un succès définitif. Voici comment s'exprime, à cet égard, M. F. Malézieux, dans le *Manuel de la fille de basse-cour :*

« Les peuples de l'Inde sont probablement les premiers qui se soient occupés d'éclosion artificielle ; et ils ont dû employer

la chaleur produite par les substances organisées en décomposition : il paraît du reste que c'est encore le· moyen suivi
par les Chinois modernes pour faire éclore des canards. De
l'Inde, ces inventions auront passé en Égypte; Aristote et
après lui Pline le Naturaliste nous disent que les anciens
Égyptiens mettaient leurs œufs dans des vases qu'ils en-
fouissaient en terre, et qu'ils les échauffaient au moyen du
fumier. Mais ce procédé primitif fut remplacé par l'incubation artificielle à l'aide des fameux *mamals*, qui existent encore dans l'Égypte moderne, et dont on a tant parlé parmi
nous.

« Le *mamal-el-katakgt* ou *el-farroug* (fabrique à poulets) est
un bâtiment rectangulaire coupé dans sa longueur par un corridor, de chaque côté duquel se trouvent les fours où se fait
l'éclosion. Ces fours sont à double étage : l'inférieur a un
mètre de haut, deux de large et trois de long ; il est muni
d'une porte ouvrant sur le corridor, et d'un trou circulaire
assez grand, qui communique avec l'étage supérieur ; ce dernier a les mêmes dimensions, si ce n'est· une quarantaine de
centimètres de plus en hauteur ; il est percé de cinq ouvertures,
deux latérales communiquant avec les fours voisins, une supérieure, située au milieu de la voûte et pouvant donner accès à
l'air extérieur , puis une porte ouvrant sur le corridor, et
enfin, inférieurement, le trou circulaire commun aux deux
étages. Attenant au local qui renferme les fours se trouve
l'endroit où l'on prépare la braise ardente, qui se fait tout
bonnement avec des mottes composées de paille mélangée
de fiente de chameau, de crottin de cheval ou de bouse de
vache. Tout à côté encore il existe une chambre destinée à
recevoir les poussins nouvellement éclos. Un magasin pour
les œufs et un logement pour le surveillant complètent l'ensemble des pièces qui constituent un mamal égyptien.

« Passons maintenant aux détails de l'opération, et, pour
plus de clarté, désignons les fours situés de chaque côté du corridor par des numéros, ceux de droite par 2, 4, 6, 8, 10, 12,

et ceux de gauche par 1, 3, 5, 7, 9, 11. On commence par
mettre en activité les numéros 2, 6 et 10 d'un côté, ainsi que
les numéros 1, 5 et 9 de l'autre. Pour cela, on dépose dans
les étages inférieurs de ces fours trois lits d'œufs sur une
couche de paille hachée et de poussière; puis on porte dans
les étages supérieurs de la braise ardente, qu'on place dans
une rigole régnant tout autour du trou circulaire qui fait communiquer ensemble les deux étages. Le feu est convenablement
entretenu pendant une dizaine de jours. C'est la première période de l'opération. Au bout de ces dix jours, on laisse
éteindre le feu, et on monte les œufs de l'étage inférieur à
l'étage supérieur. En même temps, on met en activité les
fours intermédiaires, n°ˢ 4, 8 et 12 à droite, n°ˢ 3, 7 et 11 à
gauche, lesquels étaient jusque-là restés vides ; dans ceux-ci,
comme dans les premiers, on place des œufs à l'étage inférieur
et de la braise ardente à l'étage supérieur. C'est la seconde
période de l'opération. Elle dure également une dizaine de
jours, à la fin desquels les poussins éclosent des premiers
œufs, qui ont continué d'être échauffés par les ouvertures
latérales communes à tous les compartiments de l'étage supérieur. Les poussins éclos sont retirés du four et déposés
pendant quelque temps, avant d'être remis aux personnes qui
les élèvent, dans une chambre où règne une température convenable. La première série de fours étant libre, on recommence une nouvelle fournée en mettant des œufs dans l'étage
inférieur et de la braise dans l'étage supérieur. C'est alors que
les œufs de la seconde série de fours changent d'étage, et
ainsi de suite. On voit que l'opération totale dure vingt à vingt-
deux jours, divisés en deux périodes, et que tous les dix ou
onze jours le mamal produit une certaine quantité de poussins.

« Nous ferons remarquer que ce procédé d'incubation artificielle a le mérite d'être assez exactement calqué sur la nature.
Le lecteur se sera déjà aperçu que les œufs n'y sont jamais
échauffés de bas en haut : pendant les dix premiers jours, ils
reçoivent la chaleur de l'étage supérieur, c'est-à-dire de haut

en bas comme sous une poule, et, pendant la seconde moitié de l'opération, ils sont maintenus dans une atmosphère convenable au moyen de l'air chaud qui leur arrive latéralement des fours voisins, dans l'étage supérieur desquels le feu vient d'être déposé.

« Il ne sera pas inutile de faire observer que le succès de l'opération dépend du tact des chauffeurs de mamal. Ces pauvres paysans égyptiens ignorent cependant que la température nécessaire à l'incubation est d'environ 40 degrés centigrade ; d'ailleurs, le thermomètre est pour eux un instrument inconnu ; mais ils ont une si grande habitude, qu'ils entretiennent constamment dans leurs fours une chaleur de 35 à 40 degrés.

« Cette température est inférieure à celle qui règne dans nos *couvoirs* modernes. L'appareil Cautelo, par exemple, maintient les œufs dans une atmosphère de 40 à 42 degrés. Aussi les poussins éclosent au bout de vingt ou vingt-deux jours dans le mamal égyptien, tandis que, dans la *couveuse* Cautelo, ils viennent souvent au monde vers le dix-huitième ou dix-neuvième jour. Mais, en revanche, les poussins nés dans les appareils modernes sont, comme les plantes de serre chaude, d'un tempérament si délicat, qu'ils supportent bien difficilement la température extérieure.

« Le mamal égyptien, en apparence si grossièrement construit, est du reste très-propre à sa destination. Presque enfoui dans la terre, il ne subit que peu les variations de la température extérieure. Le pauvre combustible qu'on y emploie se prête peut-être aussi, beaucoup mieux qu'un plus riche, à fournir une chaleur modérée et suffisamment humide. Les nombreuses ouvertures dont est percé le compartiment qui contient le feu sont aussi d'une grande utilité pour régler la température : lorsque le chauffeur sent qu'il fait trop chaud, il ouvre les portes ; lorsque, au contraire, il s'aperçoit que la température baisse trop, il intercepte toute communication avec l'air extérieur.

« Cette méthode d'incubation artificielle existe depuis plusieurs milliers d'années en Égypte ; elle était autrefois entre les mains des prêtres, qui très-probablement l'inventèrent. Ceux qui la pratiquent aujourd'hui sont de pauvres diables de paysans qu'on appelle Berméens, du nom d'un village voisin du Caire. Les Berméens ne sont en quelque sorte que les employés de propriétaires du pays avec lesquels ils partagent par moitié les bénéfices, qui consistent dans le tiers, ou un peu moins, des œufs qu'on leur donne à couver. Il y a ordinairement un mamal pour quinze ou vingt villages. Les habitants apportent leurs œufs, reçoivent un bon en échange, et reviennent au bout de vingt-deux jours prendre autant de fois deux poussins qu'ils ont donné trois œufs.

« Ces poussins, qui demandent les plus grands soins, surtout pendant les deux ou trois premières semaines, sont ordinairement élevés par des femmes. Elles en ont souvent trois ou quatre cents à la fois, et elles les tiennent le plus chaudement et le plus sèchement qu'elles peuvent, les mettant sur les terrasses qui couvrent leurs maisons, et les abritant pendant la nuit.

« La quantité de poulets produite annuellement par les mamals était d'une centaine de millions dans l'ancienne Égypte, et on la porte encore aujourd'hui à une trentaine de millions.

« On a essayé, à différentes époques, d'introduire en Europe le procédé égyptien : d'abord, dans l'antiquité, chez les Grecs et chez les Romains ; puis, au moyen âge, à Malte, en Sicile et en Italie ; et enfin en France, où deux rois s'occupèrent de faire construire des fours, Charles VII à Amboise et François Ier à Montrichard. Sous les règnes suivants, on tenta encore des essais dont Olivier de Serres nous entretient. A une époque beaucoup plus récente, de nombreuses expériences furent faites par plusieurs savants : on connaît les essais de Réaumur, et ses couches de fumier renouvelées des Indiens et des Chinois ; après lui vinrent les tentatives de l'abbé Copineau, de Dubois, de Bonnemain et de plusieurs autres dont il serait intéressant, mais beaucoup trop long, d'analyser les travaux et de décrire les appareils. Toutes ces expériences ont prouvé la difficulté de s'approprier le secret des Berméens d'Égypte : malgré la découverte du thermomètre, nos savants n'ont jamais pu égaler la précision de ces pauvres paysans du Caire qui, dépourvus de tout instrument pour mesurer la température, règlent cependant leur feu avec tant d'habileté, qu'ils réussissent à faire éclore la presque totalité des œufs.

« On a dû reconnaître qu'un procédé nécessaire et praticable dans certains pays ne présentait en France ni les mêmes avantages ni les mêmes facilités. Il paraît que sous le climat de l'Égypte les poules se refusent obstinément à couver, et qu'elles contraignent ainsi l'homme à employer des moyens artificiels pour obtenir des poussins, tandis que chez nous on n'éprouve pas la même disette de bonnes couveuses. D'un autre côté, le ciel chaud de l'Afrique est si favorable à la santé des jeunes poulets, qu'ils peuvent se passer des soins maternels; en France, le plus difficile n'est pas de faire éclore, mais d'élever ces frêles créatures, incapables pendant longtemps de supporter l'influence directe d'un climat humide et froid.

« Cependant quelques personnes intelligentes et soigneuses ont réussi à surmonter ces obstacles, et, en prenant la précaution de mettre d'abord leurs poussins dans des appartements de moins en moins chauffés, elles sont parvenues à les accoutumer graduellement à la température extérieure. Mais les moyens ingénieux, tels que les mères artificielles en peaux d'agneaux garnies de leur laine, mis en usage par des amateurs patients, ne sauraient être facilement employés par le commun des ménagères; et, tout en payant un juste tribut d'éloges aux hommes habiles qui ont perfectionné en France et en Angleterre les diverses méthodes d'incubation artificielle, nous devons dire qu'il est infiniment plus sûr, plus commode et probablement moins coûteux d'élever des poulets à la manière ordinaire. »

Voici maintenant ce que dit à cet égard M. Mariot-Didieux :

« L'art de faire éclore artificiellement des œufs de poule est très-anciennement connu en Égypte et en Chine. En Égypte, l'invention en est attribuée aux anciens prêtres d'Isis.

« Isis et Cérès ne seraient, au dire de quelques historiens, que la même princesse bienfaisante qui aurait autrefois régné sur l'Égypte. Selon d'autres auteurs, ce ne serait que l'agriculture personnifiée sous ces noms.

« Les prêtres du culte d'Isis, en Égypte aussi bien qu'en Celtique, paraissent s'être spécialement occupés d'agriculture et d'économie rurale. L'importance de celle-ci méritait bien une semblable institution, puisqu'ils s'occupaient d'étudier cette vaste science et d'en propager les principes sous le nom de la divinité tutélaire des champs et de toutes les productions de la nature.

« Les fours ou couvoirs des Égyptiens, désignés dans le pays sous le nom de *ma-mals* et qui existaient en grand nombre dans les royaumes que nous avons désignés plus haut, n'existent plus qu'à *Mansoura*, au village de *Bermé*, situé dans le Delta du Nil. D'après les historiens les plus récents, le nom de *Béhermiens* serait le nom collectif d'une population de cinq ou six villages dont Bermé est le centre et où les fours sont le plus nombreux. Ces habitants seraient aujourd'hui les seuls qui auraient conservé l'industrie héréditaire de diriger ces fours.

« Au dire des historiens, les seuls fours d'Égypte auraient anciennement fait naître annuellement cent millions de poulets; aujourd'hui les ma-mals des Béhermiens en font encore naître annuellement trente millions. Les historiens sont muets sur la nature des aliments fournis à ces nombreux poulets.

« L'histoire des ma-mals d'Égypte et des cages chinoises (ces dernières sont destinées à l'incubation des œufs de canes) fut importée en Europe par le R. P. Juan Gonzalès de Mendoce, Espagnol, et traduite en français, en 1600, par Luc de la Porte.

« Bien antérieurement à Gonzalès, des historiens avaient parlé des fours d'Égypte, et, entre autres, Aristote; mais ces historiens n'en avaient parlé que par tradition, et c'est sur ces traditions qu'à Florence et à Naples on avait bâti des fours qui n'ont point eu de succès.

« Charles VII, en France, en fit bâtir à Amboise vers l'année 1415, et François Ier à Montrichard vers l'année 1540; mais, comme celles des Italiens, ces constructions n'eurent probablement aucun succès, parce que ces fours étaient construits dans des conditions traditionnelles.

« D'après la description de Gonzalès et de quelques autres voyageurs, qui depuis rapportèrent des dessins de ces fours, le célèbre physicien *Réaumur* fit des tentatives en ce genre; mais, au lieu de chercher à perfectionner les fours d'Égypte, il créa de nouvelles méthodes et obtint quelques succès. Il publia en trois volumes, en 1749, son traité *de l'art de faire éclore en toutes saisons des oiseaux domestiques de toutes espèces.*

« Les méthodes de Réaumur n'eurent que peu de succès, mais il ouvrit la voie à des recherches nouvelles.

« A Réaumur succéda l'abbé *Copineau*, qui publia, en 1780, son *Ornithotrophie artificielle*. Il est, après les prêtres égyptiens, celui qui a le mieux connu les principes de l'art; mais les circonstances n'ont pas favorisé ses efforts.

« Vient ensuite la méthode de *Dubois* et celle de *Bonnemain*. Cette dernière fut publiée en 1816.

« Bonnemain, physicien à Nanterre, est le premier qui, dès 1777, établit des fours-couvoirs susceptibles de communiquer la chaleur aux œufs, par le moyen de la circulation de l'eau chaude.

« Bonnemain fit de longues recherches, et, après bien des tentatives infructueuses, il fit un établissement, rue des Deux-Portes, n° 4, à Paris, où il possédait des couvoirs assez vastes

pour lui donner mille poulets par jour. Il est accusé d'exagération; mais, quoi qu'il en soit, l'histoire témoigne qu'il four-
nissait en toutes saisons des poulets à la cour impériale de
France, et qu'il inondait les marchés de Paris de ses produits.

« Les événements désastreux de 1814 causèrent la ruine de
ce bel établissement.

« Bonnemain publia une brochure, en 1816, pour donner
un aperçu de ses couvoirs, avec régulateur du feu; mais,
comme il le dit, sa méthode est sa propriété, elle est le fruit
de plus de cinquante ans de travaux et de profondes médita-
tions.

« Dans cette brochure, il ne donne pas la clef de sa méthode;
mais il demande des souscripteurs pour l'achat de ses couvoirs;
et, pour attirer les amateurs, il donne la statistique des bénéfices que chaque couveuse peut donner par an.

« 1° Une couveuse de deux cents œufs, dit-il, qui travaillerait toute l'année, ferait environ dix-huit cents couvées. Il n'accorde la réussite qu'aux deux tiers des poulets, ce qui donne
deux mille trois cent soixante-seize poulets, qui, vendus à trois
mois à raison de un franc vingt centimes la pièce, donneraient
la somme de deux mille huit cent cinquante francs. Il en déduit moitié pour les frais, et il trouve le bénéfice de mille
quatre cent vingt-cinq francs.

« 2° Une couveuse de dix mille œufs, qui travaillerait toute
l'année, ferait dix-huit couvées; il n'accorde la réussite qu'aux
deux tiers des œufs, ce qui donnerait onze mille neuf cent vingt
poulets à un franc vingt centimes le poulet, et produirait la
somme de cent quarante-cinq mille quatre cents francs; il en
déduit la moitié, et il reste un bénéfice de soixante et onze mille
sept cent dix francs.

« Bonnemain assure avoir obtenu les succès qu'il désigne
pendant quinze ans, et ce n'est qu'après la ruine de son établissement par l'armée étrangère qu'il demande aide et protection au

gouvernement, aux capitalistes, aux amateurs et aux éducateurs.

« Les uns et les autres lui ont fait défaut, soit par dédain,
soit par les circonstances politiques de l'époque.

« Le prix de ses couveuses était très-élevé, celui des petites
était fixé à dix francs l'œuf, et celui des grandes à trois francs.

« Son régulateur du feu fut considéré comme une invention
très-utile aux arts économiques.

« Nous allons maintenant parler des tentatives faites en ce
genre par des contemporains et des succès qu'ils obtiennent.

« En 1844, M. Bir, fabricant à Courbevoie, envoya à l'Exposition de cette année une boîte-couvoir contenant soixante
œufs.

« En 1848, M. Vallée, conservateur de la galerie des ser-
pents au muséum du Jardin des Plantes, à Paris, envoya également à l'Exposition de cette année une boîte-couvoir pouvant
faire éclore jusqu'à cent poulets. Ces deux couvoirs, modifica-
ion de celui de Bonnemain, mais beaucoup plus petits, sont
chauffés avec des lampes. De l'aveu même de M. Vallée, son
couvoir ne peut entrer en grand dans la pratique; c'est un
meuble d'amateurs et de curieux.

« Vers la même époque parut le grand couvoir de MM. Adrien
jeune et Tricoche, qui fondèrent un établissement d'éducation
en grand, à Vaugirard.

« GRAND COUVOIR ADRIEN ET TRICOCHE.

« Ce grand couvoir peut incuber mille cinq cents œufs à la
fois, et son prix est de trois mille francs.

« Ce couvoir se compose d'une vaste chaudière en zinc, qui
reçoit dans son intérieur et son centre un cylindre en tôle de
6 centimètres de diamètre et qui traverse cette chaudière de
part en part, de manière à avoir jour aux deux extrémités. Ce

cylindre est destiné à contenir du charbon, et il est pourvu de soupapes pour augmenter ou modérer la combustion. La chaudière a la forme d'une cloche renversée et porte à son tiers supérieur une échancrure transversale de 1 mètre d'étendue. A cette large échancrure s'adapte une toile en caoutchouc ou gomme élastique galvanisée de 3 mètres de longueur et de 1 mètre de large. Cette toile, ou plutôt cette nappe élastique, s'étend horizontalement, en forme de table soutenue par des pieds, à 1 mètre de hauteur du sol; elle est fixée et en quelque sorte lattée sur les côtés de la table. A l'autre extrémité de la nappe existe un réservoir en zinc de la largeur de la toile; ce réservoir lui est inférieur; il a 10 centimètres de profondeur et 6 de largeur.

« Ce réservoir est pourvu de deux tubes en zinc ou en plomb, qui descendent obliquement ou rétrogradent au-dessous de la table pour venir se terminer au fond et dans l'intérieur de la chaudière.

« La nappe fixée et bien nivelée avec l'échancrure de la chaudière et le bord supérieur du petit réservoir en zinc qui est à l'autre extrémité, on remplit la chaudière d'eau; l'eau finit par sortir par l'échancrure qui est pratiquée dans la chaudière, s'étend sur la nappe, remplit le réservoir de l'autre extrémité et les tubes rétrogrades. Quand l'eau est nivelée à 2 centimètres d'épaisseur sur la nappe, la quantité est suffisante.

« Cette opération terminée, on allume environ 1 kilogramme de charbon dans l'intérieur du cylindre.

« L'eau chaude, étant plus légère que la froide, vient à la surface de la chaudière, sort par l'échancrure qui y est pratiquée, s'étend sur la nappe, chasse la froide, et vient en se refroidissant tomber dans le petit réservoir, où les deux tubes rétrogrades la conduisent au fond de la chaudière pour y être chauffée de nouveau, et venir successivement faire le même contour. Ce système est encore une modification de la couveuse Bonnemain.

« Cette eau en circulation lente et permanente est un effet de la plus grande légèreté de l'eau chaude, qui vient à la surface de celle qui est froide.

« L'eau bouillante d'une chaudière n'est pas également chaude partout. Celle de la surface l'est beaucoup plus que celle qui est au fond, et c'est sur cette découverte que Bonnemain a fondé son système de circulation d'eau chaude pour établir ces couvoirs.

« Cette eau, étendue sur la nappe, doit acquérir trente-cinq à trente-six degrés de chaleur au thermomètre de Réaumur, ou quarante-cinq à quarante-six degrés centigrade.

« Ce degré de chaleur serait trop considérable pour incuber les œufs; mais, comme ceux-ci sont placés sous la toile, ils n'en reçoivent que trente degrés Réaumur ou quarante centigrade, ce qui est le degré fourni par les poules dans l'incubation naturelle.

« Ces degrés peuvent varier de vingt-cinq à trente-deux degrés Réaumur, mais pas au delà, pas au-dessous.

« L'eau, ainsi distribuée et réglée, est restée jusqu'ici à ciel ouvert sur la nappe. Celle-ci doit être couverte avec des planches ou liteaux en bois blanc et léger; ce couvercle est luté avec du mastic pour éviter le refroidissement et l'évaporation de l'eau. Ce couvercle est ensuite recouvert d'une couche de sable de 4 centimètres d'épaisseur et muni de bords relevés de chaque côté, parce que plus tard il servira d'étuve pour les jeunes poulets : ceux-ci y trouveront de l'air et de la chaleur.

« La surface de ce couvercle est percée aux deux extrémités pour recevoir un tuyau qui plonge dans l'eau qui circule sur la nappe; on y plonge des thermomètres qui y restent toujours, mais qui se retirent à volonté pour s'assurer du degré de l'eau en circulation. Ce degré peut s'élever ou s'abaisser suivant les besoins, au moyen des soupapes du cylindre qui activent ou ralentissent la combustion du charbon.

ÉTUVES.

« Nous voyons, d'après ces dispositions, la chaudière vide de son tiers supérieur; un couvercle est adapté à la surface de l'eau chaude, de manière à former un évasement creux et libre à la partie supérieure de la chaudière.

« Ce vide est muni de deux couvercles mobiles et à charnières qui ferment le haut de la chaudière. C'est dans cette étuve, dont le fond est garni d'un linge en laine, que doivent être placés les poulets qui naissent, pour les sécher et leur fournir la chaleur nécessaire aux deux premiers jours. Le haut de la table, dont le sable est chaud, peut être converti en étuve; mais il est préférable d'en faire leur première cour aux ébats.

« TIROIRS A INCUBATION.

« Au préalable, la table est agencée de manière que le dessous de la table repose sur des liteaux en bois qui en supportent le poids. Ces liteaux sont distancés de manière à former des carrés nus, où devra reposer le dessus des tiroirs qui contiendront les œufs.

« Ces tiroirs sont sur deux rangs, parce qu'un liteau longitudinal partage en deux longueurs le dessous de la toile. Chaque tiroir a un peu moins de 1/2 mètre de longueur et 35 centimètres de largeur, huit de profondeur; il a à peu près la forme des tiroirs de nos petites tables carrées, excepté que le fond est en toile métallique pour y faciliter la circulation de l'air dont l'œuf aura besoin pendant l'incubation. Chaque tiroir est rempli d'une suffisante quantité de balles d'avoine sur lesquelles reposent les œufs, et ceux-ci doivent être de niveau avec les bords du tiroir. Chaque tiroir est à peu près large et long comme les carrés du dessous de la toile.

« Comme les œufs doivent toucher le dessous de la toile, comme ils touchent le ventre de la poule qui couve, ces tiroirs sont difficiles à placer convenablement. MM. Adrien et Tricoche ont imaginé de placer sous les tiroirs des mancherons plats, et dont la largeur calculée fait que, après avoir posé le tiroir rempli d'œufs sur ces deux mancherons, on les tourne de champ, et le tiroir se trouve enlevé de manière que les œufs touchent la face inférieure de la toile.

« Cette toile étant chaude et humide, et fournissant à la face supérieure de l'œuf de vingt-huit à trente degrés de chaleur, il s'ensuit qu'on a réuni toutes les conditions de l'incubation naturelle.

« Chaque côté de la table reçoit quinze tiroirs, et chaque tiroir reçoit cinquante œufs.

« Les tables plus grandes ne fourniraient pas la chaleur nécessaire à l'extrémité la plus éloignée.

« Ce couvoir est alimenté de charbon deux fois par jour. Le degré de chaleur varie très-peu; cependant il a besoin d'être examiné et vérifié de quatre en quatre heures

« Nous avons vu fonctionner cet appareil pendant cinq mois consécutifs avec un succès qui ne s'est pas démenti une seule fois. L'incubation de quinze cents œufs donne naissance à environ douze cents poulets, forts, vigoureux et bien portants.

« Nous y avons vu éclore des œufs de canes et de faisans. »

Ce couvoir, décrit par M. Mariot-Didieux, est sans doute le même que l'*hydro-incubateur* exposé en 1855 par M. Gérard; seulement les proportions de ce dernier sont moins considérables. Voici un compte rendu qu'en donnait une petite brochure délivrée aux curieux à la porte de l'établissement :

« Bien que l'idée de l'*hydro-incubateur* ne soit pas nouvelle et que plusieurs tentatives aient été faites sans résultat dans le passé, l'invention de M. Gérard paraît réunir toutes les conditions de réussite possibles. Cet appareil, aussi simple qu'ingénieux, se compose de deux cylindres en tôle de 1 mètre de hauteur environ et de deux corps de menuiserie établis horizontalement de chaque côté.

« Nous allons décrire les fonctions de chacune des parties de l'appareil : le plus grand cylindre ou réservoir à eau contient mille litres d'eau environ ; au milieu de ce premier cylindre s'en place un second garni de charbon de bois, qui brûle progressivement au moyen de trous percés uniformément jusqu'à mi-hauteur et très-lentement par suite de l'absence presque totale de tout courant d'air.

« Ce foyer chauffe l'eau contenue dans le premier cylindre, et lui fait atteindre promptement trente-huit degrés centigrade, chaleur nécessaire à l'incubation ; au moyen de deux ouvertures, elle s'écoule ensuite dans les corps de menuiserie dont nous avons parlé, et se répand de chaque côté en nappes uniformes sur un tissu de gutta-percha posant, comme nous allons l'expliquer ci-après, sur les œufs soumis à l'incubation.

« L'eau refroidie, chassée successivement par celle d'un degré plus élevé, descend, par plusieurs conduits posés sur deux plans inclinés établis sous les corps de menuiserie, dans le cylindre à eau et sert à l'alimentation presque perpétuelle de ce cylindre, en reprenant du calorique et en parcourant de nouveau le trajet qu'elle a déjà fait.

« Sous le tissu en gutta-percha, qui prend le même degré de chaleur que l'eau qu'il supporte, se trouvent disposés, de chaque côté du cylindre, vingt-quatre casiers pouvant contenir chacun de quatre-vingts à cent œufs environ ; ces casiers s'élèvent et s'abaissent au moyen de deux petits leviers à main.

« Pendant le cours de l'incubation, qui doit durer vingt et un jours, les œufs se trouvent constamment en contact avec le tissu de gutta-percha, qui prend leur empreinte, et sont uniformément chauffés au degré de l'eau superposée.

19.

« Aucun des essais en cours d'exécution jusqu'à ce jour n'a manqué son effet, et ce qu'il y a de vraiment remarquable, c'est que la dépense, eu égard aux résultats, est d'une modicité fabuleuse : ainsi, dans l'appareil de M. Gérard, un décalitre de charbon de bois, au plus, suffit pour vingt-quatre heures à chauffer tout l'appareil; en sorte que, pendant le cours de l'incubation, deux cent dix litres de charbon, représentant une valeur de douze francs soixante centimes, servent à l'incubation de deux mille quatre cents à trois mille œufs, sans que, jusqu'à présent, il y ait eu insuffisance dans l'appareil.

« On voit donc quelle immense ressource peut offrir à la consommation la découverte de M. Gérard, et quelle sécurité elle inspire aux propriétaires, fermiers, chasseurs, etc., etc., puisque désormais, au moyen de cet appareil, dont les proportions, et par suite la dépense, peuvent être réduites suivant les besoins de chacun, ils n'ont plus à craindre les accidents ordinaires de température, la dévastation des bêtes fauves et le délaissement trop fréquent des couveuses.

« Mais il ne suffisait pas de parvenir à cette éclosion artificielle, il fallait encore assurer la vie à tant de petits êtres dépourvus de cette chaleur première qui leur avait tenu lieu de mère; c'est ce qu'a fait notre inventeur.

« Au milieu de son établissement en plein air, il a disposé une série de cases en planches de 35 centimètres environ de hauteur; chaque case se trouve recouverte partie en zinc, partie en vitres, et la dernière partie, beaucoup plus grande, en filet; sous la partie couverte en zinc, se trouve disposée une boîte de forme cubique en fer-blanc remplie d'eau chaude, qui laisse sous elle une excavation tapissée d'une peau de mouton; peu de temps après leur éclosion, ces petits sont transportés dans ces cases, où le besoin de chaleur les pousse bientôt vers cette première partie; en grandissant, cette chaleur première leur étant moins nécessaire, ils peuvent se tenir indistinctement, soit dans la partie vitrée, soit dans la partie à jour garnie d'un filet, et attendre là, à l'abri de toutes les éventualités de température, le moment où ils peuvent impunément se livrer aux ébats de leurs devanciers. »

Je me permettrai d'ajouter qu'aujourd'hui même M. Gérard fait opérer *toutes* ses éclosions au moyen des *poules*. Du reste, voici l'opinion de M. F. Malézieux sur les suites de l'incubation artificielle et les réflexions qu'il ajoute à la description de l'*hydro-incubateur*.

« Maintenant, on se demandera ce qu'il faut penser de cette couveuse au point de vue pratique. La question est délicate. En matière d'incubation artificielle, plus qu'en aucune autre, on doit dire : *Tant vaut l'homme, tant vaut l'instrument.* La meilleure couveuse artificielle, mise entre les mains d'un homme négligent ou incapable, est exposée à se voir transformée en machine à cuire les œufs. C'est l'histoire du thermosiphon de Bonnemain, de l'hydro-incubateur de Cautelo et de bien d'autres appareils. Ce qui distingue essentiellement l'incubation artificielle de l'incubation naturelle, c'est que, dans la première, l'homme est obligé de veiller à tout, tandis que, dans la seconde, il n'a qu'à se croiser les bras et laisser agir l'instinct naturel des animaux. Une fois que vous avez trouvé une poule bonne couveuse, et que vous lui avez donné le nombre d'œufs qu'elle peut couvrir de son corps, tout est fait; moins vous interviendrez, mieux vous réussirez. Au bout de vingt et un jours, les poussins éclôront, et, aussitôt nés, ils trouveront sous les ailes de leur mère un abri plus sain que celui que pourrait leur procurer l'homme le plus savant. Dans l'incubation artificielle, au contraire, il faut trois semaines d'une attention continue pour faire naître les poussins, et ensuite il faut un mois de soins minutieux pour les empêcher de mourir. »

Nous pourrions citer encore quelques longues dissertations sur l'incubation artificielle, mais nous croyons à peu près suffisant ce que nous en avons fait connaître, en y ajoutant toutefois le moyen décrit par le baron Peers dans sa *Basse-Cour;* il s'exprime ainsi :

« Bien que conçu dans des proportions infiniment plus modestes, il ne laisse pas d'avoir son mérite : nous voulons parler de l'incubation Charbogne. Ce zélé expérimentateur, après avoir, à l'exemple de Bonnemain, payé de sa personne et de sa bourse les nombreuses tentatives pour arriver à un résultat satisfaisant, est parvenu, à la fin de sa longue carrière, à trouver un procédé aussi simple qu'ingénieux, et qui surtout a un mérite immense à nos yeux : c'est que le système à l'aide duquel il opère l'incubation ne donne lieu à aucune dépense d'entretien, et qu'il suffit d'y consacrer quelques instants toutes les douze heures. Il ne s'agit plus, ainsi que pour les procédés **Bonnemain** ou Cautelo, d'appareils coûteux, dont l'entretien et la mise en activité ne sont pas moins dispendieux : Charbogne a fini par découvrir un moyen aussi simple qu'ingénieux, en répandant uniformément la chaleur sur toutes les surfaces où le calorique a besoin de se développer.

« L'incubateur Charbogne est mis à la portée de toutes les bourses comme de toutes les intelligences; il est portatif, et on peut le placer partout, pourvu que le local qui le renferme ne soit pas sujet à des variations de température trop fortes.

« Comme l'inventeur de ce nouveau système d'incubation artificielle est breveté en Belgique, et qu'il n'a pas initié le public aux différents secrets de sa découverte, il ne nous appartient pas de donner une description de cet appareil dépassant les limites de celles qu'il a jugé à propos de se prescrire à lui-même.

« Ainsi nous nous bornerons à dire que le système Charbogne est d'une simplicité telle, qu'on demeure stupéfait de ne pas en avoir vu la découverte depuis longtemps. Une caisse **en bois blanc** qui se ferme avec un couvercle, et à laquelle est adapté un tiroir destiné à contenir les œufs, constitue tout l'appareil extérieur.

« Une aération intérieure qui imprime une certaine moiteur aux œufs est ménagée de manière à se rapprocher le plus près possible de l'état de nature.

« Sous ce point de vue, Charbogne a rendu un immense service à l'art de l'incubation artificielle en résolvant le problème du degré d'humidité convenable en cette occurrence. En effet, nous avons vu plus d'un rapport sur l'incubation artificielle, et tous sont venus constater que le degré d'aération convenable était sans cesse le point important de la question. Effectivement, la chaleur que répandent les lampes, les veilleuses ou les tuyaux sert plutôt à évaporer et à dessécher la moiteur indispensable aux œufs.

« A quels résultats est arrivé Charbogne ? Convaincu de la nécessité de ménager dans l'intérieur du couvoir une transpiration semblable à celle que la couveuse mère dépose sur ses œufs, il a heureusement franchi ce dernier obstacle en atteignant le but désiré, car il leur imprime à volonté le degré de vapeur qu'il juge convenable de leur donner. Aussi l'éclosion parfaite est-elle beaucoup plus abondante que dans les autres couvoirs, qui pèchent, les uns par trop de sécheresse, les autres par une température uniforme.

« Comme l'appareil Charbogne peut fonctionner en petit et en grand, qu'il est d'un entretien très-peu dispendieux, en un mot, qu'il est mis à la portée de tout le monde, nous osons, sans crainte d'être démenti, prédire le plus grand succès à cette utile invention, qui peut être appliquée dans toutes les fermes, puisqu'il ne s'agit que d'une dépense une seule fois faite : l'achat de l'appareil. L'entretien de la chaleur, nous le répétons, est si insignifiant, qu'il n'est pas un ménager en Belgique qui ne l'ait à sa disposition. »

Comme on a pu en juger, si l'on trouve une certaine facilité à faire éclore un grand nombre de poulets sans poules, il n'en

est pas de même pour les élever seuls jusqu'à ce qu'ils aient
la force de se passer de mères.

Le moyen suivant, indiqué par madame Millet-Robinet, pour
remplacer les mères naturelles, paraîtrait être le complément
de l'incubation artificielle :

« Une mère artificielle consiste en une peau d'agneau tannée
et ayant conservé sa laine; on la cloue sur un cadre de bois
ayant seulement 0^m.60 sur chaque face. Ce cadre est posé
sur quatre pieds, dont deux ont seulement 0^m.5 de hauteur, et
les deux autres 0^m.10 à 0^m.12. Le côté le plus élevé forme
le devant de la mère. On cloue également de la peau d'agneau
sur les côtés, sur le devant et sur le derrière ; mais on ne fixe
pas au bas des pieds celle placée devant et celle placée derrière, et qui tombe jusqu'à terre. On place cette espèce de
petite maison sur une boîte de même dimension, qui se ferme
et s'ouvre à volonté; l'intérieur de cette boîte est garni d'une
plaque de tôle de 1 millimètre environ d'épaisseur; celle qui
garnit le couvercle est percée de petits trous. On renferme
dans cette boîte des briques, des carreaux ou des pierres
chauffées, puis on place la mère dessus. On accroche avec un
ou deux petits crochets au-dessus de la chaufferette une planche qui retombe en pente jusqu'à terre, et forme un petit
promontoire pour conduire les jeunes poulets sous la mère
artificielle. On les y met d'abord, et ils se trouvent dans une
petite chambre obscure, chaude, et dont toutes les parois
sont douillettes; ils en sortent par devant et par derrière pour
aller manger. La peau qui n'est pas fixée à la base se soulève
pour les laisser passer et retombe à l'instant. Si quelques-uns
n'avaient pas l'instinct de rentrer sous la mère, on les y remet-
trait, et, après une ou deux leçons, ils y rentreraient d'eux-
mêmes. Cette mère remplace très-bien la poule pour la chaleur.

« Comme la mère est plus basse d'un côté que de l'autre,
elle est aussi plus chaude, elle peut recevoir des poulets de
plusieurs tailles : les grands ne pouvant pénétrer dans l'endroit

trop bas pour eux, les petits s'y réfugient; enfin, si les faibles
étaient encore brusqués, chassés par les forts, ils sorti-
raient de dessous la mère sans le moindre effort, et, comme
ordinairement les querelles de poulets sont de courte durée et
sans rancune, les battus pourraient rentrer sous ce toit hospi-
talier. Il suffit de s'assurer de temps en temps si la chaleur
qui s'échappe de la boîte est suffisante, et de renouveler le
moyen de chauffage, si elle ne l'est pas.

« Le soir, comme leur chambre, ouatée en quelque sorte,
n'est plus refroidie par le mouvement continuel des petits qui
entrent et qui sortent, et que d'ailleurs ils y sont entassés
comme sous le ventre de la mère, la moindre chaleur suffit.
Il faut avoir le soin, tous les matins, d'enlever la mère artificielle et de nettoyer le couvercle de la boîte chaude. On peut,
lorsqu'il fait chaud, transporter tout l'appareil dehors et le
mettre au soleil. Alors la chaleur de la boîte sera inutile;
celle de la peau sera suffisante. On peut placer la mère artificielle sous une mue un peu plus grande que les mues ordinaires, parce qu'elle occupe plus de place qu'une poule. On
donne à boire et à manger aux petits tout à fait comme s'ils
étaient véritablement sous la mère, et ils agissent de même.

« Avec une mère artificielle comme celle que je viens de
décrire, et qui est très-peu coûteuse, on peut parer aux accidents qui privent quelquefois les jeunes poussins de leur mère,
ce qui cause souvent leur mort et les rend très-difficiles à élever. On peut aussi, lorsqu'on a fait couver des poulets à une
dinde ou à une bonne poule couveuse, lui enlever les petits à
mesure qu'ils naissent et lui donner d'autres œufs, ou réunir
les poulets de plusieurs couvées et enfermer les mères, comme
je l'ai indiqué, pour éteindre l'ardeur qu'elles ont à couver et
oublier leurs petits, pour obtenir une seconde ponte. Les
poulets, avec cette mère artificielle, ne demanderont qu'un
peu plus de soin, puisqu'il faudra leur apprendre à connaître
leur lieu de refuge, les rentrer et les faire sortir selon le
temps, et entretenir dans la boîte une chaleur convenable.

« Les poulets élevés sous la mère artificielle seront nourris comme les autres ; cependant, comme ils seront privés de la variété de nourriture que leur trouve leur mère et surtout des insectes, il faudra tâcher d'y subvenir. On leur laissera leur mère tant qu'ils en feront usage. Il conviendra aussi de les appeler chaque fois qu'on leur distribuera de la nourriture, afin qu'ils s'habituent à se réunir comme lorsque la mère véritable les appelle. Si la laine de la peau d'agneau était salie par les excréments des poulets, il faudrait la laver et l'exposer à l'air et au soleil pour la bien faire sécher avant de la remettre sur les poulets. Ce soin est nécessaire lors même que la laine ne paraîtrait pas sale, pour détruire les mites et les poux qui atteignent souvent les poulets. »

Oui, les questions de propreté, de chaleur, de préservation des mites et des poux sont d'une si grande importance et me semblent si difficiles à résoudre, même avec tous les moyens naturels à la disposition de l'éleveur, que je ne saurais conseiller l'emploi des moyens artificiels, évidemment bien plus difficiles dans la pratique.

Si l'on devait se servir de la couveuse artificielle, ce serait en n'écartant pas les couveuses ordinaires et tout au contraire en réunissant les deux moyens et de la façon suivante. On veut, par exemple, obtenir et faire élever rapidement un grand nombre de poulets, qu'on mette cent poules à couver à des époques déterminées, pour faire correspondre à peu près ces couvées avec celles que l'on peut faire se succéder dans la couveuse artificielle, et alors on donne aux cent couveuses les résultats réunis de leurs couvées et ceux obtenus artificiellement. Toutes les couveuses, pourvues à temps chacune de quinze à dix-huit poulets, peuvent alors élever dans les conditions ordinaires les quinze à dix-huit cents poulets produits si rapidement.

CHAPITRE VII

Expositions publiques et marchandes

On connaît l'effet produit sur le goût et la connaissance des animaux de basse-cour par plusieurs expositions publiques et officielles.

Des expositions particulières, dirigées sous les auspices d'une Société d'amateurs et d'éleveurs, à l'instar de celles qui sont si florissantes en Angleterre, finiraient de développer ce goût si attrayant, et fourniraient à beaucoup de personnes l'occasion d'employer utilement leurs loisirs.

Nous pensons qu'un jour une Société doit se fonder dans ce but, et nous donnons à l'avance quelques conseils sur la façon d'organiser les premières expositions.

Si l'on veut considérer comme une chose utile cette occupation qui consiste à élever des volailles, à étudier leurs races, à chercher leur amélioration par le croisement, il faudra s'occuper d'abord et le plus énergiquement des races dont l'élève entrera dans les exploitations agricoles. Les autres races, nous le savons bien, présentent mille attraits par la variété de leurs formes, de leurs mœurs, de leur plumage, et nous sommes bien loin d'en conseiller l'abandon, puisque d'ailleurs leur entretien répond à un besoin évident, celui de la curiosité ; mais les races de production sont aussi variées, aussi admirables dans leurs formes, aussi curieuses dans leurs habitudes, et, de plus, elles ont pour elles de réunir l'utile à l'agréable ; elles donnent en même temps de beaux animaux et une excellente et copieuse nourriture.

On sait le prix qu'il faut mettre maintenant à une belle et bonne volaille. Il n'y a donc pas à craindre de perdre en éle-

vant, si l'on élève sagement. Pendant longtemps encore, et
jusqu'à ce que les races précieuses soient reconstituées et répandues, les beaux sujets élevés dans de bonnes conditions se
vendront fort cher et trouveront un placement très-avanta-
geux.

Nous n'en doutons pas, on verra des animaux bien autrement intéressants que ceux envoyés même aux dernières expc-
sitions ; mais des mesures indispensables doivent être prises, si
l'on veut le concours sincère.

Outre les dispositions à prendre pour l'aménagement des animaux, il en est d'autres qu'on ne saurait négliger, si l'on veut
atteindre le but proposé.

La première condition est de ne point considérer une exposition comme un marché où l'on vient apporter des volailles et
les vendre à l'aide du prestige que donne nécessairement une
admission sanctionnée par un jury. Aussi ne faut-il admettre
que dans une proportion limitée le nombre des lots présentés
par chaque individu. En effet, de quoi s'agit-il? D'exciter, par
l'émulation, les éleveurs à perfectionner les races, en faisant
connaître, par la comparaison, les résultats obtenus et ceux
vers lesquels on doit tendre.

Quelle raison y a-t-il alors d'admettre six et huit lots d'une
même espèce, provenant d'un même exposant, ainsi qu'une
multitude de sujets ridicules et inutiles, qui égarent le public
et compliquent, d'une façon nuisible à tous, le travail du jury?
Deux lots au plus doivent être admis d'une même espèce.
puisque l'éleveur mettra certainement dans ces lots ce qu'il
aura de mieux, et qu'il ne peut d'ailleurs avoir qu'un seul prix
dans chaque catégorie. La seconde condition est l'âge des animaux admis. En effet, comment faire concourir ensemble des
animaux de tous âges? L'utilité, le beau de la chose, n'est pas
d'envoyer une poule de quatre ou cinq ans boursouflée par la
graisse, et n'étant plus bonne qu'à être mise au pot. On doit
avant tout considérer que c'est au moment où les animaux sont
dans l'état le plus propre à la reproduction ou à la consomma-

tion qu'ils doivent être livrés à l'examen du public, et, pour cela, une mesure est indispensable : c'est de n'admettre que les animaux de l'année précédente. Cette mesure a, en outre, l'avantage de mettre tous les concurrents sur un terrain égal.

Pour éviter les encombrements causés par les animaux inutiles et hideux, il est aussi nécessaire de limiter, pour les grosses espèces au moins, le poids au-dessous duquel on n'admettra plus, et de bien déterminer les catégories, afin de ne pas admettre la même espèce sous des noms différents.

Pour vérifier, pour contrôler les désignations, le poids, l'âge des animaux envoyés, il faut un jury d'admission.

La question des aménagements n'est pas moins importante et méritera tous les soins des personnes chargées de cette partie de l'exposition.

Les galeries de cabanes ou parquets doivent être disposées de façon à montrer au même jour et dans les mêmes conditions tous les animaux de même espèce. Sauf meilleur avis, voici la disposition qu'elles doivent affecter (fig. 117) :

Au rez-de-chaussée, on mettrait tous les lapins, canards, oies, dindons, en laissant pour les oies et dindons des compartiments doubles.

Au premier étage, on mettrait toutes les poules, grosses et moyennes, dans un ordre réglé suivant un classement justifié par l'importance de leurs produits.

Au deuxième étage, A, on mettrait tous les pigeons, ainsi que les petites espèces de poules, et, pour forcer ces animaux à se montrer aux visiteurs, on rétrécirait les cabanes par derrière, B.

De plus, à cet étage supérieur, dont le plafond serait plus bas que celui des autres étages (ce qui permettrait de hausser un peu celui du rez-de-chaussée, dans lequel la vue pénètre difficilement), on ajouterait des perchoirs mobiles, C, où les pigeons iraient naturellement se percher, ainsi que la plupart des poules et coqs de petite race.

Nous espérons que, si une Société s'établit en France, elle

suivra, en partie au moins, les excellents règlements adoptés
par les Sociétés anglaises.

Grav. 117. — Cage à exposition.

CHAPITRE VIII

Commerce de volailles de race.

Il me reste à toucher quelques mots des établissements où s'exerce à Paris le commerce des volailles de race ; mais ma tâche ne sera pas longue, car on peut dire, à coup sûr, que ce commerce n'a d'importance réelle que dans deux maisons, celle de M. Baker, de Londres, nouvellement établie à Paris, avenue de l'Impératrice, et celle de M. Gérard, déjà ancienne, et établie à Grenelle, près Paris.

Ces deux maisons font à elles seules plus d'affaires en une année que toutes les autres réunies n'en font peut-être en dix ans.

M. Gérard est le véritable marchand de poules indigènes et surtout françaises ; on ne peut imaginer ce qui lui a déjà passé par les mains de houdan, de crèvecœur, de la flèche, de bréda, etc., etc. Son établissement est, au reste, le plus vaste, le plus connu et le plus achalandé qu'il y ait en Europe. C'est chez M. Gérard que, depuis dix ans, tous les grands amateurs se sont fournis de gibier vivant gros et petit, oies de Toulouse, canards, vaches bretonnes, etc., etc., et l'on a peine à concevoir comment une réputation aussi ancienne a pu laisser place au nouvel établissement fondé par M. Baker.

Il est vrai de dire que le nombre des amateurs a considérablement augmenté, et que M. Baker arrivait avec une réputation déjà établie de marchand honnête, instruit et plein de distinction ; que, depuis quelques années, il s'était fait connaître par de brillantes ventes publiques, où l'on avait trouvé de magnifiques sujets des espèces nouvellement introduites en France par ses soins ; qu'on avait eu maintes fois occasion de voir ses produits dans nos expositions publiques, où il partageait les prix avec M. Gérard, et qu'enfin l'on avait été à même de juger combien ses relations étaient agréables et pleines de convenance.

Aussi c'était déjà pour tout le monde une vieille connaissance, et son établissement a-t-il été tout de suite en pleine activité.

C'est chez lui certainement que se trouve le plus splendide assortiment de volailles de toutes espèces, tant gallinacées que palmipèdes, d'oiseaux d'agrément pour les parcs, volières, pièces d'eau, etc. Un grand nombre de porcs anglais de petites races ont été envoyés par lui, cette saison même, à des cultivateurs ou amateurs de nos départements; il vient de commencer la vente de moutons southdowns, provenant des sources les plus pures, et pour lesquels il a déjà reçu de nombreuses commandes; mais ce qui sera vraiment intéressant, c'est qu'il va introduire et vendre en France ces charmants chevaux de petites races, qui semblaient jusqu'à présent être le partage exclusif des Anglais, parce que nous n'avions pas d'intermédiaires chez qui nous puissions nous les procurer. Combien de familles aisées se privaient du plaisir de donner à leur fils déjà grandet ce merveilleux cadeau, ce cadeau rêvé, désiré, et qu'on ne savait comment réaliser, un petit cheval vivant!

FIN.

TABLE DES MATIÈRES

DEUXIÈME PARTIE

DESCRIPTION DES RACES

TROISIÈME PARTIE

CROISEMENTS. — ENGRAISSEMENT. — MALADIES.

QUATRIÈME PARTIE

UTILISATION DES PRODUITS. — INCUBATION ARTIFICIELLE. — EXPOSITION.

TABLE DES GRAVURES

FIN DE LA TABLE DES GRAVURES

EXTRAIT DU CATALOGUE DE LA LIBRAIRIE AGRICOLE

BIBLIOTHÈQUE AGRICOLE ET HORTICOLE
51 VOLUMES, A 3 FR. 50 LE VOLUME

A. B. C. de l'agriculture pratique et chimique, par Perny, 360 pages.
Abeilles (Les), par Bastian, 328 pages, 53 grav.
Agriculture et la population (L'), par L. de Lavergne, 472 pages.
Agriculture de la France méridionale, par Riondet, 484 pages,
Agriculture moderne (Lettres sur l'), par Liebig, 244 pages.
Amendements (Traité des), par A. Puvis, 440 pages.
Bêtes à laine (Manuel de l'éleveur de), par Villeroy, 336 pages, 54 grav.
Botanique populaire, par Lecoq, 408, pages, 215 grav.
Causeries sur l'agriculture et l'horticulture, par Joigneaux, 403 p. 27 gr.
Champignons et truffes, par J. Remy, 174 pages, 12 planches coloriées.
Cheval (Conformation du), par Richard (du Cantal), 400 pages.
Chimie agricole, par Is. Pierre, 2 vol., 752 pages, 22 grav.
Conseils aux jeunes femmes, par Mme Millet-Robinet, 284 pages, 30 grav.
Culture améliorante (Principes de la), par Lecouteux, 368 pages.
Douze mois (Les) Calendrier agricole, par V. Borie, 380 pages, 80 grav.
Drainage (Traité de), par Leclerc, 424 pages, 130 grav., 1 planche.
Économie rurale de la France, par L. de Lavergne, 490 pages.
Économie rurale de l'Angleterre, par L. de Lavergne, 480 pages.
Économie rurale de Belgique, par Laveleye, 304 pages.
Encyclopédie horticole, par Carrière, 550 pages.
Engrais chimiques, par Georges Ville, 2 vol. 810 pages avec grav.
Entretiens familiers sur l'horticulture par Carrière, 384 pages.
Ferme (La), Guide du jeune fermier, par Stockhardt, 2 vol., 616 pages.
Irrigations (Manuel des), par Muller et Villeroy, 263 pages et 123 grav.
Jardinier des fenêtres, et appartements (Le), par J. Remy, 278 p. 40 g.
Jardinier multiplicateur (Guide pratique du) par Carrière, 410 pages, 85 grav.
Laiterie, beurre et fromages, par Villeroy, 392 pages, 59 grav.
Leçons élémentaires d'agriculture, par Masure, 2 vol., 800 pages, 52 grav.
Mouches et vers, par Eug. Gayot, 245 pages, 33 grav.
Mouton (Le), par Lefour, 392 pages, 76 grav.
Pêcher (Culture du), par Bengy-Puyvallée, 230 pages et 3 planches.
Plantes de terre de bruyère, par Ed. André, 388 pages, 31 grav.
Porc (Le), par Gustave Heuzé, 334 pages et 56 grav.
Poulailler (Le), par Ch. Jacque, 360 pages, 117 gravures.
Races canines (Les), par Bénion, 260 pages et 12 grav.
Sportsman (Guide du), par Eug. Gayot, 378 pages et 12 grav.
Vers à soie (Conseils aux éducateurs de), par de Boullenois, 224 p., 2 planches.
Vigne (La), par Carrière, 396 pages et 122 grav.
Vigne (La) et le vin, par Chaverondier, 348 pages, 38 grav.
Vigne (Culture de la) **et vinification**, par J. Guyot, 2e éd., 426 p., 30 grav.
Vin (Le), par de Vergnette-Lamotte, 402 p., 31 grav. noires et 3 pl.
Viticulture et la vinification (Lettres sur la), par Blondeau, 328 pages.
Voyages agricoles, par de Gourcy, 428 pages.
Zootechnie (Traité de), par A. Sanson, 4 vol., 1700 p., 184 grav.

Paris. — Imprimerie de Georges Chamerot, rue des Saints-Pères, 19.

www.ingramcontent.com/pod-product-compliance
Lightning Source LLC
Chambersburg PA
CBHW061120220326
41599CB00024B/4113